XIAOJIADIAN KUAIXIU JINGXIU BICHA BIBEI

小家电

快修精修必查必备

阳鸿钧 等 编著

U0300071

中国电力出版社

CHINA ELECTRIC POWER PRESS

内 容 提 要

本书精选了市场上 60 余种主流和典型小家电，介绍其结构、故障代码速查、故障维修指导等知识，帮助读者直观、快速地精通小家电维修。全书内容涵盖生活小家电、卫浴小家电、厨房与餐饮小家电、保健小家电等，是学习和进行小家电维修的必备工具书。

本书覆盖面广、资料翔实、通俗易懂，可供广大家电维修人员、电子爱好者、DIY 维修一族阅读参考，还可供相关职业院校和培训机构师生参考。

图书在版编目（CIP）数据

小家电快修精修必查必备/阳鸿钧等编著 . —北京：中国电力出版社，2018.1（2019.9重印）
ISBN 978-7-5198-1179-2

Ⅰ.①小… Ⅱ.①阳… Ⅲ.①日用电气器具—维修 Ⅳ.①TM925.07

中国版本图书馆 CIP 数据核字（2017）第 235191 号

出版发行：中国电力出版社
地　　址：北京市东城区北京站西街 19 号（邮政编码 100005）
网　　址：http：//www. cepp. sgcc. com. cn
责任编辑：莫冰莹（iceymo@sina.com）
责任校对：王小鹏
装帧设计：赵姗姗（010－63412593）
责任印制：杨晓东

印　　刷：三河市航远印刷有限公司
版　　次：2018 年 1 月第一版
印　　次：2019 年 9 月北京第二次印刷
开　　本：787 毫米×1092 毫米　16 开本
印　　张：20.25
字　　数：534 千字
印　　数：2001—3000 册
定　　价：59.00 元

小家电 快修精修
必查必备

前 言

目前种类繁多的小家电走进了千家万户，为我们的生活带来了诸多益处，也带来了小家电维修的需要。为帮助家电维修人员、电子爱好者、自己动手维修一族修好小家电，特编本书。

本书旨在提供快速修好小家电的第一手资料，因此没有很深的电路原理、检修原理等理论性知识的介绍，而是直接为修好小家电提供快修精修的要点指导与维修时必要的参考资料。

全书介绍了60余种小家电，从生活小家电到厨房小家电，从家庭小家电到个人小家电，均有所介绍，读者可按需要阅读参考。

本书编写力求做到内容全面、图文并茂、好用好查。需要注意的是，本书中部分电路图源自电器厂商或者有关资料，为了保证资料的准确性，本书尽量忠实于原始资料。另外，电器厂商或者有关资料后续改动是不告之的，因此本书电路图或者有关资料与实际可能会存在差异，请读者予以理解，并在使用时注意区分。

在编写本书和资料收集整理工作中，得到了许多同志的帮助和支持，参考了一些文章资料，在此向他们表示衷心的感谢。

本书适合广大家电维修人员、初学维修人员、业余维修人员、自己动手维修一族、新农村技能培训学员，以及职业学院学校培训单位有关师生阅读参考。

由于编者水平有限，书中存在不足与错漏之处，恳请广大读者不吝赐教，多提宝贵意见。

编者

目 录

第1章

电 饭 煲

1.1 电饭煲结构

常见电饭煲结构如图 1-1 所示。

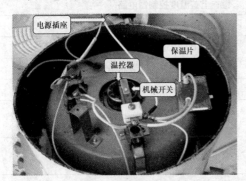
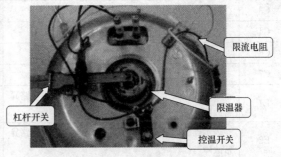

图 1-1　常见电饭煲结构

1.2　电饭煲维修必查必备

1.2.1　故障代码

1. 奔腾 PF40C-C 电饭煲故障代码

奔腾 PF40C-C 电饭煲故障代码见表 1-1。

表 1-1　　　　　　　　　　奔腾 PF40C-C 电饭煲故障代码

故障代码	故障含义
E1	表示电饭煲低部温度传感器短路故障
E2	表示电饭煲低部温度传感器开路故障
E3	表示电饭煲顶部温度传感器开路故障
E4	表示电饭煲顶部温度传感器短路故障

注　显示错误信息时，LED 及液晶背光闪烁 0.5s。

2. 奔腾 PE40N-C 电饭煲故障代码

奔腾 PE40N-C 电饭煲故障代码见表 1-2。

表 1-2   奔腾 PE40N-C 电饭煲故障代码

故障代码（液晶显示）	故 障 含 义
E1	低部温度传感器短路故障
E2	低部温度传感器开路故障
E3	顶部温度传感器开路故障
E4	顶部温度传感器短路故障

注　显示错误信息时 LED 及液晶背光的状态，LED 及液晶背光闪烁（0.5s）。

3. 格兰仕 CFXB30-110IH8、CFXB50-130IH8 电磁加热电饭锅故障代码

格兰仕 CFXB30-110IH8、CFXB50-130IH8 电磁加热电饭锅故障代码见表 1-3。

表 1-3   格兰仕 CFXB30-110IH8、CFXB50-130IH8 电磁加热电饭锅故障代码

故障代码	故 障 含 义	维 修 方 法
C0	表示电池用完	更换电池，以及调整好时钟
C1	表示主温度控制器断路/短路故障	检查主温度控制器电路
C2	表示上盖温度控制器断路/短路故障	检查上盖温度控制器电路
C3	表示室温传感器断路/短路故障	检查室温传感器电路
C4	表示 IGBT 传感器断路/短路故障	检查 IGBT 传感器电路
C6	表示主温度控制器异常故障	检查主温度控制器安装状态
C7	表示 IGBT 处温度过高故障	检查冷却风扇等
E1	表示连续大于 260V 电压使用、电压检测电路异常故障	调整电源电压、检查电压检测电路
E2	表示连续低于 170V 电压使用、电压检测电路异常故障	调整电源电压、检查电压检测电路
E3	表示煮饭过程中，停电 2h 以上	等正常状态下重新使用
E4	表示煮饭过程中停电，在预约煮饭结束后，重新来电	等正常状态下重新使用

4. 松下 SR-MHB101 系列等电饭锅故障代码

松下 SR-MHB101 系列等电饭锅故障代码见表 1-4。

表 1-4   松下 SR-MHB101 系列等电饭锅故障代码

故障代码	故 障 含 义
U14	连续保温 96h 后，电源自动切断
U19	煮饭时，外盖有物体阻碍蒸汽排出
H01、H02、H05、H06	可能需要拆机维修

注　适用机型有 SR-MHB101、SR-MHB151、SR-MHB181、SR-PMHB101、SR-PMHB151、SR-PMHB181、SR-ME101、SR-ME151、SR-ME181 等。

1.2.2　电路图与其他

1. 半球电子电饭锅电路图

半球电子电饭锅电路图如图 1-2 所示。

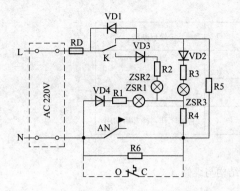

VD1：整流减压二极管；K：饭、粥选择开关；
R1、R2、R3：保温灯电阻；ZSR1：保温指示灯；
AN：手动按键；R6：保温元件；C：双金属片温控器；
RD：超温熔断器；R4：限流灯电阻；ZSR2：煮粥指示灯；
VD2、VD3、VD4：单向阻挠二极管；ZSR3：煮饭指示灯；
R5：发热盘。

图1-2 半球电子电饭锅电路图

2. 康佳电饭煲 KRC-40ZS26 电路图

康佳电饭煲 KRC-40ZS26 电路图如图1-3所示。

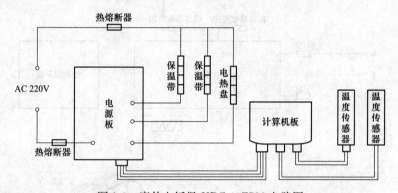

图1-3 康佳电饭煲 KRC-40ZS26 电路图

3. 康佳电饭煲 KRC-40ZS26 结构与维修

康佳电饭煲 KRC-40ZS26 结构与维修如图1-4所示。

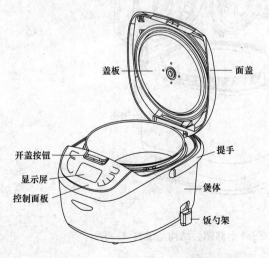

异常的情况		请确认	对应方法
煮饭中	煮饭过程中有蒸汽从蒸汽阀以外的地方漏出	内胆外侧的水珠没有擦干净	擦干内胆外侧水珠
		内胆损伤变形	更换
		密封圈损坏	更换
		没有合好上盖	合好上盖
	上盖自动弹开	没有合好上盖	合好上盖
显示异常	显示屏内有水汽，显示朦胧	内胆外侧的水珠没有擦干净	擦干净内胆外侧水珠
		盖板的密封环处破损或有异物	清理干净密封环周边异物或维修更换密封圈
有异味	有塑料味	开始使用时有塑料味，使用一段时间会慢慢消失	
有奇怪声音	排气阀"嗒嗒"的声音	不是故障	

图1-4 康佳电饭煲 KRC-40ZS26 结构与维修（一）

故障代码

显示	声音	按键	故障原因	处理办法
E0	蜂鸣器连响10声	所有按键无效	顶部感温器短路/开路	维修
E1			底部感温器短路/开路	
E2			顶部或底部传感器温度超高	停止工作，冷却后使用

图 1-4　康佳电饭煲 KRC-40ZS26 结构与维修（二）

4. 康佳微电脑电饭煲 KRC-30ZS88 结构、维修与电路图

康佳微电脑电饭煲 KRC-30ZS88 结构、维修与电路图如图 1-5 所示。

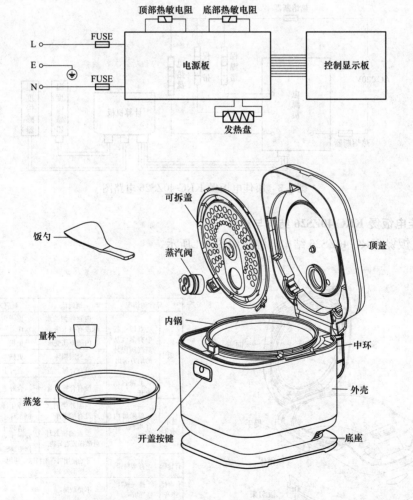

图 1-5　康佳微电脑电饭煲 KRC-30ZS88 电路图、结构与维修（一）

故障现象	产生原因	解决方法
指示灯不亮	电路板电源没有接通	检查电饭煲是否插紧电源
电热盘不加热	1）电路板故障。 2）熔丝烧断。 3）发热盘故障	维修
指示灯亮， 电热盘不热	1）发热盘故障。 2）电路板故障	维修
煮饭不熟	1）煮的量过多或过少。 2）米与水的比例不对。 3）内锅未放好，悬空。 4）在内锅和电热盘间有异物。 5）内锅变形。 6）电路板故障。 7）传感器故障	1）调整米、水总容量，范围在最高至最低刻度线之间。 2）调整米与水的比例。 3）将内锅左右旋转一下，使之恢复正常。 4）将异物清理。 5）维修。 6）维修。 7）维修
饭煮焦	1）内锅变形。 2）内锅未放好，悬空。 3）电路板故障。 4）传感器故障	1）维修。 2）将内锅左右旋转一下，使之恢复正常。 3）维修。 4）维修
溢出	米量加太多	减少米量
数码管显示 错误代码： E1/E2/E3/E4	电路板故障	维修

图 1-5 康佳微电脑电饭煲 KRC-30ZS88 电路图、结构与维修（二）

5. 美满电饭锅结构与电路图

美满电饭锅结构与电路图如图 1-6 所示。

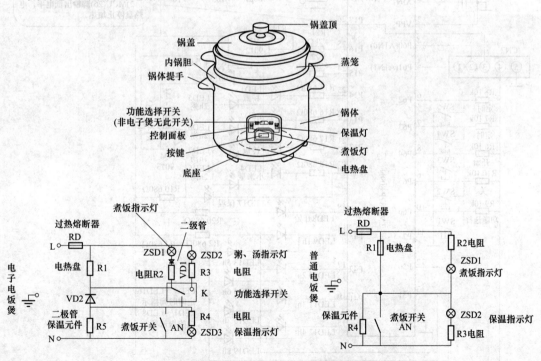

图 1-6 美满电饭锅结构与电路图

5

6. 美的 MB-YCB 系列电饭煲电路图

美的 MB-YCB 系列电饭煲电路图如图 1-7 所示。

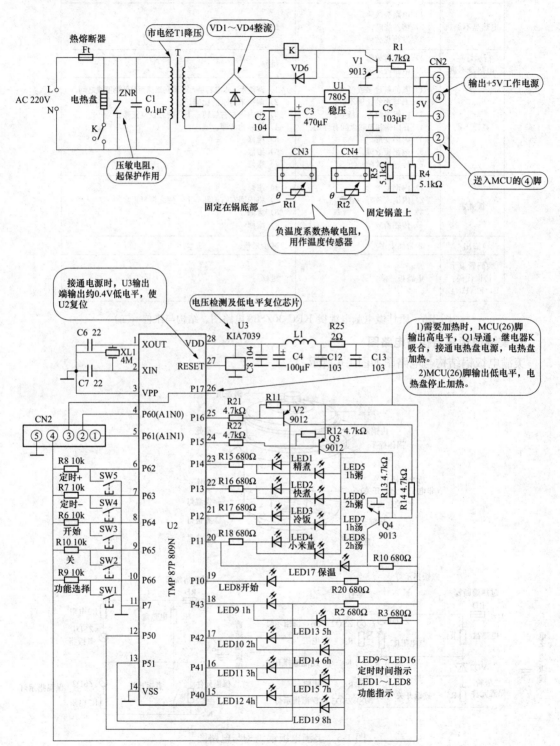

图 1-7　美的 MB-YCB 系列电饭煲电路图

7. 美的电饭煲 YJCM、YHBD、YJEG、YJEH、YHGC、YJ8J 电路图

美的电饭煲 YJCM、YHBD、YJEG、YJEH、YHGC、YJ8J 电路图如图 1-8 所示。

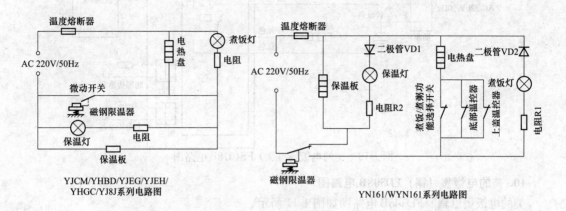

图 1-8　美的电饭煲 YJCM、YHBD、YJEG、YJEH、YHGC、YJ8J 电路图

8. 美的电饭煲（锅）MB-WYN201 电路图

美的电饭煲（锅）MB-WYN201 电路图如图 1-9 所示。

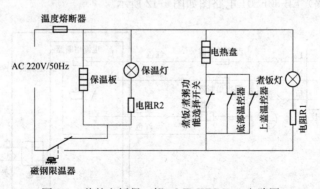

图 1-9　美的电饭煲（锅）MB-WYN201 电路图

9. 美的电饭煲（锅）FS4018B 电路图

美的电饭煲（锅）FS4018B 电路图如图 1-10 所示。

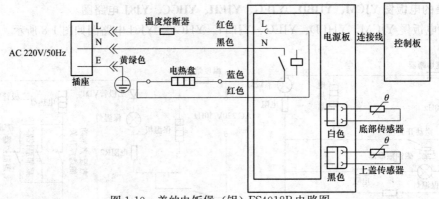

图 1-10　美的电饭煲（锅）FS4018B 电路图

10. 美的电饭煲（锅）FD308B 电路图

美的电饭煲（锅）FD308B 电路图如图 1-11 所示。

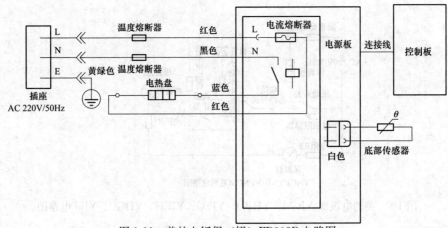

图 1-11　美的电饭煲（锅）FD308B 电路图

11. 美的电饭煲（锅）EB-30FS01 电路图

美的电饭煲（锅）EB-30FS01 电路图如图 1-12 所示。

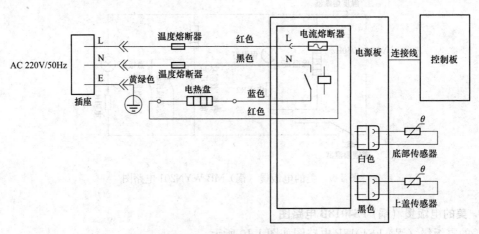

图 1-12　美的电饭煲（锅）EB-30FS01 电路图

12. 美的电饭煲（锅）EB-YN161B 维修与电路图

美的电饭煲（锅）EB-YN161B 维修与电路图如图 1-13 所示。

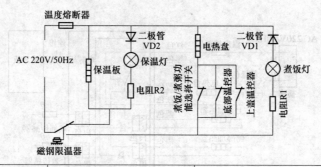

故障现象		产生原因	排除方法
指示灯不亮	电热盘不热	1）电饭煲电路与电源没有接通。 2）电路板损坏	1）检查开关、插头插座、电源引线是否完好，并将插头插到位。 2）维修
	电热盘发热	1）指示灯接线松脱。 2）指示灯损坏。 3）主电路板损坏	维修
指示灯亮	电热盘不热	1）中间接线松脱。 2）电热管元件烧坏。 3）电源电路板损坏	维修
饭不熟或煮饭时间过长		1）焖饭时间不够。 2）电热盘变形。 3）内锅偏斜，一边悬空。 4）内锅与电热盘之间有异物。 5）内锅变形。 6）主电路板损坏。 7）主温控器表面脏污	1）按要求焖饭。 2）轻微变形用细砂纸打磨，严重变形维修更换。 3）把内锅轻轻转动，使之恢复正常。 4）用细砂纸清除干净。 5）维修更换内锅。 6）维修。 7）用 320 号砂纸清除干净
煮成焦饭或不能自动保温		1）煮饭按键及杠杆联动机构不灵活。 2）磁钢限温器失灵。 3）温控器烧坏或接线松脱。 4）主电路板损坏。 5）主温控器表面脏污	1）~4）维修 5）用 320 号砂纸清除干净
溢出		1）蒸汽阀安装不良。 2）蒸汽回流阀变形或有异物	1）重新安装好蒸汽阀。 2）按要求清洗或去除异物
煮粥大量溢出（仅对于带有煮粥功能的电饭煲）		1）煮粥转换开关失灵。 2）温度开关失效。 3）主电路板损坏	维修

图 1-13 美的电饭煲（锅）EB-YN161B 维修与电路图

13. 美的电饭煲（锅）EB-30YJ01 电路图

美的电饭煲（锅）EB-30YJ01 电路图如图 1-14 所示。

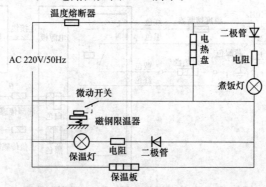

图 1-14 美的电饭煲（锅）EB-30YJ01 电路图

9

14. 美的电饭煲（锅）FS15 系列电路图

美的电饭煲（锅）FS15 系列电路图如图 1-15 所示。

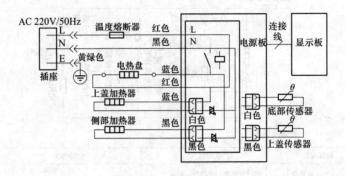

图 1-15　美的电饭煲（锅）FS15 系列电路图

15. 美的电饭煲（锅）FS16 系列电路图

美的电饭煲（锅）FS16 系列电路图如图 1-16 所示。

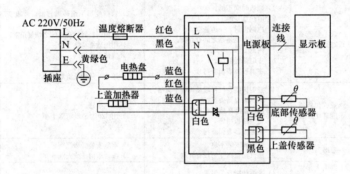

图 1-16　美的电饭煲（锅）FS16 系列电路图

16. 美的电饭煲（锅）FS18 系列电路图

美的电饭煲（锅）FS18 系列电路图如图 1-17 所示。

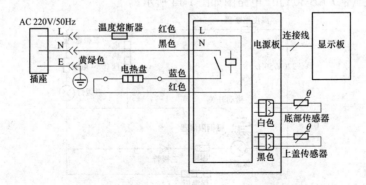

图 1-17　美的电饭煲（锅）FS18 系列电路图

17. 美的电饭煲（锅）FD409、FD8 电路图

美的电饭煲（锅）FD409、FD8 电路图如图 1-18 所示。

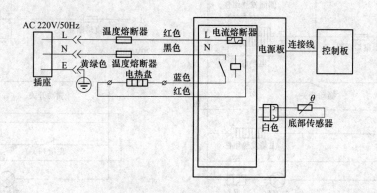

图 1-18　美的电饭煲（锅）FD409、FD8 电路图

18. 美的电饭煲（锅）FC20 系列电路图

美的电饭煲（锅）FC20 系列电路图如图 1-19 所示。

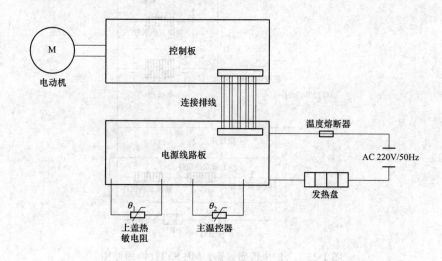

图 1-19　美的电饭煲（锅）FC20 系列电路图

19. 美的电饭煲（锅）MB-SYJ090、MB-SYJ120 电路图

美的电饭煲（锅）MB-SYJ090、MB-SYJ120 电路图如图 1-20 所示。

20. 美的电饭煲（锅）MB-SYH140 电路图

美的电饭煲（锅）MB-SYH140 电路图如图 1-21 所示。

21. 美的电饭煲（锅）MB-YJ09、MB-YJ10 电路图

美的电饭煲（锅）MB-YJ09、MB-YJ10 电路图如图 1-22 所示。

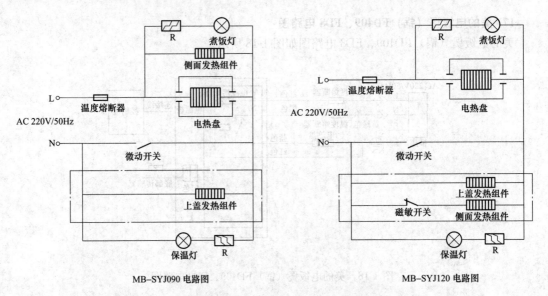

MB–SYJ090 电路图　　　　　　　　　　MB-SYJ120 电路图

图 1-20　美的电饭煲（锅）MB-SYJ090、MB-SYJ120 电路图

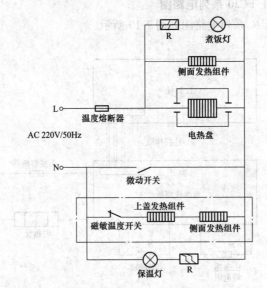

图 1-21　美的电饭煲（锅）MB-SYH140 电路图

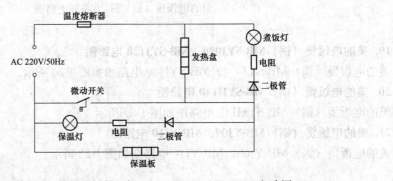

图 1-22　美的电饭煲（锅）MB-YJ09、MB-YJ10 电路图

22. 美的电饭煲（锅）MB-YN10电路图

美的电饭煲（锅）MB-YN10电路图如图1-23所示。

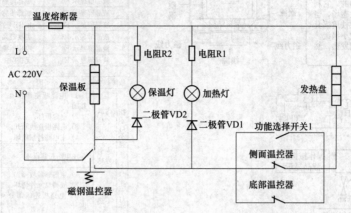

图1-23　美的电饭煲（锅）MB-YN10电路图

23. 美的电饭煲（锅）MB-WFZ4099IH电路图与故障代码

美的电饭煲（锅）MB-WFZ4099IH电路图与故障代码如图1-24所示。

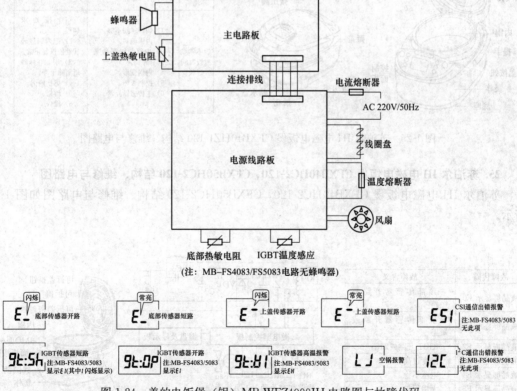

图1-24　美的电饭煲（锅）MB-WFZ4099IH电路图与故障代码

24. 苏泊尔IH电磁电饭煲CFXB40HZ1-120结构、维修与电路图

苏泊尔IH电磁电饭煲CFXB40HZ1-120结构、维修与电路图如图1-25所示。

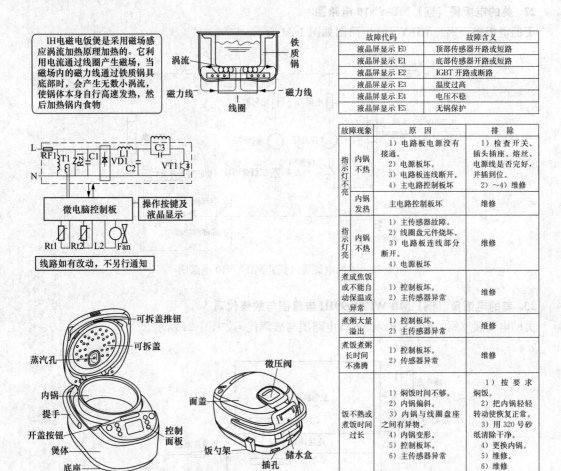

故障代码	故障含义
液晶屏显示 E0	顶部传感器开路或短路
液晶屏显示 E1	底部传感器开路或短路
液晶屏显示 E2	IGBT 开路或断路
液晶屏显示 E3	温度过高
液晶屏显示 E4	电压不稳
液晶屏显示 E5	无锅保护

IH电磁电饭煲是采用磁场感应涡流加热原理加热的。它利用电流通过线圈产生磁场，当磁场内的磁力线通过铁质锅具底部时，会产生无数小涡流，使锅体本身自行高速发热，然后加热锅内食物

微电脑控制板　操作按键及液晶显示

线路如有改动，不另行通知

故障现象		原因	排除
指示灯不亮	内锅不热	1）电路板电源没有接通。2）电源板坏。3）电路板连线断开。4）主电路控制板坏	1）检查开关、插头插座、熔丝、电源线是否完好，并插到位。2）~4）维修
	内锅发热	主电路控制板坏	维修
指示灯亮	内锅不热	1）主传感器故障。2）线圈盘元件烧坏。3）电路板连线部分断开。4）电源板坏	维修
煮成焦饭或不能自动保温或异常		1）控制板坏。2）主传感器异常	维修
煮粥大量溢出		1）控制板坏。2）主传感器异常	维修
煮饭煮粥长时间不沸腾		1）控制板坏。2）传感器异常	维修
饭不熟或煮饭时间过长		1）焖饭时间不够。2）内锅偏斜。3）内锅与线圈盘座之间有异物。4）内锅变形。5）控制板坏。6）主传感器异常	1）按要求焖饭。2）把内锅轻轻转动使恢复正常。3）用320号砂纸清除干净。4）更换内锅。5）维修。6）维修

图 1-25 苏泊尔 IH 电磁电饭煲 CFXB40HZ1-120 结构、维修与电路图

25. 苏泊尔 IH 电磁电饭煲 CFXB40HC2-120，CFXB50HC2-120 结构、维修与电路图

苏泊尔 IH 电磁电饭煲 CFXB40HC2-120，CFXB50HC2-120 结构、维修与电路图如图 1-26 所示。

故障代码	故障含义
液晶屏显示 E0	顶部传感器开路或短路
液晶屏显示 E1	底部传感器开路或短路
液晶屏显示 E2	IGBT 开路或断路
液晶屏显示 E3	温度过高
液晶屏显示 E4	电压不稳
液晶屏显示 E5	无锅保护

微电脑控制板　键盘及显示板

线路如有改动，不另行通知

图 1-26 苏泊尔 IH 电磁电饭煲 CFXB40HC2-120，CFXB50HC2-120 结构、维修与电路图

26. 苏泊尔智能电饭煲 CFXB40FZ9-85 维修与电路图

苏泊尔智能电饭煲 CFXB40FZ9-85 维修与电路图如图 1-27 所示。

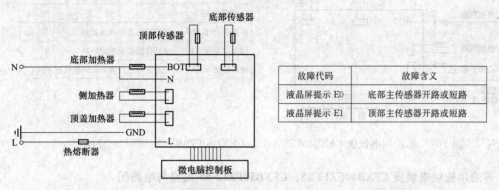

故障代码	故障含义
液晶屏提示 E0	底部主传感器开路或短路
液晶屏提示 E1	顶部主传感器开路或短路

图 1-27 苏泊尔智能电饭煲 CFXB40FZ9-85 维修与电路图

27. 苏泊尔智能电饭煲 CFXB30FZ8-60 维修与电路图

苏泊尔智能电饭煲 CFXB30FZ8-60 维修与电路图如图 1-28 所示。

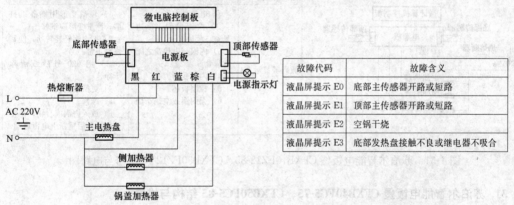

故障代码	故障含义
液晶屏提示 E0	底部主传感器开路或短路
液晶屏提示 E1	顶部主传感器开路或短路
液晶屏提示 E2	空锅干烧
液晶屏提示 E3	底部发热盘接触不良或继电器不吸合

图 1-28 苏泊尔智能电饭煲 CFXB30FZ8-60 维修与电路图

28. 苏泊尔电饭煲 CFXB40FZ9N-75、CFXB50FZ9N-75 维修与电路图

苏泊尔电饭煲 CFXB40FZ9N-75、CFXB50FZ9N-75 维修与电路图如图 1-29 所示。

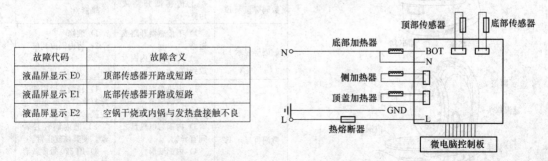

故障代码	故障含义
液晶屏显示 E0	顶部传感器开路或短路
液晶屏显示 E1	底部传感器开路或短路
液晶屏显示 E2	空锅干烧或内锅与发热盘接触不良

图 1-29 苏泊尔电饭煲 CFXB40FZ9N-75、CFXB50FZ9N-75 维修与电路图

29. 苏泊尔电饭煲 CFXB40FZ9W-75、CFXB50FZ9W-75 维修与电路图

苏泊尔电饭煲 CFXB40FZ9W-75、CFXB50FZ9W-75 维修与电路图如图 1-30 所示。

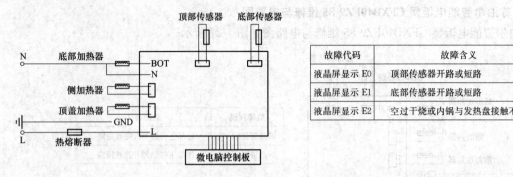

故障代码	故障含义
液晶屏显示 E0	顶部传感器开路或短路
液晶屏显示 E1	底部传感器开路或短路
液晶屏显示 E2	空过干烧或内锅与发热盘接触不良

图 1-30　苏泊尔电饭煲 CFXB40FZ9W-75、CFXB50FZ9W-75 维修与电路图

30. 苏泊尔智能电饭煲 CFXB40FZ12-85、CFXB50FZ12-85 维修与电路图

苏泊尔智能电饭煲 CFXB40FZ12-85、CFXB50FZ12-85 维修与电路图如图 1-31 所示。

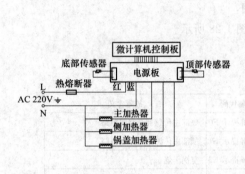

故障现象	原因	排除
数码屏显示 E0	上传感器开路或短路	维修
数码屏显示 E1	下传感器开路或短路	维修
数码屏显示 E3	1) 电热盘变形。 2) 内锅偏斜，一边悬空。 3) 内锅与电热盘之间有异物。 4) 内锅变形。 5) 控制板坏。 6) 无内锅或空锅干烧	1) 轻微变形用细砂纸打磨，严重变形应维修。 2) 把内锅轻轻转动，使其恢复正常。 3) 用 320 号砂纸清除干净。 4) 更换内锅。 5) 维修。 6) 放入内锅或食物，待发热盘冷却后重新上电再启动

图 1-31　苏泊尔智能电饭煲 CFXB40FZ12-85、CFXB50FZ12-85 维修与电路图

31. 苏泊尔智能电饭煲 CFXB40FC5-75、CFXB50FC5-85 结构与维修

苏泊尔智能电饭煲 CFXB40FC5-75、CFXB50FC5-85 结构与维修如图 1-32 所示。

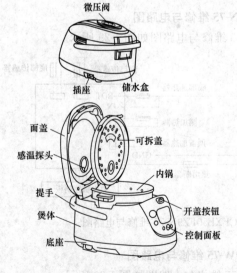

故障现象	原因	排除
数码屏显示 E0	上传感器开路或短路	维修
数码屏显示 E1	1) 下传感器开路或短路。 2) 无内锅或内锅没放到位	1) 维修 2) 将内锅放到位
数码屏显示 E3	1) 电热盘变形。 2) 内锅偏斜，一边悬空。 3) 内锅与电热盘之间有异物。 4) 内锅变形	1) 轻微变形用细砂纸打磨，严重变形应更换。 2) 把内锅轻轻转动，使其恢复正常。 3) 用 320 号砂纸清除干净。 4) 更换内锅。 5) 维修

图 1-32　苏泊尔智能电饭煲 CFXB40FC5-75、CFXB50FC5-85 结构与维修

32. 苏泊尔智能电饭煲 CFXB40FC10-85、CFXB50FC10-85 维修与电路图

苏泊尔智能电饭煲 CFXB40FC10-85、CFXB50FC10-85 维修与电路图如图 1-33 所示。

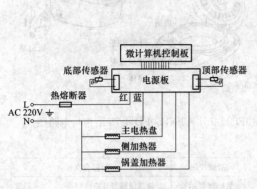

故障现象	原因	排除
数码屏显示 E0	上传感器开路或短路	维修
数码屏显示 E1	下传感器开路或短路	维修
数码屏显示 E3	1) 电热盘变形。 2) 内锅偏斜，一边悬空。 3) 内锅与电热盘之间有异物。 4) 内锅变形。 5) 控制板坏。 6) 无内锅或空锅干烧	1) 轻微变形用细砂纸打磨，严重变形应维修。 2) 把内锅轻轻转动，使其恢复正常。 3) 用 320 号砂纸清除干净。 4) 更换内锅。 5) 维修。 6) 放入内锅或食物，待发热盘冷却后重新上电再启动

图 1-33　苏泊尔智能电饭煲 CFXB40FC10-85、CFXB50FC10-85 维修与电路图

33. 苏泊尔智能电饭煲 CFXB30FC11-60 系列维修与电路图

苏泊尔智能电饭煲 CFXB30FC11-60、CFXB40FC11-75、CFXB50FC11-75 维修与电路图如图 1-34 所示。

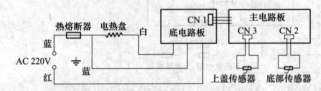

故障代码	故障含义
数码屏提示 E0	顶部传感器开路或短路
数码屏提示 E1	底部主传感器开路或短路

图 1-34　苏泊尔智能电饭煲 CFXB30FC11-60、CFXB40FC11-75、CFXB50FC11-75 维修与电路图

34. 苏泊尔智能电饭煲 CFXB30FC11D-60、CFXB40FC11D-75、CFXB50FC11D-75 电路图

苏泊尔智能电饭煲 CFXB30FC11D-60、CFXB40FC11D-75、CFXB50FC11D-75 电路图如图 1-35 所示。

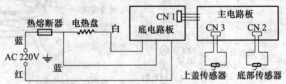

图 1-35　苏泊尔智能电饭煲 CFXB30FC11D-60、CFXB40FC11D-75、CFXB50FC11D-75 电路图

35. 苏泊尔智能电饭煲 CFXB30FD11-60、CFXB40FD11-75、CFXB50FD11-75 结构与电路图

苏泊尔智能电饭煲 CFXB30FD11-60、CFXB40FD11-75、CFXB50FD11-75 结构与电路图如图 1-36 所示。

36. 苏泊尔智能电饭煲 CFXB30YC9-50、CFXB40YC9-70、CFXB50YC9-70 维修与电路图

苏泊尔智能电饭煲 CFXB30YC9-50、CFXB40YC9-70、CFXB50YC9-70 维修与电路图如图 1-37 所示。

37. 苏泊尔智能电饭煲 CFXB30YD9-50、CFXB40YD9-70、CFXB50YD9-70 电路图

苏泊尔智能电饭煲 CFXB30YD9-50、CFXB40YD9-70、CFXB50YD9-70 电路图如图 1-38 所示。

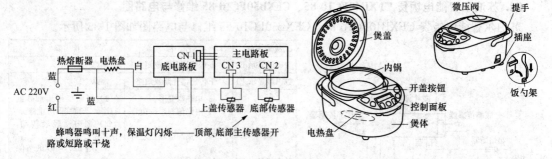

蜂鸣器鸣叫十声，保温灯闪烁——顶部、底部主传感器开路或短路或干烧

图 1-36　苏泊尔智能电饭煲 CFXB30FD11-60、CFXB40FD11-75、CFXB50FD11-75 结构与电路图

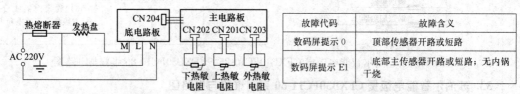

故障代码	故障含义
数码屏提示 0	顶部传感器开路或短路
数码屏提示 E1	底部主传感器开路或短路；无内锅干烧

图 1-37　苏泊尔智能电饭煲 CFXB30YC9-50、CFXB40YC9-70、CFXB50YC9-70 维修与电路图

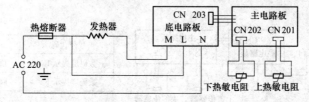

图 1-38　苏泊尔智能电饭煲 CFXB30YD9-50、CFXB40YD9-70、CFXB50YD9-70 电路图

38. 苏泊尔电饭煲 CFXB30YA9-50、CFXB40YA9-70、CFXB50YA9-70 结构与电路图

苏泊尔电饭煲 CFXB30YA9-50、CFXB40YA9-70、CFXB50YA9-70 结构与电路图如图 1-39 所示。

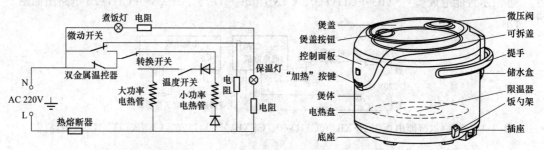

图 1-39　苏泊尔电饭煲 CFXB30YA9-50、CFXB40YA9-70、CFXB50YA9-70 结构与电路图

39. 苏泊尔电饭煲 CFXB30YC4A-50、CFXB40YC4A-70、CFXB50YC4A-70 电路图

苏泊尔电饭煲 CFXB30YC4A-50、CFXB40YC4A-70、CFXB50YC4A-70 电路图如图 1-40 所示。

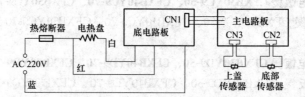

图 1-40　苏泊尔电饭煲 CFXB30YC4A-50、CFXB40YC4A-70、CFXB50YC4A-70 电路图

40. 苏泊尔电饭煲 CFXB30YA4A-50、CFXB40YA4A-70、CFXB50YA4A-70 电路图

苏泊尔电饭煲 CFXB30YA4A-50、CFXB40YA4A-70、CFXB50YA4A-70 电路图如图 1-41 所示。

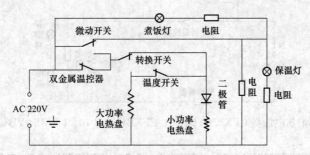

图 1-41　苏泊尔电饭煲 CFXB30YA4A-50、CFXB40YA4A-70、CFXB50YA4A-70 电路图

41. 苏泊尔电饭煲 CFXB30YB4A-50、CFXB40YB4A-70、CFXB50YB4A-70 电路图

苏泊尔电饭煲 CFXB30YB4A-50、CFXB40YB4A-70、CFXB50YB4A-70 电路图如图 1-42 所示。

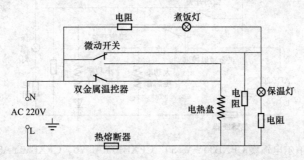

图 1-42　苏泊尔电饭煲 CFXB30YB4A-50、CFXB40YB4A-70、CFXB50YB4A-70 电路图

42. 苏泊尔电饭煲 CFXB30YA8-50、CFXB40YA8-70、CFXB50YA8-70 电路图

苏泊尔电饭煲 CFXB30YA8-50、CFXB40YA8-70、CFXB50YA8-70 电路图如图 1-43 所示。

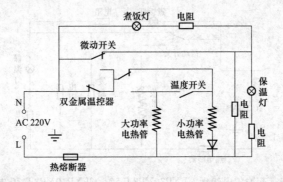

图 1-43　苏泊尔电饭煲 CFXB30YA8-50、CFXB40YA8-70、CFXB50YA8-70 电路图

43. 苏泊尔电饭煲 CFXB30YB8-50、CFXB40YB8-70、CFXB50YB8-70 电路图

苏泊尔电饭煲 CFXB30YB8-50、CFXB40YB8-70、CFXB50YB8-70 电路图如图 1-44 所示。

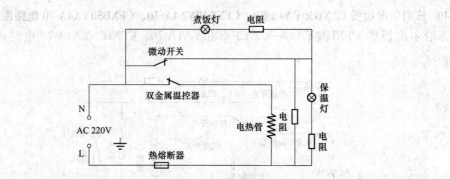

图 1-44　苏泊尔电饭煲 CFXB30YB8-50、CFXB40YB8-70、CFXB50YB8-70 电路图

44. 苏泊尔电饭煲 CFXB30YA5-50、CFXB40YA5-70、CFXB50YA5-70 电路图

苏泊尔电饭煲 CFXB30YA5-50、CFXB40YA5-70、CFXB50YA5-70 电路图如图 1-45 所示。

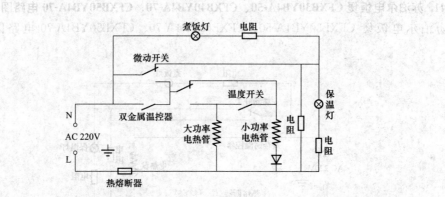

图 1-45　苏泊尔电饭煲 CFXB30YA5-50、CFXB40YA5-70、CFXB50YA5-70 电路图

45. 苏泊尔电饭煲 CFXB30YB3T-50、CFXB40YB3T-70 电路图

苏泊尔电饭煲 CFXB30YB3T-50、CFXB40YB3T-70 电路图如图 1-46 所示。

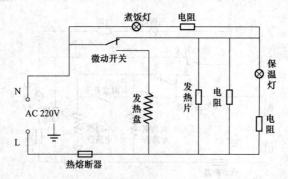

图 1-46　苏泊尔电饭煲 CFXB30YB3T-50、CFXB40YB3T-70 电路图

46. 苏泊尔电饭煲 CFXB30YB7A-50、CFXB40YB7A-70 电路图

苏泊尔电饭煲 CFXB30YB7A-50、CFXB40YB7A-70 电路图如图 1-47 所示。

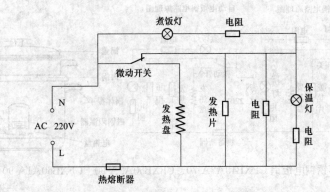

图 1-47　苏泊尔电饭煲 CFXB30YB7A-50、CFXB40YB7A-70 电路图

47. 苏泊尔电饭煲 CFXB16YA3-36 电路图

苏泊尔电饭煲 CFXB16YA3-36 电路图如图 1-48 所示。

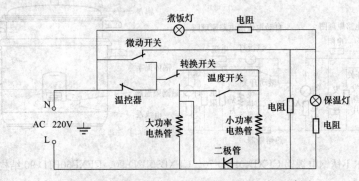

图 1-48　苏泊尔电饭煲 CFXB16YA3-36 电路图

48. 苏泊尔电饭煲 CFXB16YB3-36 电路图

苏泊尔电饭煲 CFXB16YB3-36 电路图如图 1-49 所示。

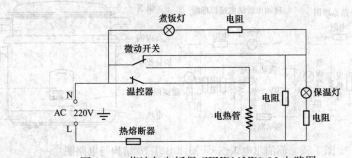

图 1-49　苏泊尔电饭煲 CFXB16YB3-36 电路图

49. 苏泊尔不锈钢电饭锅 CFXB40A2A-70、CFXB50A2A-90、CFXB60A1A-90 结构与电路图

苏泊尔不锈钢电饭锅 CFXB40A2A-70、CFXB50A2A-90、CFXB60A1A-90 结构与电路图如图 1-50 所示。

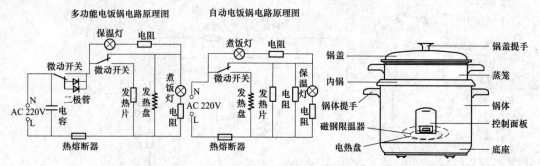

图 1-50　苏泊尔不锈钢电饭锅 CFXB40A2A-70、CFXB50A2A-90、CFXB60A1A-90 结构与电路图

50. 苏泊尔不锈钢电饭锅 CFXB40B2D-70、CFXB50B2D-90、CFXB60B1D-90 结构与电路图

苏泊尔不锈钢电饭锅 CFXB40B2D-70、CFXB50B2D-90、CFXB60B1D-90 结构与电路图如图 1-51 所示。

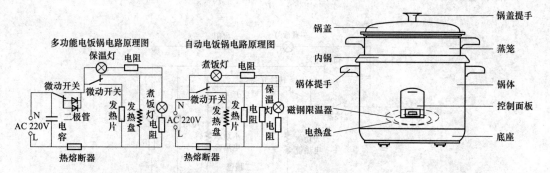

图 1-51　苏泊尔不锈钢电饭锅 CFXB40B2D-70、CFXB50B2D-90、CFXB60B1D-90 结构与电路图

51. 苏泊尔电饭锅 CFXB40B2T-70 结构与电路图

苏泊尔电饭锅 CFXB40B2T-70 结构与电路图如图 1-52 所示。

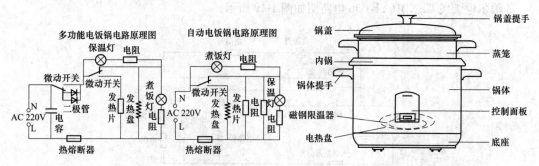

图 1-52　苏泊尔电饭锅 CFXB40B2T-70 结构与电路图

1.3　电饭煲（锅）快修精修

电饭煲（锅）快修精修见表 1-5 和表 1-6。

表 1-5　　　　　　　　　　　　电饭煲（锅）快修精修 1

故障现象		产 生 原 因	排 除 方 法
指示灯不亮	电热盘不热	1) 电饭煲电路与电源没有接通。 2) 电路板损坏	1) 检查开关、插头插座、电源引线是否完好，并将插头插到位。 2) 维修
	电热盘发热	1) 指示灯接线松脱。 2) 指示灯损坏。 3) 主电路板损坏	维修
指示灯亮	电热盘不热	1) 中间接线松脱。 2) 电热管元件烧坏。 3) 电源电路板损坏	维修
	饭不熟或煮饭时间过长	1) 焖饭时间不够。 2) 电热盘变形。 3) 内锅偏斜，一边框空。 4) 内锅与电热盘之间有异物。 5) 内锅变形。 6) 主电路板损坏。 7) 主温控器表面脏污	1) 按要求焖饭。 2) 轻微变形用细砂纸打磨，严重变形则维修更换。 3) 把内锅轻轻转动，使之恢复正常。 4) 用细砂纸清除干净。 5) 维修部置换内锅。 6) 维修。 7) 用 320 号砂纸清除干净
	煮成焦饭或不能自动保温	1) 煮饭按键及杠杆联动机构不灵活。 2) 磁钢限温器失控。 3) 温控器烧坏或接线松脱。 4) 主电路板损坏。 5) 主温控器表面脏污	1~4) 维修。 5) 用 320 号砂纸消除干净
	溢出	1) 蒸汽阀安装不良。 2) 蒸汽回流阀变形或有异物	1) 重新安装好蒸汽阀。 2) 按要求清洗或去除异物
	煮粥大量溢出 （仅对于带有煮粥功能的电饭煲）	1) 煮粥转换开关失灵。 2) 温度开关失效。 3) 主电路板损坏	维修

表 1-6　　　　　　　　　　　　电饭煲（锅）快修精修 2

故障	故障原因	故障维修
保温中饭变色（焦黄等）	保温米量过少，时间过长（12h 以上）	有的电饭煲需要保温饭量不少于总额定量的 1/3，时间不超过 12h
保温中饭变色（焦黄等）	冷饭保温	不宜冷饭保温
保温中饭变色（焦黄等）	保温控温器控温点漂移	需要更换同规格保温器
保温中饭发出怪味	保温米量过少，时间过长（12h 以上）	一般保温饭量不少于总额定量的 1/3，时间不超过 12h
保温中饭发出怪味	饭勺插在饭中保温	需要取出饭勺保温

故障	故障原因	故障维修
保温中饭发出怪味	保温控温器控温点漂移	需要更换同规格保温控温器
保温中饭发出怪味	锅胆或米没有洗干净	煮饭前米需要洗净
保温中饭发出怪味	冷饭保温	不宜冷饭保温
不保温	保温加热片线断	需要重新接好
不保温	保温加热片烧坏	需要更换保温加热片
不保温	恒温器温度过低	需要反时针旋转微调螺钉
不保温	恒温器坏	需要更换恒温器
不能自动保温，手摸盖无温热感	保温片断路或保温片功率过低	更换保温片
饭煮焦（锅巴焦黄）或过硬	检查是否按要求的米量、水量比煮饭	按要求米量，水量比煮饭
饭煮焦（锅巴焦黄）或过硬	检查磁钢的温控点是否过高，导致按键不适时起跳	需要更换相应规格磁钢
饭煮焦（锅巴焦黄）或过硬	煮饭电压过高（高于 AC 240V）	需要调整电压或暂停使用
饭煮焦（锅巴焦黄）或过硬	检查按键有无被卡死，即按键不能灵活起跳	需要调整按键使其具有足够的松动位
饭煮焦（锅巴焦黄）或过硬	检查是否放入油脂煮饭	需要避免煮饭时加入油脂
饭煮焦（锅巴焦黄）或过硬	检查微动开关是否失灵，不能断开	需要更换微动开关
饭煮焦（锅巴焦黄）或过硬	当按键跳起时，杠杆不能把微动开关的按钮压下	需要调整杠杆
饭煮烂（过软）	放水是否过多	需要适量放水
饭煮烂（过软）	检查锅底或电热板有否黏性异物	需要清洁电热板和锅板的异物
饭煮烂（过软）	检查煮饭时，插头有无松动、电源有无被中断	需要保证电源和导通性
锅体带电	没有安装接地线	需要安装接地线
锅体带电	电热盘与电热管漏电碰壳	电热盘与电热管需要不碰壳
烧熔丝	杠杆调整不良导致磁钢动作后不能断电，烧熔丝	需要更换熔丝和调整杠杆
烧熔丝	内锅或发热盘变形导致传热不良	当变形量超过 1.0mm 时，需要更换内锅或发热盘
烧熔丝	锅底、电热盘异物导致传热不良	需要更换熔丝，并且使用前清理异物
烧熔丝	微动开关不良，无法断开	需要更换微动开关

故障	故障原因	故障维修
烧熔丝	检查熔丝规格是否不合乎要求	需要更换熔丝，注意规格与各种型号的要求一致
通电后发热盘不热、指示灯不亮	电饭锅电路与电源没有接通	用万能表检查开关、插头、插座、熔丝、电源线是否通路，如不通，则需要更换坏配件
通电后发热盘发热、指示灯不亮	指示灯与降压电阻接线松脱或损坏	用万能表检查焊接是否焊紧，如有松脱，则焊接即可；如降压电阻不通，则需要更换降压电阻
通电后煮饭指示灯不亮，保温灯亮，发热盘不发热	触点不能闭合	检查按键开关及保温器触点，并使其启动灵活，上下触点分开和闭合
通电后煮饭指示灯亮，发热盘不发热	发热盘损坏	检查发热盘是否通路，如果坏了，需要更换发热盘
外壳漏电	绝缘受潮或内导线与外壳相碰	避免内导线相碰，保持干燥
指示灯不亮	是否有电源	需要接通电源
指示灯不亮	电源线及公插座烧坏	需要换电源线及公插座
指示灯不亮	指示灯、限流电阻坏	需要更换指示灯、限流电阻
指示灯不亮	熔丝烧	需要换熔丝
指示灯不亮	内配线脱落	需要重新接好
指示灯亮但不加热	内部开关烧坏或接触不良	需要更换开关或擦净开关触点
指示灯亮但不加热	加热盘管角线开焊	需要重新接好
指示灯亮但不加热	加热盘加热管坏	需要更换加热盘
煮饭不熟	电热盘或内锅变形，用弧度尺进行检测	变形量过大，需更换电热盘或内锅
煮饭不熟	电热盘与内锅间有异物	使用前清理异物，并保持电热盘与内锅间没有异物
煮饭不熟	米水量不合适或过多地煮米饭（超出容量范围）	按内锅刻度要求加米和水
煮饭不熟	磁钢限温器损坏	需要更换磁钢限温器组件
煮饭糊锅	内锅锅底变形或有氧化层	需要更换、修整或清理
煮饭糊锅	内锅与磁感不吻合	需要将内锅左右转动再放稳
煮饭糊锅	异物卡死	需要排除异物
煮饭糊锅	磁控开关失灵	需要更换磁控开关
煮饭糊锅	开关支架生锈	需要除锈
煮饭夹生	水放得过少	需要放适量的水
煮饭夹生	磁钢限温器坏	需要更换磁钢限温
煮饭夹生	保温片不良	需要更换保温片
煮饭夹生	恒温开关触点不良	需要擦净恒温触点
煮饭夹生	电热盘与内锅存在空隙	需要提高电热盘位置

故障	故障原因	故障维修
煮饭夹生	电热盘发热不均匀	需要更换电热盘
煮饭夹生	锅底粘有异物	电热盘清理异物
煮饭夹生或饭熟不均	是否按要求的米量、水量比煮饭	按说明的米量、水量比煮饭
煮饭夹生或饭熟不均	是否放入油脂煮饭	需要避免煮饭时加入油脂
煮饭夹生或饭熟不均	检查锅底有否黏性异物	需要清洁电热板和锅胆异物
煮饭夹生或饭熟不均	煮饭时没有将锅胆左右旋转，导致热传导不良	煮饭前，需要放入锅胆时要左右旋转锅胆
煮饭夹生或饭熟不均	锅盖没有盖紧	需要将锅盖盖紧
煮饭夹生或饭熟不均	锅胆是否被隔热盘夹紧，导致热传导不良	需要更换隔热盘或锅胆
煮饭夹生或饭熟不均	检查锅胆与电热板是否变形，导致面接触性不良	需要更换相关变形部件
煮饭夹生或饭熟不均	检查磁钢的温控点是否降低，即饭未熟前已起跳	需要更换相应规格磁钢
煮饭夹生或饭熟不均	锅胆没洗净、锅胆底部外侧或电热板有否黏性异物	需要清洁电热板和锅胆的异物
煮饭焦	磁钢杠杆动作不良，卡住	需要调整杠杆，使其使用顺畅
煮饭焦	微动开关不良	需要更换微动开关
煮饭焦	磁钢限温器不良损坏	更换磁钢限温器组件
煮焦饭，按键开关迟跳或不跳	触点动片力度过大触点分离，或磁钢弹簧无力，或磁钢温度过高	需要检查触点接触情况或更换磁钢
煮焦饭，按键开关已动作但指示灯不亮	开关与触点间绝缘损坏击穿	需要更换开关零件

第 2 章

电压力锅与压力锅

2.1 电 压 力 锅

2.1.1 电压力锅常见结构

电压力锅常见结构如图 2-1 所示。

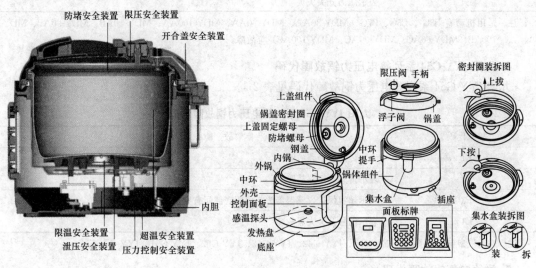

图 2-1 电压力锅常见结构

2.1.2 电压力锅维修必查必备

1. 奔腾 YD50C、PYD30B、PYD40B 电压力锅故障代码

奔腾 YD50C、PYD30B、PYD40B 电压力锅故障代码见表 2-1。

表 2-1 奔腾 YD50C、PYD30B、PYD40B 电压力锅故障代码

故 障 代 码	故 障 含 义
E1	表示传感器断路故障
E2	表示传感器短路故障
E3	表示超温故障

2. 奔腾 PYD40A、PYD50A 电压力锅故障代码

奔腾 PYD40A、PYD50A 电压力锅故障代码见表 2-2。

表 2-2   奔腾 PYD40A、PYD50A 电压力锅故障代码

故障代码	故 障 含 义
E1	表示传感器断路故障
E2	表示传感器短路故障
E3	表示超温故障
E4	表示信号开关失灵故障

3. 美满 B5G 系列等电压力锅故障代码

美满 B5G 系列等电压力锅故障代码见表 2-3。

表 2-3   美满 B5G 系列等电压力锅故障代码

故障代码	故 障 含 义
E1	表示传感器断路故障
E2	表示传感器短路故障
E3	表示超温故障
E4	表示压力开关失灵

注　适用机型有 B5G 、B6G、B7G（MDY-80AA、MDY-90AA、MDY-100AA、MDY-80AB、MDY-90AB、MDY-100AB、MDY-80AC、MDY-90AC、MDY-100AC）等故障。

4. 九阳 JYY-G54 系列等电压力锅故障代码

九阳 JYY-G54 系列等电压力锅故障代码见表 2-4。

表 2-4   九阳 JYY-G54 系列等电压力锅故障代码

故障代码	故 障 含 义
E1	表示传感器断路故障
E2	表示传感器短路故障
E3	表示超温保护，感温器头与内胆底部间有异物
E4	表示信号开关失灵故障

注　适用机型有 JYY-G54、JYY-G64、JYY-G42、JYY-G52、JYY-G62、JYY-G51、JYY-G61 等。

5. 爱德电气锅故障代码

爱德电气锅故障代码见表 2-5。

表 2-5   爱德电气锅故障代码

故障代码	故 障 含 义
E1	表示传感器断路故障
E2	表示传感器短路故障
E3	表示超温保护，感温器头与内胆底部间有异物故障
E4	表示信号开关失灵故障

6. 双喜电压力锅故障代码

双喜电压力锅故障代码见表 2-6。

表 2-6　　　　　　　　　　　双喜电压力锅故障代码

故障代码	含 义 与 功 能
E1	1) 传感器接触不良，需要检修插座及连线。 2) 显示板损坏，需要更换显示板。 3) 传感器断路，需要更换传感器
E2	1) 传感器插座接触不良，需要检修插座及连线。 2) 显示板损坏，需要更换显示板。 3) 传感器短路，需要更换传感器
E3	1) 食物烧干或烧焦造成超温，需要检修密圈。 2) 无放水及食物加热，需要按规定放水及食物。 3) 没有放内锅，需要放内锅。 4) 显示板故障，需要更换显示板
E4	1) 压力开关断开，需要调节或更换压力开关。 2) 压力开关插座或连接线接触不良，需要检修插座及连接线。 3) 显示板故障，需要更换显示板

7. 康佳电压力锅 KPC-40ZS55 系列故障代码与维修

康佳电压力锅 KPC-40ZS55、KPC-50ZS55、KPC-60ZS55、KPC-80ZS55 故障代码与维修见表 2-7。

表 2-7　　　　　　　　康佳电压力锅 KPC-40ZS55 系列故障代码与维修

故障现象	原因分析	处 理 方 法
合盖困难	密封圈未放置好	放好密封圈
	浮子阀卡住推杆	用手轻推推杆
开盖困难	放气后浮子阀未落下	用筷子轻压浮子阀
锅盖漏气	未放上密封圈	放上密封圈
	密封圈粘有食物渣子	清洁密封圈
	密封圈磨损	更换密封圈
	未合好盖	按规定合盖
浮子阀漏气	浮子阀密封圈粘有食物渣子	清洁浮子阀密封圈
	浮子阀密封圈磨损	更换浮子阀密封圈
浮子阀不能上升	锅内食物和水过少	按规定放食物和水
	浮子阀密封圈粘有食物渣子	清洁浮子阀密封圈
	锅盖未扣合到位	按规定合好锅盖
限压阀漏气	限压阀磨损	更换新限压阀
	限压阀未放好	重新放好限压阀
食物夹生	烹饪时间短	加长烹饪时间或按烹饪指引
显示屏显示"E1"	传感器开路	维修
显示屏显示"E2"	传感器短路	维修
显示屏显示"E3"	超温	拔掉电源待温度下降后自动恢复或维修
显示屏显示"E4"	压力开关故障	维修

8. 苏泊尔电压力锅 CYSB50YC11-100、CYSB50F6Q-100、CYSB50FC88Q-100 故障代码

苏泊尔电压力锅 CYSB50YC11-100、CYSB50F6Q-100、CYSB50FC88Q-100 故障代码见表 2-8。

表 2-8　　　　　　　　　苏泊尔电压力锅 CYSB50YC11-100 系列故障代码

故障代码	故 障
数码屏显示 "E1"	底部传感器开路或短路
数码屏显示 "E0"	顶部传感器开路或短路

9. 鑫奇电压力锅故障代码

鑫奇电压力锅故障代码见表 2-9。

表 2-9　　　　　　　　　　鑫奇电压力锅故障代码

故障代码	故 障 原 因	故 障 维 修
E1	传感器插座接触不良	检修插座、连线
	显示板损坏	需要更换显示板
	传感器断路	需要更换传感器
E2	传感器插座接触不良	需要检修插座、连线
	显示板损坏	需要更换显示板
	传感器短路	需要更换传感器
E4	压力开关断开	需要调节或更换压力开关
	压力开关插座或连接线接触不良	需要检修插座、连接线
	显示板故障	需要更换显示板

10. 苏泊尔电压力锅 CYSB40FC3-90 系列故障代码与电路图

苏泊尔电压力锅 CYSB40FC3-90、CYSB50FC3-100、CYSB60FC3-100 故障代码与电路图如图 2-2 所示。

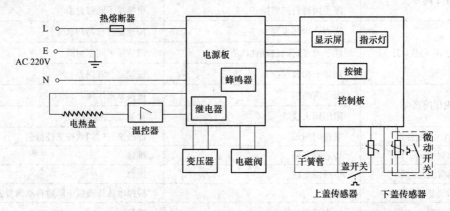

图 2-2　苏泊尔电压力锅 CYSB40FC3-90 系列故障代码与电路图（一）

代　码	原　因	对　策
数码屏显示"E0"	上传感器开路或短路	维修
	未合盖或合盖不到位	将开合旋钮旋至"合"位置
数码屏显示"E1"	无锅	放上内锅
	感温杯内感温元件开路或短路	维修
数码屏显示"E2"	空锅干烧	冷却后，重新上电再启动
数码屏显示"E3"	止开阀故障或干簧管故障	检查止开阀是否卡住，清洗止开阀或维修

图 2-2　苏泊尔电压力锅 CYSB40FC3-90 系列故障代码与电路图（二）

11. 苏泊尔电压力锅 CYSB40YC11-90 系列故障代码与电路图

苏泊尔电压力锅 CYSB40YC11-90、CYSB50YC11-100、CYSB60YC11-110 故障代码与电路图如图 2-3 所示。

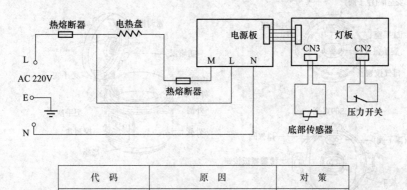

代　码	原　因	对　策
数码屏显示"E0"	压力开关故障	维修
数码屏显示"E1"	感温杯内感温元件短路或开路	维修

图 2-3　苏泊尔电压力锅 CYSB40YC11-90 系列故障代码与电路图

12. 美的电压力锅 12PCH402A、12PCH403A 系列电路图

美 的 电 压 力 锅 12PCH402A、12PCH403A、12PCH502A、12PCH503A、12PCH602A、12PCH603A、MY-12CH402A、PCH5001 电路图如图 2-4 所示。

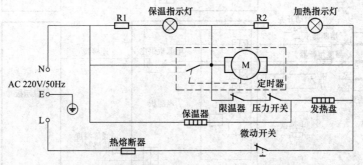

图 2-4　美的电压力锅 12PCH402A、12PCH403A 系列电路图（一）

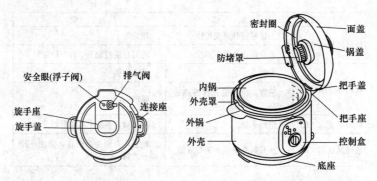

图 2-4 美的电压力锅 12PCH402A、12PCH403A 系列电路图（二）

13. 美的电压力锅 12PCS503A、12PCS603A、12PLS405A、13PLS408A

美的电压力锅 12PCS503A、12PCS603A、12PLS405A、13PLS408A 电路图如图 2-5 所示。

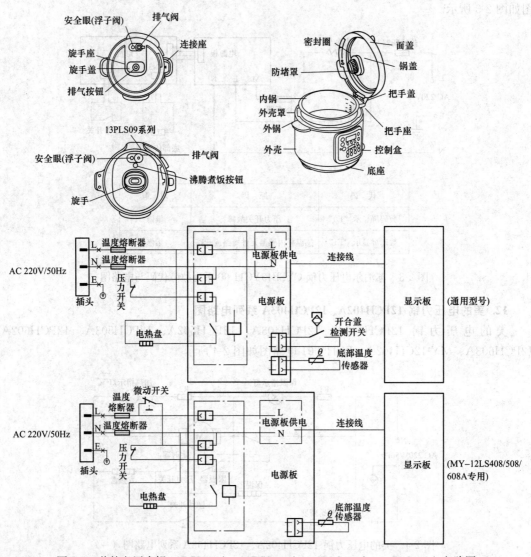

图 2-5　美的电压力锅 12PCS503A、12PCS603A、12PLS405A、13PLS408A 电路图

14. 美的电压力锅 MY-CS5022

美的电压力锅 MY-CS5022 电路图与维修如图 2-6 所示。

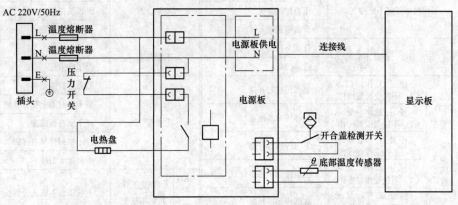

现　象	原　因		现　象	原　因
合盖困难	浮子卡住		工作状态时，热盘不加热	合盖不到位
	密封圈未放置好			电热盘故障
开盖困难	放气后浮子阀未落下			电路故障
	锅内有压力			
锅盖漏气	未放密封圈或密封圈未安装到位		在待机状态/open/凵凵/"合盖不到位"灯亮起时，选择功能按键无反应	合盖不到位
	密封圈上粘有异物			
	密封圈破损			
浮子阀漏气	浮子阀密封垫粘有食物渣滓	所有灯闪烁	显示屏显示 C1/C2	底部传感器故障
	浮子阀密封垫磨损		显示屏显示 C5	底部传感器温度过高
浮子阀不能上升	锅内食物和水过少		显示屏显示 C6	压力开关故障
	锅盖或排气阀漏气		煮饭不熟/太硬	加水过少
	用电电压＜电网电压			过早开盖
工作时排气阀不断排气	排气阀未放在密封位		煮饭太软	加水量过多
	压力控制失灵			

图 2-6　美的电压力锅 MY-CS5022 电路图与维修

15. 美的电压力锅 MY-SS5033、PSS5032、PSS6032

美的电压力锅 MY-SS5033、PSS5032、PSS6032 电路图与维修如图 2-7 所示。

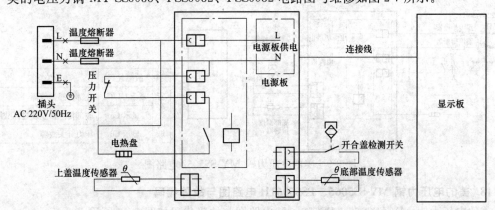

图 2-7　美的电压力锅 MY-SS5033、PSS5032、PSS6032 电路图与维修（一）

现象		原因	现象	原因
工作时排气阀不断排气		排气阀芯、排气阀体破损	不能合盖	锅盖密封圈没有装配到位
		压力控制失灵		开盖旋钮不在开盖位置
		合盖不到位		开盖旋钮卡死
工作状态时，产品不加热		合盖不到位	不能开盖	锅内有压力
		电路故障		浮子阀卡死
LED显示全部闪烁	停止工作，显示C1，不接受按键操作	底部传感器开路	上盖漏气	锅盖密封圈破损
	停止工作，显示C2，不接受按键操作	底部传感器短路		锅盖密封圈上粘有异物
	停止工作，显示C3，不接受按键操作	上盖传感器开路		浮子密封垫破损
	停止工作，显示C4，不接受按键操作	上盖传感器短路		浮子密封垫粘有异物
				未装浮子组件
	停止工作，显示C5，不接受按键操作	底部传感器超温	LED不闪烁	停止工作，按键不接受	上盖未合上或未合到位

图 2-7　美的电压力锅 MY-SS5033、PSS5032、PSS6032 电路图与维修（二）

16. 美的电压力锅 MY-SS5060 电路图与故障代码

美的电压力锅 MY-SS5060 电路图与故障代码如图 2-8 所示。

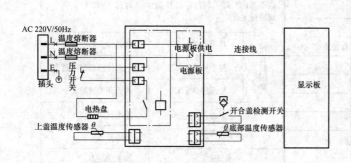

现象	故障代码	原因
LED显示全部闪烁	停止工作，显示 C1，不接受按键操作	底部传感器开路
	停止工作，显示 C2，不接受按键操作	底部传感器短路
	停止工作，显示 C3，不接受按键操作	上盖传感器开路
	停止工作，显示 C4，不接受按键操作	上盖传感器短路
	停止工作，显示 C5，不接受按键操作	底部传感器超温
	显示屏显示 C6	压力开关故障

图 2-8　美的电压力锅 MY-SS5060 电路图与故障代码

17. 美的电压力锅 MY-SS5062 电路图

美的电压力锅 MY-SS5062 电路图如图 2-9 所示。

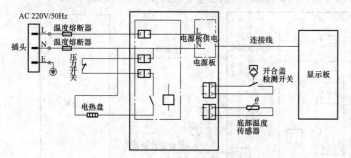

现象	故障代码	故障含义
所有灯闪烁	显示 C1/C2	底部传感器故障
	显示 C5	底部传感器温度过高故障
	显示 C6	压力开关故障

图 2-9　美的电压力锅 MY-SS5062 电路图

18. 美的电压力锅 MY-SS5065、PSS5061H 电路图与故障代码

美的电压力锅 MY-SS5065、PSS5061H 电路图与故障代码如图 2-10 所示。

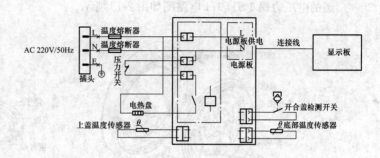

现象	故障代码	故障含义
LED显示全部闪烁	停止工作，显示C1，不接受按键操作	底部传感器开路故障
	停止工作，显示C2，不接受按键操作	底部传感器超路故障
	停止工作，显示C3，不接受按键操作	上盖传感器开路故障
	停止工作，显示C4，不接受按键操作	上盖传感器超路故障
	停止工作，显示C5，不接受按键操作	底部传感器超温故障
	显示屏显示C6	压力开关故障

图 2-10　美的电压力锅 MY-SS5065、PSS5061H 电路图与故障代码

19. 美的电压力锅 PCS5035、PCS6035、W12PCS505E、WCS5035 电路图与故障代码

美的电压力锅 PCS5035、PCS6035、W12PCS505E、WCS5035 电路图与故障代码如图 2-11 所示。

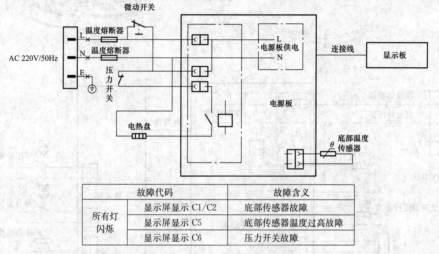

	故障代码	故障含义
所有灯闪烁	显示屏显示 C1/C2	底部传感器故障
	显示屏显示 C5	底部传感器温度过高故障
	显示屏显示 C6	压力开关故障

图 2-11　美的电压力锅 PCS5035、PCS6035、W12PCS505E、WCS5035 电路图与故障代码

20. 美的电压力锅 PHT5079 电路图与故障代码

美的电压力锅 PHT5079 电路图与故障代码如图 2-12 所示。

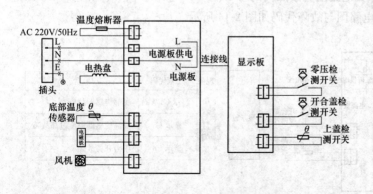

现象	故障代码	故障含义
LED显示全部闪烁	停止工作，显示C1，不接受按键操作	底部传感器开路故障
	停止工作，显示C2，不接受按键操作	底部传感器短路故障
	停止工作，显示C3，不接受按键操作	上盖传感器开路故障
	停止工作，显示C4，不接受按键操作	上盖传感器短路故障
	停止工作，显示C5，不接受按键操作	底部传感器超温故障
	停止工作，显示C10，不接受按键操作	IGBT传感器开路故障
	停止工作，显示C11，不接受按键操作	IGBT传感器短路故障
	IIC不接受按键操作	通信错误报警故障

图 2-12　美的电压力锅 PHT5079 电路图与故障代码

21. 美的电压力锅 PST5071 电路图

美的电压力锅 PST5071 电路图如图 2-13 所示。

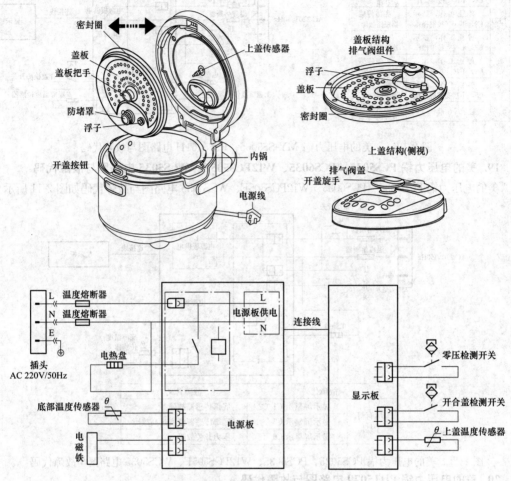

图 2-13 美的电压力锅 PST5071 电路图

22. 美的电压力锅 W12PLS509E 电路图与故障代码

美的电压力锅 W12PLS509E 电路图与故障代码如图 2-14 所示。

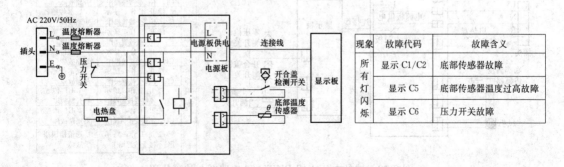

现象	故障代码	故障含义
所有灯闪烁	显示 C1/C2	底部传感器故障
	显示 C5	底部传感器温度过高故障
	显示 C6	压力开关故障

图 2-14 美的电压力锅 W12PLS509E 电路图与故障代码

23. 美的电压力锅 W12PSS505E 电路图与故障代码

美的电压力锅 W12PSS505E 电路图与故障代码如图 2-15 所示。

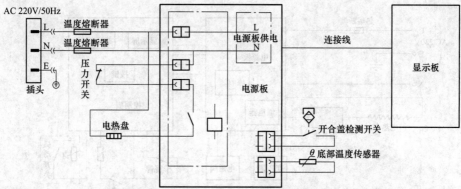

适用型号:MY-12SS405B、MY-12SS505B、MY-12SS505E、MY-12SS605B

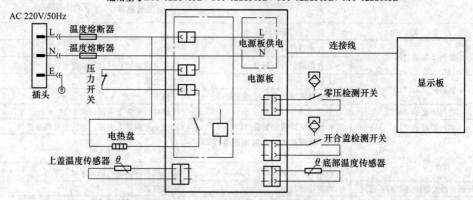

适用型号:MY-12SS405A、MY-12SS406A、MY-12SS405A、MY-12SS506A

现象	故 障 代 码	故 障 含 义
LED显示全部闪烁	停止工作,显示 C1,不接受按键操作	底部传感器开路故障
	停止工作,显示 C2,不接受按键操作	底部传感器短路故障
	停止工作,显示 C3,不接受按键操作	上盖传感器开路故障
	停止工作,显示 C4,不接受按键操作	上盖传感器短路故障
	停止工作,显示 C5,不接受按键操作	底部传感器超温故障
	显示屏显示 C6	压力开关故障

图 2-15   美的电压力锅 W12PSS505E 电路图与故障代码

24. 苏泊尔电压力锅 CYSBxxYC3C 系列电路图

苏泊尔电压力锅 CYSBxxYC3C 系列电路图如图 2-16 所示。

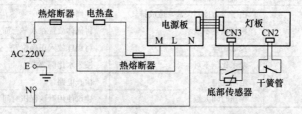

图 2-16   苏泊尔电压力锅 CYSBxxYC3C 系列电路图

25. 苏泊尔电压力锅CYSB40FC3-90系列电路图与维修

苏泊尔电压力锅CYSB40FC3-90、CYSB50FC3-100、CYSB60FC3-110电路图与维修如图2-17所示。

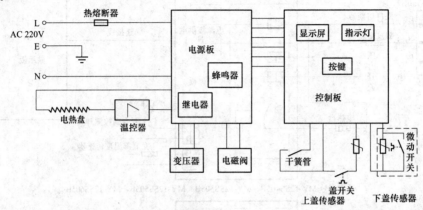

问　　题	可能原因	处理方法
数码屏显示"E0"	上传感器开路或短路	维修
	未合盖或合盖不到位	将开合旋钮旋至"合"位置
数码屏显示"E1"	无锅	放上内锅
	感温杯内感温元件开路或短路	维修
数码屏显示"E2"	空锅干烧	冷却后，重新上电再启动
数码屏显示"E3"	止开阀故障或干簧管故障	检查止开阀是否卡住；清洗止开阀或维修
漏气	内锅盖螺栓上的小胶圈脱落或未卡入凹槽内	将小胶圈装入正确位置
	内锅盖"锁紧螺母"未旋紧	适当旋紧内锅盖"锁紧螺母"即可
止开阀开始大量排气，后不排气	内锅排冷气	正常现象
止开阀持续排气	止开阀孔内有异物或止开阀被卡住	清理异物，将锅盖盖合到位
烹饪结束时排气	正常现象	正常现象
密封圈泄压	由于控制失常，造成泄压	维修
工作结束后，当压力指示灯显示2格或3格时会突然全灭	正常现象	正常现象
没扣合锅盖能正常工作	控制失常	维修
"开合旋钮"旋不动，导致锅盖无法打开	锅内压力未排完	待锅内压力自动排完，或手动按控制面板上的"排气"按键快速排气，但如果手动排气会伴随锅内流质食物喷出，要立即放开"排气"按键
	锅内压力已排完，但止开阀因太脏了被粘住不能下降	轻轻来回转动"开合旋钮"，使止开阀下降；或用一细竹签拨动止开阀使其下降，并且在下次使用前一定要清洗止开阀，防止止开阀再次被粘住无法下降，从而导致锅盖无法打开
无法合盖	热锅，锅内有热蒸汽压力	待锅内食物稍微冷却
		长按面板上的"排气"按钮，待锅内无压力后再合盖
	开合旋钮位置不正确	将开合旋钮旋至"开"位置
球阀强烈排气	由于压力控制失常，造成排气	维修
	锅体放置不水平	将锅体放置在水平台面上
	没放钢球	将钢球放入正确位置
食物煮不熟	米水比例不对	按米水比例要求
	电网无电	检查电路
	保压时间太短	建议使用默认保压时间

图2-17　苏泊尔电压力锅CYSB40FC3-90系列电路图与维修

2.1.3 电压力锅快修精修

电压力锅快修精修见表 2-10。

表 2-10 电压力锅快修精修

故 障	故 障 原 因	故 障 维 修
按控制面板不能正常工作或工作指示灯不亮	显示板损坏	需要更换显示板
按控制面板不能正常工作或工作指示灯不亮	显示器板按键或指示灯损坏	需要更换显示板按键或指示灯
按控制面板不能正常工作或工作指示灯不亮	内部连线接触不良	需要检修内部连线
不通电或不加热	检查各端子连接线是否连接到位,热熔断器、电源板、电源线是否损坏	需要更换不良或者损坏的配件
浮子不能上升	锅内食物或水过少	需要按规定放食物与水
浮子不能上升	锅盖或限压阀漏气	需要检查锅盖与锅盖密封圈
浮子上升后漏气	浮子密封圈粘有食物渣子	需要清洁浮子密封圈
浮子上升后漏气	浮子密封圈磨损	需要更换浮子密封圈
工作过程中不能转入保温状态	显示板损坏	需要更换显示板
工作过程中不能转入保温状态	定时器损坏	需要更换定时器
锅盖漏气	未放密封圈	需要放上密封圈
锅盖漏气	密封圈粘有食物渣子	需要清洁密封圈
锅盖漏气	密封圈磨损	需要更换密封圈
锅盖漏气	未合好盖	需要按规定合盖
合盖困难	密封圈未放置好	需要放好密封圈
合盖困难	浮子卡住推杆	需要用手轻推推杆,使浮子下落
进入保压,加热灯与保温灯频繁闪烁	压力开关损坏	需要更换压力开关
进入保压时保温灯亮,而旋钮不能倒转	定时器损坏	需要检修定时器
进入保压时保温灯亮,而旋钮不能倒转	旋钮被控制板卡住	需要检修旋钮与控制面板配合间隙
开盖困难	放气后浮子未落下	需要用筷子轻压浮子阀
开合卡涩	保温罩或锅盖变形,导致侧边有摩擦	需要更换不良的锅盖或保温罩
开合开合紧	检查胶圈是否装反;检查锅盖与保温罩是否摩擦;检查支撑圈与保温罩是否装配到位;检查内锅、保温罩、发热盘的高度尺寸,装配后内锅是否高出保温罩	需要更换内锅或保温罩

故　障	故　障　原　因	故　障　维　修
开合旋钮无法合盖	可能因进处异物导致旋钮座下面钢球卡在主手柄槽内，不能旋合	拆开主手柄盖，将槽内异物清除，若主手柄槽变挤变形需更换主手柄
开合旋钮无法开盖	止开杆卡被锅盖侧孔刮伤，导致活动不顺畅	更换止开杆，同时将锅盖毛刺修一下，以免再次划伤
漏气	锅口密封胶圈装反；采温柱处密封胶圈掉出；锅盖上其他密封圈有漏装、未装到位、破损现象；止开阀被止开板挡住，导致漏气不能上压	需要更换漏装或破损胶圈，更换小头止开阀
烧干或烧焦食物	锅盖漏气	需要检修锅盖及密封圈
烧干或烧焦食物	限压阀排气	需要检修限压阀
烧干或烧焦食物	保压失灵	需要检修压力开关及定时器
烧干或烧焦食物	工作压力过高	需要调整压力开关
通电后不能发热	定时器触头或压力开关触头断路	需要更换定时器或压力开关
通电后不能发热	内部连接接触不良	需要检修内部连线
通电后不能发热	限温器断路	需要更换限温器
通电后不能发热	超温熔断器断路	需要更换超温熔断器
通电后不能发热	电源板或继电器损坏	需要更换电源板或继电器
通电后不能发热	显示板损坏	需要更换显示板
通电后控制面板无指示	电源插头与锅体插座接触不良	需要检修电源插头及插座
通电后控制面板无指示	内部连线接触不良	需要检修内部连线
通电后控制面板无指示	限温器断路	需要换限温器
通电后控制面板无指示	超温保护器断路	需要更换超温保护器
通电后控制面板无指示	电源板损坏	需要更换电源板
通电后控制面板无指示	显示板损坏	需要换显示板
限压阀漏气	限压阀顶针破损	需要更换顶针
限压阀漏气	排气管有破损	需要更换排气管
限压阀自动排气	压力开关触头连通使锅内连续加热	机械款的，需要检查压力开关。计算机款的，需要检查显示及电源板
限压阀自动排气	物和水过少，在控制工作压力断电时锅内压力冲到90kPa	需要按规定放食物和水
限压阀自动排气	压力开关断开值超高	需要检修压力开关的关断开范围：60～70kPa
溢锅	检查限压阀、排气管座是否装配到位；检查止开板是否卡住止开阀，可能锅口胶圈偏小	需要重先装配，更换小头止开阀，更换锅口密封胶圈

2.2 压 力 锅

2.2.1 铝压力锅常见的结构

铝压力锅常见的结构如图 2-18 所示。

排气管：压力锅蒸汽出口装置

限压阀：工作压力的调节装置

安全阀：正常工作时自动关闭安全阀门当超压时自动排汽，保证安全

安全窗：当压力超高时，密封胶圈从此处挤出，释放压力，保证安全

防堵罩

密封胶圈：完全密封的作用

副柄：移动锅时使用

锅盖

上手柄

安全板：开合盖安全装置，与止开杆配合使用

止开杆(压力显示杆)：当锅内有压力时，此杆上升；没有压力时，此杆下降。

下手柄：移动锅具时使用，上有开合盖标记"▲"

金属护套：隔热防烧，定位紧固

锅身：用于盛装烹调食物。底厚壁薄，传热均匀

图 2-18 铝压力锅常见的结构

2.2.2 铝压力锅快修精修

铝压力锅快修精修见表 2-11。

表 2-11   铝压力锅快修精修

问 题	可能的原因	处 理 方 法
止开杆（压力显示杆）不上升，压力锅不上压	炉具火力不足	加大火力
	锅内水分不足或烧干	加热时间短可立即加水，不可长时间干烧
	止开杆位置不对或不清洁	清洗止开杆和止开阀，放正位置
	锅盖、锅身上下手柄没对正，没完全关到位	冷却后关合锅盖，转动上手柄直到不能再转动为止，使上下手柄完全对齐
	密封胶圈没有清洗干净，表面垫有米粒等杂物	清洗密封胶圈并放入锅盖正确位置
蒸汽从锅盖下侧喷出	密封脱圈没有清洗干净，表面垫有米粒等杂物	清洗密封胶圈并放入锅盖正确位置
	密封胶圈变形或老化失效	更换密封胶圈
	锅盖、锅身上下手柄没对正，没完全关到位	冷却后关合锅盖，转动上手柄直到不能再转动为止，使上下手柄完全对齐
	锅盖或锅身受损变形	维修
限压阀处喷出大量的汤汁或米浆	火力过大	应立即减小火力
	煮食容量过多	限制的容量

问　题	可能的原因	处　理　方　法
止开杆（压力显示）	锅内还有压力，不能打开	必须降压后拿掉限压阀
无法关合锅盖	锅盖"▼"标记与下手柄"▲"标记没对正	对正
	刚合盖时可能由于锅内有热气使止开杆（压力显示杆）突然上升而使锅盖无法关合到位	待止开杆（压力显示杆）下降后对正
	止开杆（压力显示杆）没有在正确位置	将止开杆（压力显示杆）放在正确位置
	可能由于跌落或碰撞造成变形	维修
安全阀强烈排汽	排气管堵塞使锅内压力超过安全压力	应立即关掉加热源，等锅内气体排尽后打开锅盖检查堵塞原因，并排除故障。清洗排气管、安全阀
	安全阀失效	维修
	由于限压阀上施加重物	禁止加重物
密封胶圈从锅盖侧边安全窗部挤出排汽	密封胶圈用久老化失效	更换密封胶圈
	使用不当造成锅内压力超高	维修

注　不锈钢压力锅有的故障排除可以参考铝压力锅的故障排除。

第3章

电炖锅、电蒸锅与煎烤机

3.1 电炖锅

3.1.1 电炖锅常见结构

电炖锅常见结构如图 3-1 所示。

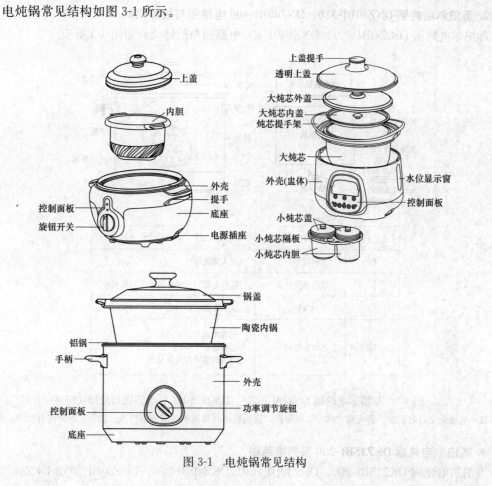

图 3-1 电炖锅常见结构

3.1.2 电炖锅维修必查必备

1. 苏泊尔电炖锅 DNZ30B2-350 系列电路图与故障代码

苏泊尔电炖锅 DNZ30B2-350、DNZ40B2-450、DNZ50B2-550 电路图与故障代码如图 3-2 所示。

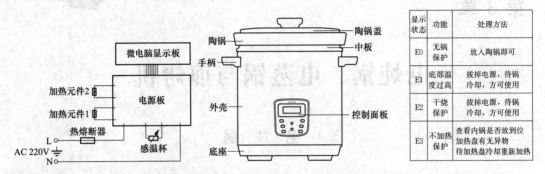

显示状态	功能	处理方法
E0	无锅保护	放入陶锅即可
E1	底部温度过高	拔掉电源,待锅冷却,方可使用
E2	干烧保护	拔掉电源,待锅冷却,方可使用
E3	不加热保护	查看内锅是否放到位 加热盘有无异物 待加热盘冷却重新加热

图 3-2 苏泊尔电炖锅 DNZ30B2-350 系列电路图与故障代码

2. 苏泊尔电炖锅 DNZ30B1-320、DNZ40B1-400 电路图与故障代码

苏泊尔电炖锅 DNZ30B1-320、DNZ40B1-400 电路图与故障代码如图 3-3 所示。

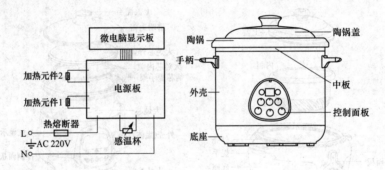

显示状态	保护功能	处 理 方 法
E0	无锅保护	放入陶锅即可
E1	底部温度过高	拔掉电源,待锅冷却,方可使用
E2	干烧保护	拔掉电源,待锅冷却,方可使用
E3	不加热保护	查看内锅是否放到位 加热盘有无异物 待加热盘冷却重新加热

图 3-3 苏泊尔电炖锅 DNZ30B1-320、DNZ40B1-400 电路图与故障代码

注 电炖锅烹饪过程中,若听到"BL.."报警声,说明锅体底部温度过高或锅内水已烧干,系统将自动停止加热。

3. 苏泊尔电炖锅 DKZ15B1-200 系列电路图

苏泊尔电炖锅 DKZ15B1-200、DKZ30B1-200、DKZ40B1-250、DKZ50B1-300、DKZ60B1-350 电路图如图 3-4 所示。

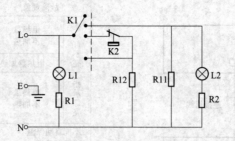

图 3-4　苏泊尔电炖锅 DKZ15B1-200 系列电路图

4. 美的电炖锅（盅）BGH303B 电路图

美的电炖锅（盅）BGH303B 电路图如图 3-5 所示。

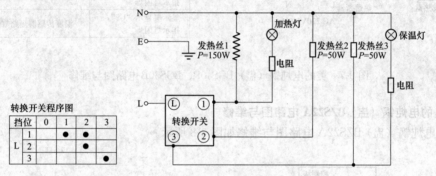

图 3-5　美的电炖锅（盅）BGH303B 电路图

5. 美的电炖锅（盅）BGH30D 电路图与维修

美的电炖锅（盅）BGH30D 电路图与维修如图 3-6 所示。

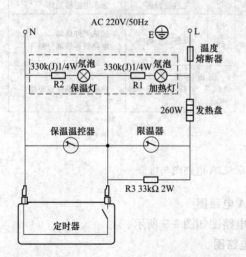

故障现象		产生原因	排除方法
指示灯不亮	不加热	电源没有接通	检查开关、插头、插座、电源引线是否完好，接触是否可靠
	加热	指示灯组件损坏	维修
指示灯亮	不加热	·定时器或转换开关故障。 ·发热组件烧坏。 ·内部连线断开	维修
食物溢出		食物或水量过多	关机，减少食物和水的放置量，煲汤时，请确认总量不要超过内胆容量的 80%
使用功能挡连续工作两个半小时后，内胆中的汤仍不沸腾		温控器失灵	维修

图 3-6　美的电炖锅（盅）BGH30D 电路图与维修

6. 美的电炖锅（盅）BGS40B、BGS50B 电路图与维修

美的电炖锅（盅）BGS40B、BGS50B 电路图与维修如图 3-7 所示。

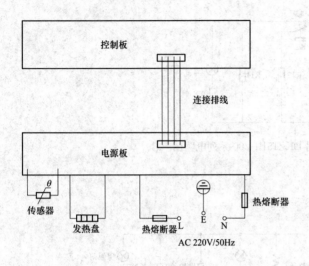

故障现象		故障原因
指示灯不亮	电热盘不加热	1) 电源板电源没有接通。 2) 电源板或控制板损坏。 3) 电路板连线断开
	电热盘加热	控制板损坏
指示灯亮	电热盘不加热	1) 温度传感器故障。 2) 发热盘烧坏。 3) 电路板连线部分断开。 4) 电源板损坏
不能自动保温或保温异常		1) 控制板损坏。 2) 温度传感器异常
煮粥大量溢出		1) 控制板损坏。 2) 温度传感器异常
煮粥长时间不沸腾		1) 米和水量加入过多。 2) 控制板损坏
显示屏显示"C1"，指示灯闪烁		温度传感器开路故障
显示屏显示"C2"，指示灯闪烁		温度传感器短路故障

图 3-7　美的电炖锅（盅）BGS40B、BGS50B 电路图与维修

7. 美的电炖锅（盅）BZS22A 电路图与维修

美的电炖锅（盅）BZS22A 电路图与维修如图 3-8 所示。

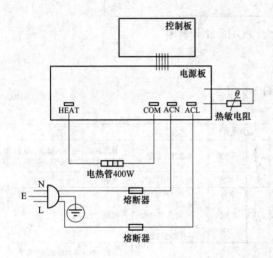

故障现象		故障原因
指示灯不亮	发热盘不加热	1) 电源线插头没有插好。 2) 电源线路损坏。 3) 熔断器烧断
	发热盘加热	显示电路板损坏
指示灯亮	发热盘不加热	加热元件烧坏 电路板连线部分断开
面板出现"C1"或"C2"字样，并连续鸣响		热敏电阻断路或短路

图 3-8　美的电炖锅（盅）BZS22A 电路图与维修

8. 美的电炖锅（盅）MD-BZS20B、MD-BZS22A 电路图

美的电炖锅（盅）MD-BZS20B、MD-BZS22A 电路图如图 3-9 所示。

9. 美的电炖锅（盅）MD-ZGH18A、BGH18A 电路图

美的电炖锅（盅）MD-ZGH18A、BGH18A 电路图如图 3-10 所示。

10. 东宇电炖锅 SX-W07、SX-W15、SX-W25、SX-W35、SX-W45 等

东宇电炖锅 SX-W07、SX-W15、SX-W25、SX-W35、SX-W45 等电路图如图 3-11 所示。

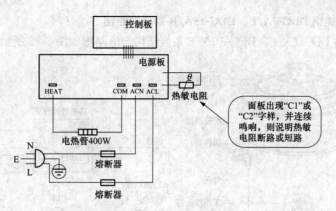

图 3-9　美的电炖锅（盅）MD-BZS20B、MD-BZS22A 电路图

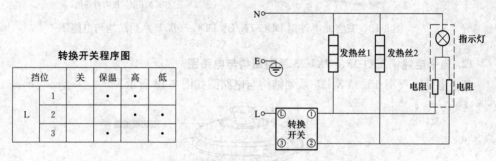

图 3-10　美的电炖锅（盅）MD-ZGH18A、BGH18A 电路图

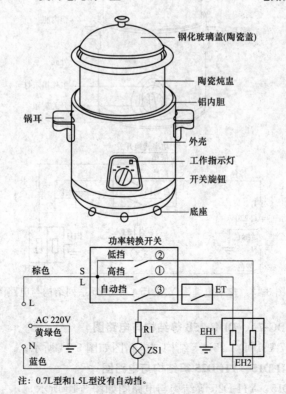

注：0.7L 型和 1.5L 型没有自动挡。

图 3-11　东宇电炖锅 SX-W07、SX-W15、SX-W25、SX-W35、SX-W45 等电路图

11. 艾宝龙电炖锅 DDG-7A/B、DDG-15A/B 系列电路图

艾宝龙电炖锅 DDG-7A/B、DDG-15A/B 系列结构与电路图如图 3-12 所示。

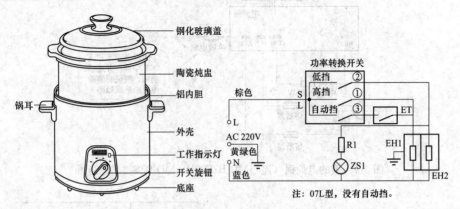

注：07L型，没有自动挡。

图 3-12　艾宝龙电炖锅 DDG-7A/B、DDG-15A/B 系列结构与电路图

12. 鑫平电炖锅 YXJ-15、YXJ-25 系列结构与电路图

鑫平电炖锅 YXJ-15、YXJ-25 系列结构与电路图如图 3-13 所示。

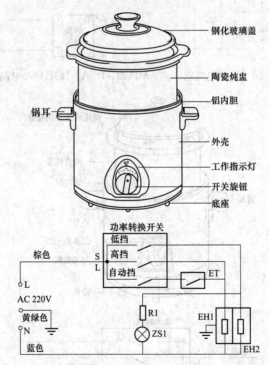

图 3-13　鑫平电炖锅 YXJ-15、YXJ-25 系列结构与电路图

13. 伟能电炖锅 DDG-7A、DDG-25B 等结构与电路图

伟能电炖锅 DDG-7A、DDG-25B 等结构与电路图如图 3-14 所示。

14. 添德电炖锅 YH-D15、YH-D25 等结构与电路图

添德电炖锅 YH-D15、YH-D25 等结构与电路图如图 3-15 所示。

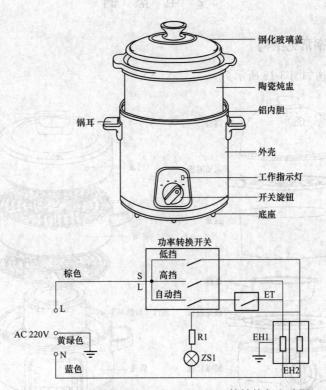

图 3-14 伟能电炖锅 DDG-7A、DDG-25B 等结构与电路图

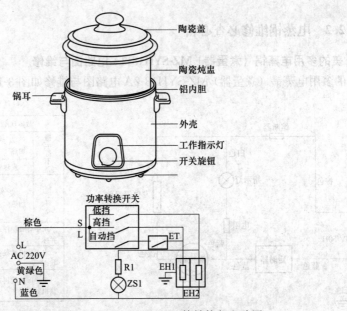

图 3-15 添德电炖锅 YH-D15、YH-D25 等结构与电路图

3.2 电 蒸 锅

3.2.1 电蒸锅常见结构

电蒸锅常见结构如图 3-16 所示。

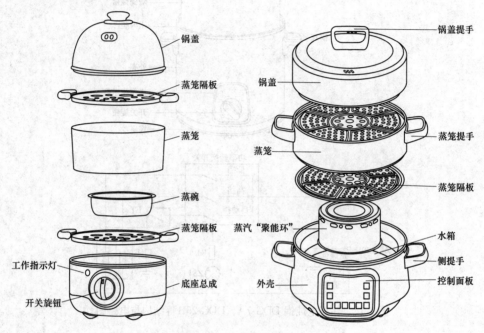

图 3-16 电蒸锅常见结构

3.2.2 电蒸锅维修必查必备

1. 美的多用电蒸锅（煮蛋器）MZ-SYH18-2A 电路图与维修

美的多用电蒸锅（煮蛋器）MZ-SYH18-2A 电路图与维修如图 3-17 所示。

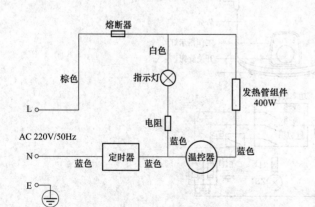

故障现象		故障原因
指示灯不亮	发热管不加热	电源没有接通，电源线路损坏
	发热管加热	指示灯损坏
指示灯亮	发热管不加热	发热管元件烧坏，内部连线部分断开
水中有脏物浮起或有异味		未清洗干净
水干后仍然处在工作状态		湿控器故障
干烧保护后再定时加热机器不工作		发热管未完全冷却，防干烧温控器没有复位

图 3-17 美的多用电蒸锅（煮蛋器）MZ-SYH18-2A 电路图与维修

2. 美的电蒸锅 SYS28-22 电路图与维修

美的电蒸锅 SYS28-22 电路图与维修如图 3-18 所示。

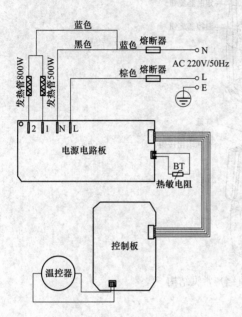

故障现象		故障原因
指示灯不亮	发热管不加热	①电源没有接通。②电源线路损坏
	发热管加热	显示电路板损坏
指示灯亮	发热管不加热	①发热管元件烧坏。②电路板连线部分断开
面板出现"C1"或"C1"字样并连续鸣响		"C1"指传感器开路"C2"指传感器短路
面板出现"C3"字样		温控器开路

图 3-18　美的电蒸锅 SYS28-22 电路图与维修

3. 美的电蒸锅 WSYH26A、WSYH28A、WSYH30A 电路图

美的电蒸锅 WSYH26A、WSYH28A、WSYH30A 电路图如图 3-19 所示。

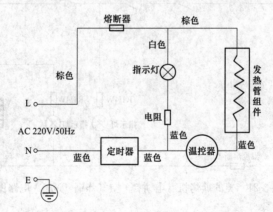

图 3-19　美的电蒸锅 WSYH26A、WSYH28A、WSYH30A 电路图

3.3　煎烤机（电饼铛）

3.3.1　煎烤机（电饼铛）常见结构

煎烤机（电饼铛）常见结构如图 3-20 所示。

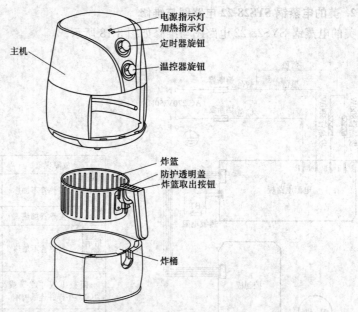

电源指示灯
加热指示灯
定时器旋钮
温控器旋钮
主机

炸篮
防护透明盖
炸篮取出按钮

炸桶

图 3-20　煎烤机（电饼铛）常见结构

3.3.2　煎烤机（电饼铛）维修必查必备

美的煎烤机（电饼铛）空气炸锅 TN20A 电路图如图 3-21 所示。

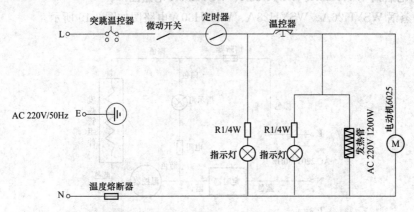

图 3-21　美的煎烤机（电饼铛）空气炸锅 TN20A 电路图

第4章

电烤箱、蒸箱与蒸汽炉

4.1 电 烤 箱

4.1.1 电烤箱常见结构

电烤箱常见结构如图 4-1 所示。

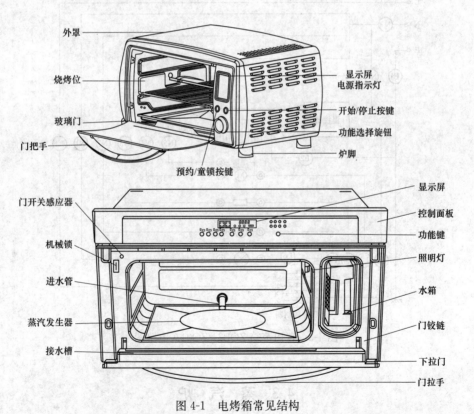

图 4-1 电烤箱常见结构

4.1.2 松下电烤箱（蒸汽烤箱）NU-JK100W、SC100W 结构与维修代码

松下电烤箱（蒸汽烤箱）NU-JK100W、SC100W 结构与维修代码如图 4-2 所示。

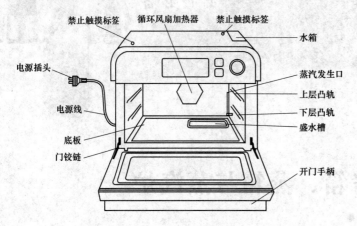

故障代码	故 障 含 义
U14	水箱中缺水
U90	连续 3 次使用排水功能后，暂时不能使用，需要等 10min 后再使用

图 4-2　松下电烤箱（蒸汽烤箱）NU-JK100W、SC100W 结构与维修代码

4.2　蒸　　箱

普田蒸箱 ZQB24-ZQ01A 电路图如图 4-3 所示。

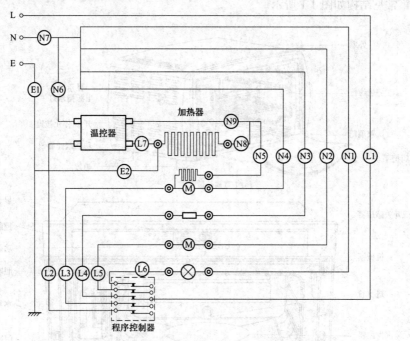

图 4-3　普田蒸箱 ZQB24-ZQ01A 电路图

4.3　蒸　汽　炉

4.3.1　蒸汽炉常见结构

蒸汽炉常见结构如图 4-4 所示。

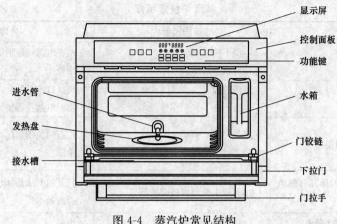

图 4-4　蒸汽炉常见结构

4.3.2　帅康蒸汽炉 ZQD25-SQ2 电路图

帅康蒸汽炉 ZQD25-SQ2 电路图如图 4-5 所示。

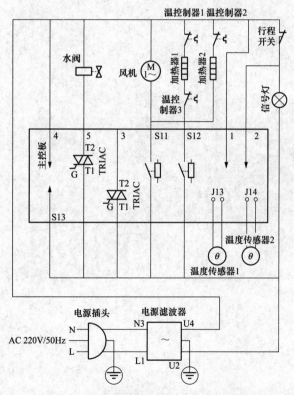

图 4-5　帅康蒸汽炉 ZQD25-SQ2 电路图

4.3.3　蒸汽炉快修精修

蒸汽炉快修精修见表 4-1。

表 4-1   蒸汽炉快修精修

故障现象	可能因素	处理方法
显示屏不亮	电源不通 计算机板故障	检查电源接触情况 维修
照明灯不亮	灯泡故障 电源不通	更换灯泡 检查电路是否接通
工作时有蒸汽在四周溢出	门没关紧 门密封条损坏	检查门关闭情况 维修
工作时水箱指示灯闪烁并有蜂鸣警告	水箱缺水或通水线路堵塞	打开门将水箱加水 检查通水管
工作几分钟后机器自动断电	风机堵转或损坏	维修
按键失灵	操作违规或电板损坏	长按电源键2s或检修

小家电快修精修
必查必备

第 5 章

消毒柜与灭蚊灯

5.1 消 毒 柜

5.1.1 消毒柜常见结构

消毒柜常见结构如图 5-1 所示。

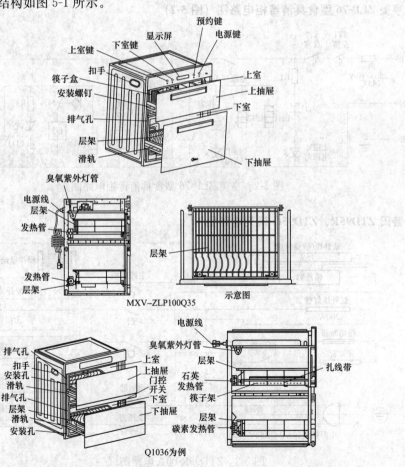

图 5-1 消毒柜常见结构（一）

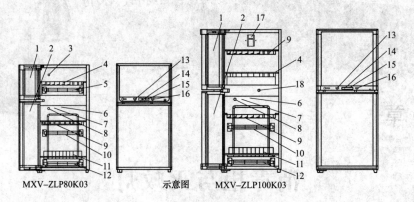

图 5-1 消毒柜常见结构（二）

1—上门；2—下门；3—上室温控器；4—杯架；5—上室发热管；6—排气孔塞；7—热熔断器（箱内壁）；
8—下室温控器；9—碗架；10—下室上发热管；11—碟架；12—下室下发热管；13—关机键；
14—电源指示灯；15—消毒指示灯；16—消毒键；17—臭氧发生器；18—门控开关

5.1.2 消毒柜维修必查必备

1. 亨美 ZLP-76 型食具消毒柜电路图（图 5-2）

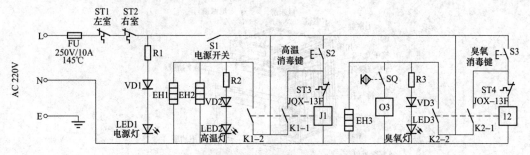

图 5-2 亨美 ZLP-76 型食具消毒柜电路图

2. 普田 ZTD95R、ZTD95G 系列电路图

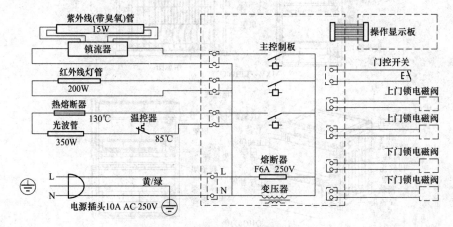

图 5-3 ZTD95R-05A 电路图（一）

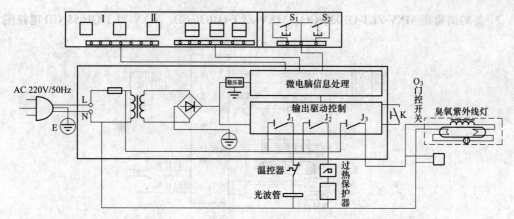

图 5-3 ZTD95G-01A、ZTD95G02B、ZTD95G03A、ZTD95G06B 电路图（二）

3. 美的消毒柜 MXV-ZLP100Q33、MXV-ZLP100Q35、MXV-ZLP100Q36 电路图

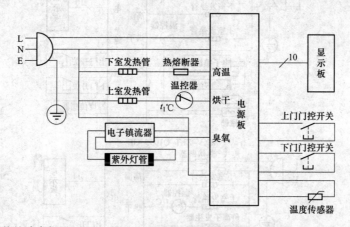

图 5-4 美的消毒柜 MXV-ZLP100Q33、MXV-ZLP100Q35、MXV-ZLP100Q36 电路图

4. 美的消毒柜 MXV-ZLP80K03、MXV-ZLP100K03 电路图

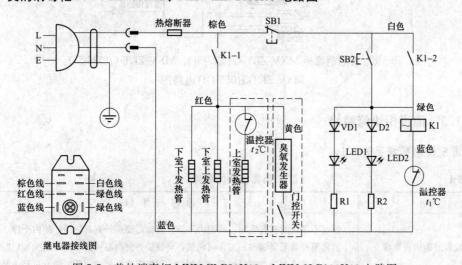

图 5-5 美的消毒柜 MXV-ZLP80K03、MXV-2LP100K03 电路图

5. 美的消毒柜 MXV-ZLT-Q1035-GO、MXV-ZLT-Q1036-SD、MXV-ZLT-Q1055-GD 电路图

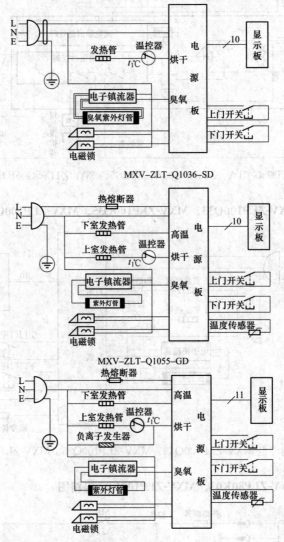

图 5-6 美的消毒柜 MXV-ZLT-Q1035-GO、MXV-ZLT-Q1036-SD、
MXV-ZLTQ1055-GD电路图

5.1.3 消毒柜快修精修

消毒柜快修精修见表 5-1。

表 5-1 消毒柜快修精修

问题	原 因 与 维 修
餐具发黄或柜内有异味	餐具不净，附有有机物，或柜内不洁：可能需要保持餐具洁净，柜内干净。 消毒温控器限温偏高、工作时间长：可能需要更换温控器，适当减少加热时间。 臭氧消毒没有等臭氧分解即打开柜门：可能需要臭氧消毒断电 20min 后方能开门。

问题	原 因 与 维 修
插上电源，启动按键，不加热、灯不亮	1）电源插座无电或接触不良：可能需要检查是否有电或更换插座。 2）熔断器烧断：需要更换熔断器。 3）电源线与机体接触不良或断路：检查线路是否接通，如果断路，需要修复。 4）变压器烧毁，断路或引线焊接松脱：可以需要用万能表电阻挡检查线路是否通，如果不通，需要更换或焊接接通。 5）电路板烧坏：如果电路板存在短路，则可能需要更换电路板。 6）继电器失灵或接线不良：可能需要更换继电器或更换维修插接器。 7）线路板内铜线锈蚀断裂：需要检查、更换或焊接电路板
抽屉门关不严	可能是滑轨变形、电子锁（电磁阀）坏、电子锁挂钩变形不回位、门框变形、其他因素等引起的
待机状态下，玻璃门打不开	可能是滑轨变形、电子锁（电磁阀）坏、电子锁挂钩变形打不开、电路板坏、其他因素等引起的
电路板和开关正常的情况下，消毒柜紫外线灯管不工作	外线灯管坏、镇流器坏、门控开关坏、紫外线和镇流器同时坏、紫外线灯座坏、其他因素等引起的
烘干效果不好	食具放置过密过多摆放：可能是不超过食具的额定质量等原因引起的。 气温太低：需要减少食具数量，延长烘干时间
在插座正常的情况下，消毒柜通电无任何反应	电路板坏、电路板上的熔丝熔断、变压器坏、开关坏、熔断器坏、其他因素等引起的
漏电	1）电线绝缘层老化、破损、碰外壳：需要更换电线或修理电线。 2）电线受潮，中性线接地：需要放置干燥处，接好接地线。 3）温控器或超温熔断器漏电：需要检查、更换温控器或超温熔断器。 4）温控器橡胶护套老化、耐压值低：需要更换温控器橡胶护套。 5）电子镇流器电子元件烧坏短路：需要更换相同功率的电子镇流器。 6）电源主板上的变压器烧坏：需要更换电源主板
上层消毒工作完成后，里面有水滴	石英管坏、石英管两端的连接线烧断（导致石英管不工作）、主板坏（程序出错，无烘干指令）、其他因素等引起的
死机现象	1）电压电流干扰：需要拔下电源重新插回开机观看是否正常，如果正常，则说明可能是电压电流干扰引起的。 2）电控板故障：需要更换电控板
显示屏异常	1）控制板故障：需要更换控制板。 2）热敏电阻故障：需要更换热敏电阻。 3）门控开关没有接通：需要检查门控开关、连接线
消毒柜插上电源，启动按键，灯不亮，不加热	电源插座无电或接触不良、熔断器烧断、电源线与机体接触不良或短路、变压器烧坏、电路板烧坏、继电器失灵或接触不良、电源板内铜线锈蚀断裂等原因引起的
消毒柜臭氧管和紫外线灯不工作	柜门未关好、门开关接触不良、电路故障等原因引起的
消毒柜高温消毒时间长	柜内堆放餐具太多太密、柜门关闭不严门封变形、石英发热管烧坏一支、温控器失灵、发热管电阻丝变细电阻增大功率降低、电压低、装错发热管等原因引起的
消毒柜高温消毒时间短	食具堆积放置在靠门边位置、上层温控器与下层温控器装错、上下发热管装错等原因引起的
消毒柜卧柜烘干效果不好	PTC加热元件坏、温控器限温温度过低、热熔断器烧断、风机坏、食具放置过密过多、气温太低等原因引起的
消毒柜自动开关机	计算机程序控制的消毒柜因芯片程序出现问题，受外界环境的干扰等原因引起的
消毒时间长	1）柜门堆放餐具太多、太密：可能需要调整食具数量和密度。 2）柜门关闭不严，门封变形：可能需要调整门铰座固定螺钉或更换门封。 3）石英发热管老化热效率降低：可能需要更换石英发热管。 4）温控器失灵：可能需要更换温控器。 5）发热电阻丝变细，电阻增大功率降低：可以观察发热管的亮度，正常情况下背部发热管微红、底部发热管明红

问 题	原 因 与 维 修
紫外灯不工作	1）柜门未关好：需要关好柜门。 2）门开关接触不良：可能需要调整门开关的接触状况或更换门开关。 3）电路故障：可能需要检查电路
紫外灯不亮或闪动	1）紫外灯管坏：可能需要更换同规格的紫外灯管。 2）电子镇流器损坏：可能需要更换电子镇流器。 3）紫外灯插座接触不良：可能需要调整、维修紫外灯座

5.2 灭 蚊 灯

5.2.1 灭蚊灯常见结构

灭蚊灯常见结构如图 5-7 所示。

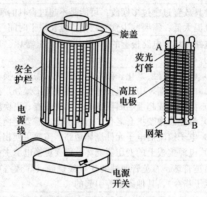

图 5-7 灭蚊灯常见结构

5.2.2 灭蚊灯维修电路

灭蚊灯维修参考电路如图 5-8 所示。

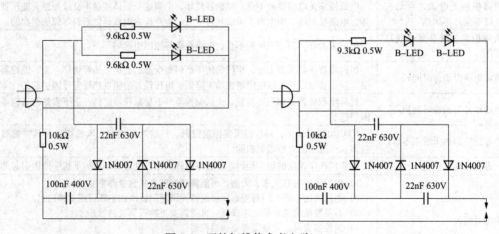

图 5-8 灭蚊灯维修参考电路（一）

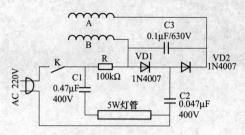

图 5-8 灭蚊灯维修参考电路（二）

5.2.3 灭蚊灯快修精修

灭蚊灯快修精修见表 5-2。

表 5-2 灭蚊灯快修精修

灯管不亮	灯管松动而引起接触不良	拧紧灯管或转动灯管，使之接触良好
灯管不亮	灯管损坏	对于 SI31、SI35、SI36，可用万用表测试灯管二头的灯丝接线柱，阻值在 4Ω 左右。对于其他灭蚊灯，则采用更换好的灯管来试看
灯管不亮	开关损坏（对于有开关的灭蚊灯）	更换开关
灯管不亮	灯头座损坏（针对 SI31、SI35、SI36 灭蚊灯）	更换灯头座
灯管不亮	导线断路或虚焊	接通导线或重新焊接
灯管不亮	保护网拆开	装回保护网
灯管不亮	接触杆断裂（仅 SI35、SI36 有接触杆）	更换接触杆
电网无高压	开关损坏（对于有开关的灭蚊灯）	更换开关（万用表测试）
电网无高压	导线断路或虚焊	接通导线或重新焊接
电网无高压	高压网上灰尘、昆虫等杂物过多，引起电网导电不良	用毛刷等去除杂物
灭蚊灯正常（即灯亮、有高压），但灭蚊效果不好	使用环境不规范	环境要求
灭蚊灯正常（即灯亮、有高压），但灭蚊效果不好	蚊子的适应性及多样性	同时使用其他驱蚊、灭纹产品

注 1. 修理前必须：a. 插头拔出电源插座；b. 电网放电（用金属体接通电网相邻二金属丝，注意：手等身体部位不能碰到金属体，也不要碰到灭蚊灯金属外壳，以防触电。建议用大的木柄或塑料柄螺钉旋具来短路）；c. 更换高压板时，注意因电容放电而导致触电。须等电容放电后再进行维修。

2. 灭蚊灯高压：它们都是利用电容来升压，其中 SI10、SI31、SI35、SI36 电网电压 1700V 左右，SI2、SI6、SI6B、SI7 电网电压 700V 左右。1700V 万用表无法测试，需用专用设备。

3. 电网电压简便测试方法：用木柄或塑料柄螺钉旋具短路电网相邻二金属丝，如发出电火花，则电压可能正常。

4. 如灭蚊灯同时灯不亮、电网没高压，则首先考虑开关是否正常。

第6章

果汁机、榨汁机与搅拌机

6.1 果 汁 机

6.1.1 果汁机常见结构

果汁机常见结构如图 6-1 所示。

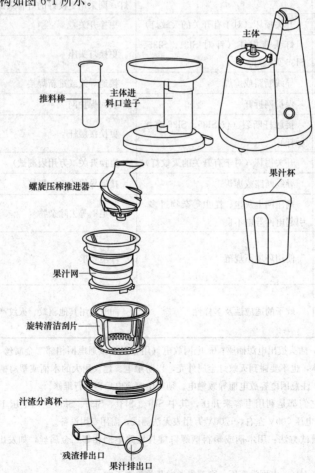

推料棒

主体

主体进料口盖子

果汁杯

螺旋压榨推进器

果汁网

旋转清洁刮片

汁渣分离杯

残渣排出口

果汁排出口

图 6-1 果汁机（榨汁机）常见结构

6.1.2　果汁机（榨汁机）维修必查必备

1. 美的果汁机（榨汁机）MJ-BL25C5 系列等电路图

美的果汁机（榨汁机）MJ-BL25C5 系列等电路图如图 6-2 所示。

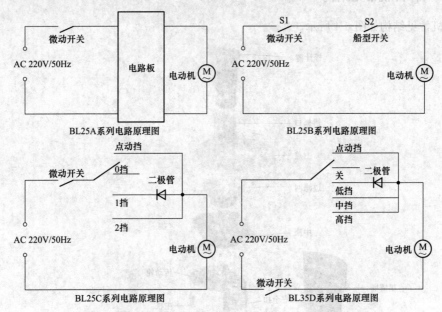

图 6-2　美的果汁机（榨汁机）MJ-BL25C5 系列等电路图

2. 康佳厨房机械（原汁机）KJ-YZ30 电路图

康佳厨房机械（原汁机）KJ-YZ30 电路图如图 6-3 所示。

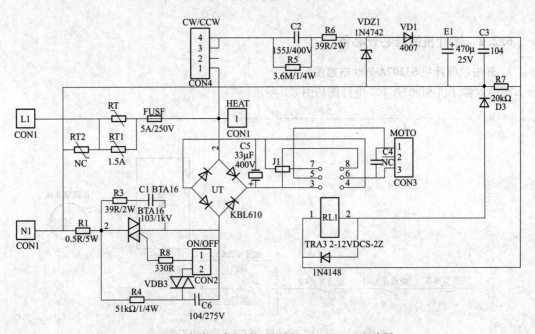

图 6-3　康佳厨房机械（原汁机）KJ-YZ30 电路图

6.2 榨 汁 机

6.2.1 榨汁机常见结构

榨汁机常见结构如图 6-4 所示。

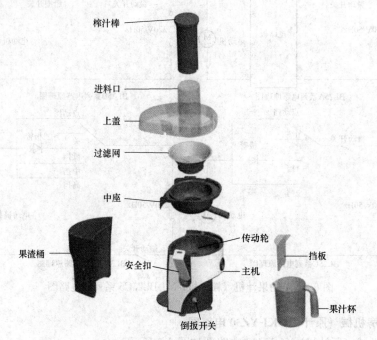

图 6-4 榨汁机常见结构

6.2.2 榨汁机维修必查必备

1. 苏泊尔榨汁机 SJ207A-700 电路图

苏泊尔榨汁机 SJ207A-700 电路图如图 6-5 所示。

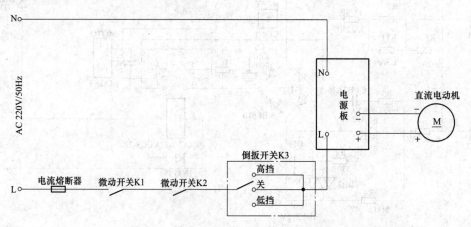

图 6-5 苏泊尔榨汁机 SJ207A-700 电路图

2. 苏泊尔榨汁机 SJ201A-250 电路图与结构

苏泊尔榨汁机 SJ201A-250 电路图与结构如图 6-6 所示。

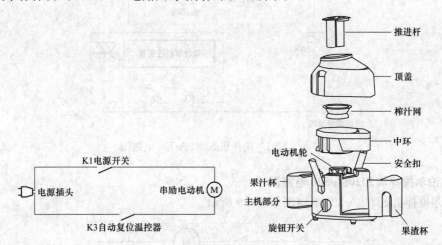

图 6-6　苏泊尔榨汁机 SJ201A-250 电路图与结构

6.3　搅　拌　机

6.3.1　搅拌机的常见结构

搅拌机的常见结构如图 6-7 所示。

图 6-7　搅拌机的常见结构

6.3.2　搅拌机维修必查必备

1. 苏泊尔搅拌机 SJ209A-750 电路图

苏泊尔搅拌机 SJ209A-750 电路图如图 6-8 所示。

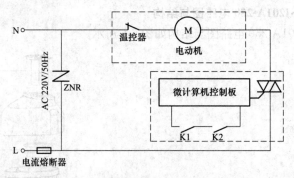

图 6-8   苏泊尔搅拌机 SJ209A-750 电路图

2. 苏泊尔搅拌机 SJ208A-500 电路图

苏泊尔搅拌机 SJ208A-500 电路图如图 6-9 所示。

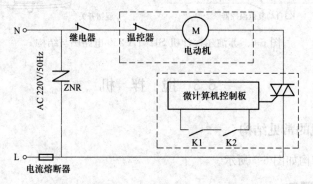

图 6-9   苏泊尔搅拌机 SJ208A-500 电路图

3. 苏泊尔搅拌机 SJ205A-350 电路图与结构

苏泊尔搅拌机 SJ205A-350 电路图与结构如图 6-10 所示。

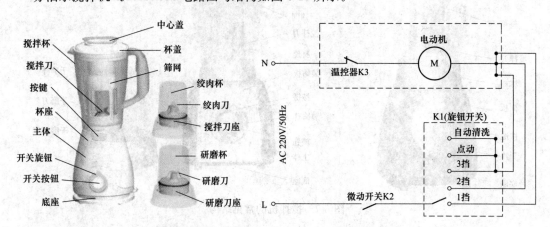

图 6-10   苏泊尔搅拌机 SJ205A-350 电路图与结构

4. 苏泊尔搅拌 SJ205B-350 电路图与结构

苏泊尔搅拌 SJ205B-350 电路图与结构如图 6-11 所示。

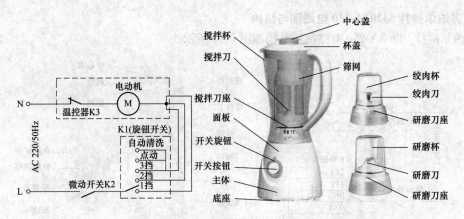

图 6-11　苏泊尔搅拌 SJ205B-350 电路图与结构

5. 苏泊尔搅拌 SJ204A-250 电路图与结构

苏泊尔搅拌 SJ204A-250 电路图与结构如图 6-12 所示。

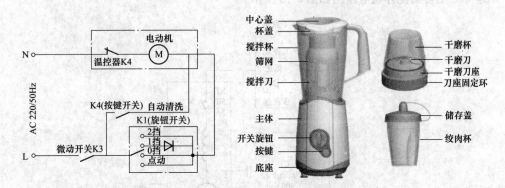

图 6-12　苏泊尔搅拌 SJ204A-250 电路图与结构

6. 苏泊尔搅拌 SJ303-230 电路图与结构

苏泊尔搅拌 SJ303-230 电路图与结构如图 6-13 所示。

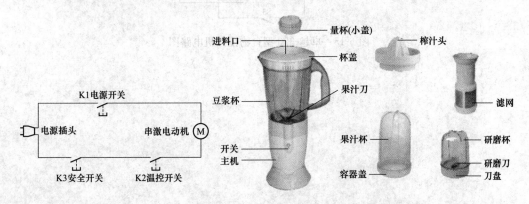

图 6-13　苏泊尔搅拌 SJ303-230 电路图与结构

7. 苏泊尔搅拌 SJ203A-250 电路图与结构

苏泊尔搅拌 SJ203A-250 电路图与结构如图 6-14 所示。

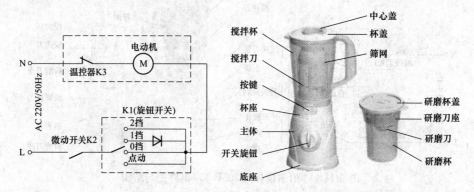

图 6-14　苏泊尔搅拌 SJ203A-250 电路图与结构

8. 卓越-300 型食物搅拌机电路图

卓越-300 型食物搅拌机电路图如图 6-15 所示。

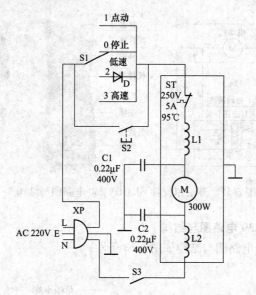

图 6-15　卓越-300 型食物搅拌机电路图

第 7 章

豆浆机与咖啡机

7.1 豆 浆 机

7.1.1 豆浆机常见的结构

豆浆机常见的结构如图 7-1 所示。

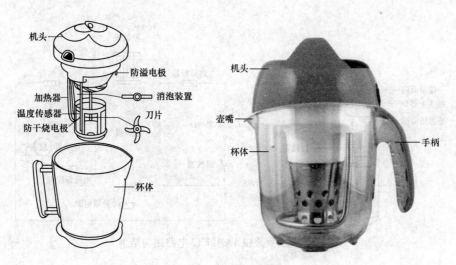

图 7-1　豆浆机常见的结构

7.1.2 豆浆机维修必查必备

1. 九阳之星 SJ-800A 型豆浆机电路图

九阳之星 SJ-800A 型豆浆机电路图如图 7-2 所示。

2. 美的豆浆机 DE12E12 电路图与结构

美的豆浆机 DE12E12 电路图与结构如图 7-3 所示。

3. 美的豆浆机 DJ12B-HCQ6 电路图与结构

美的豆浆机 DJ12B-HCQ6 电路图与结构如图 7-4 所示。

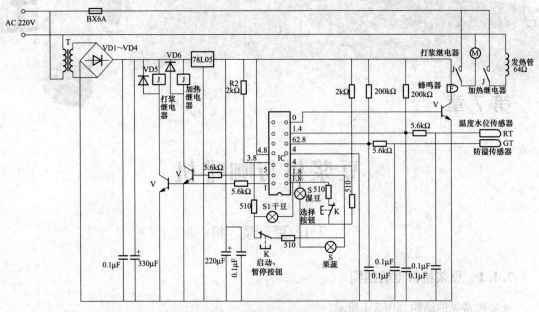

图 7-2　九阳之星 SJ-800A 型豆浆机电路图

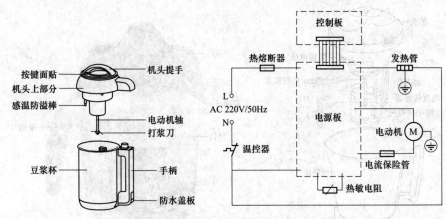

图 7-3　美的豆浆机 DE12E12 电路图与结构

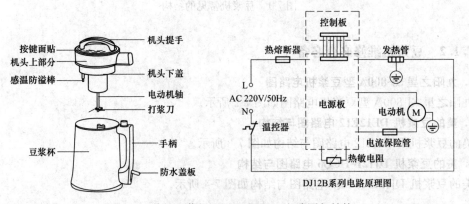

图 7-4　美的豆浆机 DJ12B-HCQ6 电路图与结构

4. 美的豆浆机豆浆机 DJ13B-HCV2 电路图与结构

美的豆浆机豆浆机 DJ13B-HCV2 电路图与结构如图 7-5 所示。

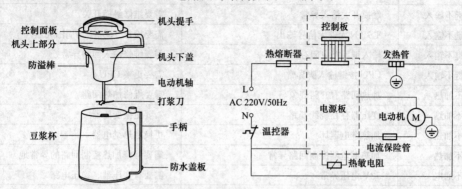

图 7-5   美的豆浆机豆浆机 DJ13B-HCV2 电路图与结构

5. SH69P42　CPU 引脚功能

SH69P42　CPU 引脚功能见表 7-1。

表 7-1 　　　　　　　　　　　　　SH69P42　CPU 引脚功能

引脚	符　号	功　能
1	PORTE2	加热继电器输出端
2	PORTE3	电动机继电器输出端
3	PORTD2	半降功率继电器输出端
4	PORTD3/PWM1	蜂鸣器输出端
5	PORTC2/PWM0	指示灯端
6	PORTC3/T0	相位检测输入端
7	RESET	复位端
8	GND	地端
9	PORTA0/AN0	确定按键输入端
10	PORTA1/AN1	机型选择接口端
11	PORTB2/AN6	温度检测 AD 输入端
12	PORTB3/AN7	选择按键输入端
13	VDD	电源+5V 端
14	OSCI	RC 振荡端
15	OSCO/PORTC0	水位输入检测端
16	PORTC1/VREF	五谷豆浆指示灯端
17	PORTD0	溢出输入检测端
18	PORTD1	纯香豆浆指示灯端
19	PORTE0	玉米汁指示灯端
20	PORTE1	果蔬豆浆指示灯端

7.1.3　豆浆机快修精修

豆浆机快修精修见表 7-2。

表 7-2 　　　　　　　　　　　　　豆浆机快修精修

故　障	故　障　原　因	故　障　维　修
按键不输入	触摸开关输入异常	需要维修触摸开关
按键不输入	TS02N 元件无信号输出	需要检查 TS02N 与周围元器件
按键不输入	输入键回路电阻存在虚焊	需要维修输入回路异常处
按键不输入	CPU 按键输入脚异常	需要更换 CPU
不加热	加热回路有开路现象	需要维修加热回路
不加热	变压器存在绕线开路	需要更换变压器
不加热	加热继电器坏	更换加热继电器
不加热	加热继电器控制回路异常	需要维修加热控制回路的异常地方
不通电	12V 电压异常	需要查变压器、稳压电路
不通电	5V 电压异常	需要更换 5V 电压相关电路的元件
不通电	CPU 异常	需要更换 CPU
不通电	微动开关接触不良	需要更换微动开关
电动机不工作	CPU 电动机控制脚电平异常	需要更换 CPU
电动机不工作	电动机控制回路异常	需要维修电动机控制回路
电动机不工作	电动机继电器异常	需要更换继电器
电动机不工作	电动机坏	需要更换电动机
功能错乱	开关线路异常	需要维修开关
功能错乱	排线接触不良及 CPU 异常	需要更换功能灯线或 CPU
加热不停	传感器开路	需要检查传感器插头，或者需要更换传感器
加热不停	电动机坏	需要更换电动机
通电不稳	复位回路异常	需要维修复位回路
通电不稳	CPU 坏	需要更换 CPU
通电电动机工作	传感器短路	需要更换传感器
通电电动机工作	温度检测回路短路	需要维修温度检测回路
通电电动机工作	CPU 坏	需要更换 CPU
无水加热	加热继电器烧坏	需要更换加热继电器
无水加热	水位检测回路对地短路	需要维修短路处
无水加热	CPU 坏	需要更换 CPU
无音	蜂鸣器异常	需要更换蜂鸣器
无音	蜂鸣器驱动电路异常	需要更换蜂鸣器驱动电路相关元件
无音	CPU 异常	需要更换 CPU
溢不控	防溢电极回路开路	需要更换溢出线
有水报警	CPU 水位输入脚电压异常	需要更换 CPU
有水报警	水位线开路	需要更换水位线
指示灯显示异常	指示灯坏	需要更换指示灯
指示灯显示异常	指示灯板存在焊连或虚焊现象	需要维修焊连处、虚焊处
指示灯显示异常	指示灯线束存在短路现象	需要更换线束

7.2 咖 啡 机

7.2.1 咖啡机常见结构

咖啡机常见结构如图 7-6 所示。

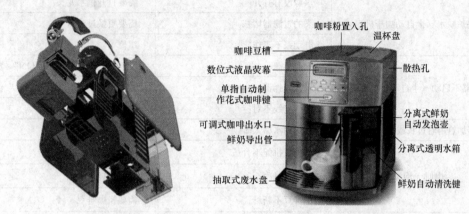

咖啡粉置入孔
温杯盘
咖啡豆槽
数位式液晶荧幕 —— 散热孔
单指自动制
作花式咖啡键
可调式咖啡出水口 —— 分离式鲜奶
自动发泡壶
鲜奶导出管
分离式透明水箱
抽取式废水盘
鲜奶自动清洗键

图 7-6　咖啡机常见结构

7.2.2 咖啡机

CM6623T 美式滴漏咖啡机电路如图 7-7 所示。

7.2.3 咖啡机快修精修

咖啡机快修精修见表 7-3。

表 7-3　　　　　　　　　　　　　　咖啡机快修精修

故障	故障原因	故障维修
按 ON/OFF 无法开机	主电源开关没有打开	需要打开主电源开关
按 ON/OFF 无法开机	电线没接好	需要确认电压、检查熔丝
不能出品咖啡（半自动咖啡机）	没有开水龙头	需要开供水龙头
不能出品咖啡（半自动咖啡机）	电动泵不工作	维修
	控制系统的熔丝熔断	维修
	系统电磁阀不工作	维修
	系统不工作	维修
出品的咖啡太凉（半自动咖啡机）	咖啡粉磨得太细	需要用研磨适度的咖啡粉
	滤碗托把太脏	需要经常清洗滤碗及托把
	系统堵塞	维修
	电磁阀部分堵塞	维修
出品的咖啡太烫（半自动咖啡机）	压力咖啡设置不对	需要调节压力开关螺钉

故障	故障原因	故障维修
锅炉内水太多（半自动咖啡机）	泵没有断电	维修
	交换器穿孔	维修
	自动加水电磁阀堵塞	维修
锅炉缺水（半自动咖啡机）	水源没有打开	需要打开供水龙头
	泵的过滤器堵塞	需要更换过滤器
	电动泵不工作	维修
机器不启动（半自动咖啡机）	未开电源	需要将电源开关置于"ON"位置
	未开选择器	需要将选择器开关置于"×"位置
	电源接线不对	需要重新检查接线
机器加热用时过长或水流不够	锅炉内水垢太多	需要做除垢处理
咖啡无泡沫	咖啡豆拼配不合适	需要换咖啡豆
	咖啡杯过冷	需要暖杯
	咖啡豆不新鲜	需要换咖啡豆
咖啡渣含水多（半自动咖啡机）	咖啡粉磨得太细	需要用研磨适度的咖啡粉
	机器没有预热	需要等待机器达到工作温度
	电磁阀没有脱离	维修
没有热水/蒸汽	蒸汽/热水喷嘴被堵塞	需要清除喷嘴中的堵塞物
水漏到台面上（半自动咖啡机）	滴水盘脏了	需要清洗滴水盘
	排水管堵塞或未连接	需要更换排水管
	其他部位漏水	维修
无法开机	无供电	需要检查电源线和熔丝
	前盖门开着	需要关闭前盖
无法移动冲泡机芯	冲泡机芯没有调好	需要开机关闭前盖，冲泡机芯会自动调整
无法制作咖啡	无水	需要重新装满水箱
	蒸汽选择按钮开着	需要关闭蒸汽选择按钮并做排空出理
	冲泡机芯没有装好	需要装好冲泡机芯
	滴水盘没有装好	需要装好滴水盘
	渣桶没有装好	需要装好渣桶
	无咖啡豆	需要重新装满咖啡豆盒
蒸汽嘴无蒸汽排出（半自动咖啡机）	锅炉内水太多	需要按规定水量加水
	加热元件已坏	维修
	喷嘴堵塞	需要清洁喷嘴
	加热元件的热保护器断开	维修

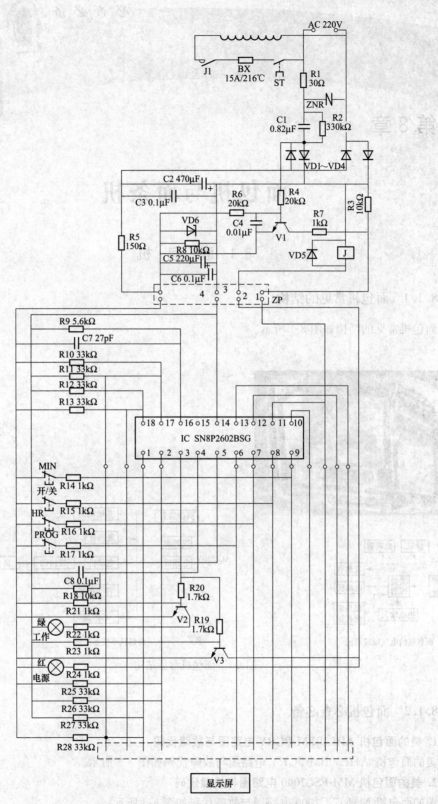

图 7-7　CM6623T 美式滴漏咖啡机电路

第8章

面包机与面条机

8.1 面包机

8.1.1 面包机常见的结构

面包机常见的结构如图 8-1 所示。

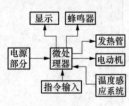

面包机的电气原理框图

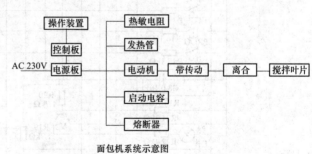

面包机系统示意图

图 8-1 面包机常见结构

8.1.2 面包机必查必备

1. 美的面包机 AHL20BM-PGRY 电路图与故障代码

美的面包机 AHL20BM-PGRY 电路图与故障代码如图 8-2 所示。

2. 美的面包机 MM-ESC2000 电路图与故障代码

美的面包机 MM-ESC2000 电路图与故障代码如图 8-3 所示。

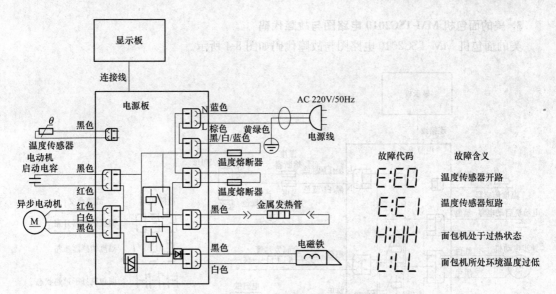

图 8-2 美的面包机 AHL20BM-PGRY 电路图与故障代码

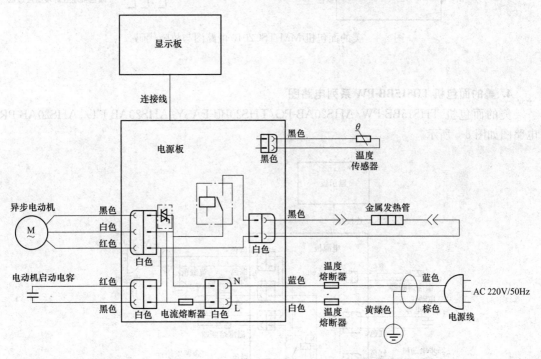

图 8-3 美的面包机 MM-ESC2000 电路图与故障代码

3. 美的面包机 MM-TSC2010 电路图与故障代码

美的面包机 MM-TSC2010 电路图与故障代码如图 8-4 所示。

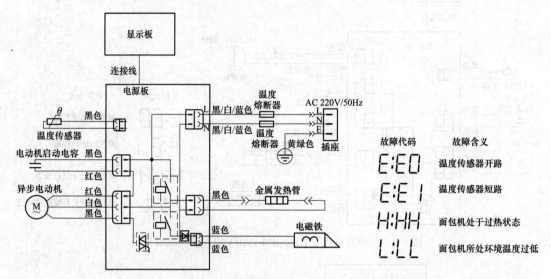

图 8-4　美的面包机 MM-TSC2010 电路图与故障代码

4. 美的面包机 THS15BB-PW 系列电路图

美的面包机 THS15BB-PW/AHS20AB-PG/THS20BB-PASY/AHS20AB-PT/ AHS20AB-PR 电路图如图 8-5 所示。

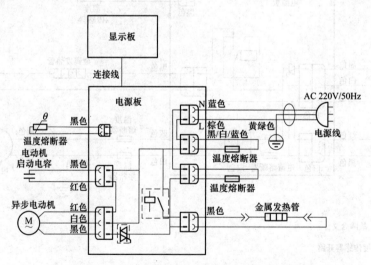

图 8-5　美的面包机 THS15BB-PW 系列电路图

5. 美的面包机 AHS15AC-PGS 系列电路图

美的面包机 AHS15AC-PGS/AHS15AC-PAS/AHS15AC-PRSY/AHS20AC-PASY 电路图如图 8-6 所示。

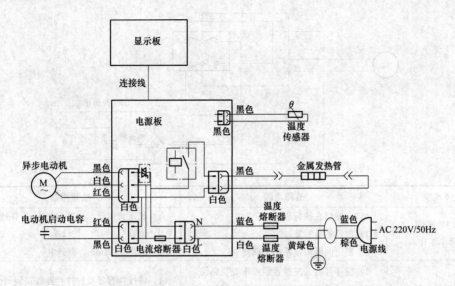

图 8-6 美的面包机 AHS15AC-PGS 系列电路图

8.2 面 条 机

8.2.1 面条机常见的结构

面条机常见的结构如图 8-7 所示。

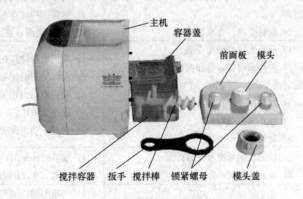

图 8-7 面条机常见的结构

8.2.2 面条机必查必备

美的面条机 NS18A11 电路图与维修图如图 8-8 所示。

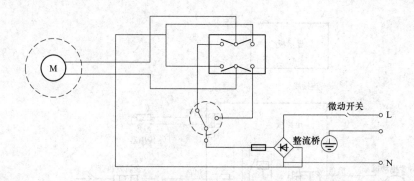

故障现象	故障原因	故障排除
按下功能按键，电器不工作	1) 电器已在执行程序。 2) 电器本身故障。 3) 断电间隔短，系统未恢复	1) 属正常现象，电器闪烁 5s 后开始工作。 2) 维修 3) 断电 2~3min，再通电
通电后，启动开关后不工作	1) 搅拌容器及搅拌容器盖未安装到位。 2) 电动机工作时间过长，自动保护。 3) 电源线插头松动，电源线插头没有插好	1) 将搅拌容器及搅拌容器盖安装到位。 2) 停机 20~30min 再使用。 3) 检查电源线插头是否正常接通
指示灯亮，电器不工作	1) 未按下功能按键。 2) 电器本身故障	1) 选择相应功能键按下。 2) 维修
面条易折断	1) 使用的面粉不是中、高筋面粉。 2) 面粉与水量比例选择不合适，水量过少	1) 选择使用中筋以上面粉。 2) 按面、水比例表准确量取面粉和水
面条粘连	1) 面粉与水量比例选择不合适，水量过多。 2) 面粉受潮、含水量高	1) 按面、水比例表准确量取面粉和水。 2) 确保面粉储存在干燥容器内。 如果面粉受潮，制面过程适当减少水比例
搅拌杯内残留面粉过多	1) 面团太湿或面粉受潮。 2) 工作前搅拌容器和搅拌棒及模头孔没有清洗干净。 3) 搅拌棒或搅拌容器上有粘水。 4) 加水顺序不对。 5) 分量选择不对	1) 确保面粉储存在干燥容器内，重新制作。 2) 确保使用前相关部件清洗干净。 3) 确保使用前相关部件干燥。 4) 按要求操作。 5) 选择手动出面功能
机器在运行过程中突然停一下，运行一下	1) 前面板锁紧螺母没有拧紧。 2) 面及水比例不好	1) 安装时拧紧前面板锁紧螺母。 2) 按面、水比例表准确量取面粉和水
机器运行中停止工作，并且数码管显示"E1"	1) 异物掉入搅拌容器，导致搅拌棒被卡。 2) 面团太干。 3) 程序选择错误。 4) 电动机过热保护	1) 切断电源，清理机器。 2) 按要求重新制作。 3) 切断电源，清理机器后选择正确的功能键。 4) 切断电源，待电动机冷却后再重新开机工作
搅拌棒空转，挤不出面	面及水比例不对	切断电源，清理机器，按说明书重新操作

图 8-8 美的面条机 NS18A11 电路图与维修

第 9 章

电 磁 炉

9.1 电磁炉常见结构

电磁炉常见结构如图 9-1 所示。

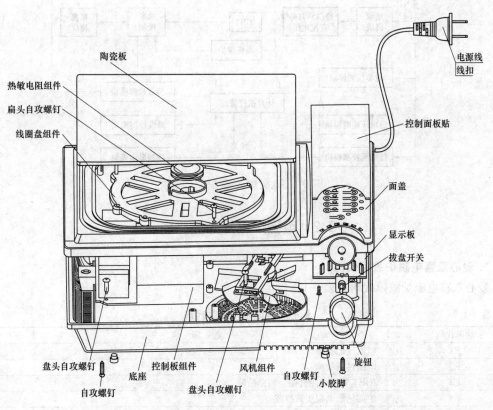

陶瓷板
热敏电阻组件
扁头自攻螺钉
线圈盘组件
电源线线扣
控制面板贴
面盖
显示板
拨盘开关
盘头自攻螺钉
底座
控制板组件
盘头自攻螺钉
风机组件
自攻螺钉
小胶脚
旋钮
自攻螺钉

图 9-1　电磁炉常见结构（一）

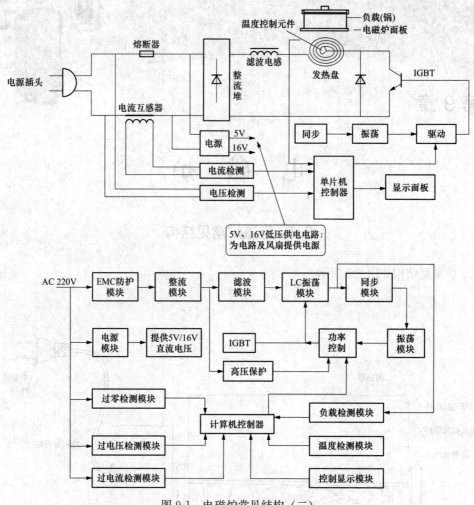

图 9-1　电磁炉常见结构（二）

9.2　电磁炉维修必查必备

1. 爱心双喜电磁炉故障代码

爱心双喜电磁炉故障代码见表 9-1。

表 9-1　　　　　　　　　　　　　爱心双喜电磁炉故障代码

故障代码	故 障 含 义
E1	电压过低故障
E2	电压过高故障
E3	IGBT 热敏电阻开路、短路故障
E4	炉面热敏电阻失效故障
E5	炉面热敏电阻开路、短路故障
E6	炉面干烧引起的超温保护故障

2. 爱庭电磁炉故障代码

爱庭电磁炉故障代码见表 9-2。

表 9-2　　　　　　　　　　　　　爱庭电磁炉故障代码

故障代码	可　能　原　因
E0	IGBT 损坏、相关电容变值或损坏、IGBT 驱动电路损坏、CPU 损坏等
E1	E1 故障代码含义表示无锅或锅具不适合。故障可能原因有有关电阻变值导致集成电路 339 没有输出、CPU 检测不到探锅信号、集成电路 339 损坏、电流反馈部分短路、CPU 电流检测口损坏等
E2	E2 故障代码含义表示 IGBT 过热或热敏电阻故障。故障可能原因有热敏电阻损坏、CPU 检测口损坏、电磁炉正常保护需要应待 IGBT 冷却后再开机等
E3	E3 故障代码含义表示过电压故障。故障可能原因有市电电压高于 260V、有关电阻电容变值损坏、桥堆性能不良等
E4	E4 故障代码含义表示欠电压故障。故障可能原因有市电电压低于 160V、有关电阻电容变值损坏、+5V 电源不正常等
E5	E5 故障代码含义表示炉面热敏开路。故障可能原因有热敏电阻损坏、CPU 检测口损坏等
E6	E6 故障代码含义表示炉面超温。故障可能原因有热敏电阻损坏、CPU 检测口损坏等

3. TCL 电磁炉故障代码及信息

TCL 电磁炉故障代码及信息见表 9-3。

表 9-3　　　　　　　　　　　　TCL 电磁炉故障代码及信息

故障代码	功能含义	指示灯	说　　明
E1	无锅故障	电源灯及所设定指示灯闪亮	连续 30s 转入待机
E4	电压过低故障		响两次转入待机（间隔 5s）
E3	电压过高故障		每隔 5s 响一次（IGBT 温度低于 50℃风扇停）
E6	锅超温故障		响两次转入待机（间隔 5s）
E6	锅空烧故障		响两次转入待机（间隔 5s）
E2	IGBT 超温故障		响两次转入待机（间隔 5s）
E0	TH（IGBT 传感器）开路故障		每隔 5s 响一次
E2	TH（IGBT 传感器）短路故障		每隔 5s 响一次
E5	锅传感器开路故障		每隔 5s 响一次
E5	锅传感器短路故障		每隔 5s 响一次
—	VCE 过高		重新尝试启动
—	定时结束	灯不亮	—
—	无时基信号		—

注　代码只适用于数显机型。非数显型只有指示灯及声音报警。

4. 杨子美厨电磁炉故障代码

杨子美厨电磁炉故障代码见表 9-4。

表 9-4　　　　　　　　　　　　杨子美厨电磁炉故障代码

故障代码	功　能　含　义
E0	锅具不对故障
E2	炉面温度传感器发生故障
E3	电压过高保护故障
E4	电压过低保护故障
E5	炉面温度过高保护故障
E6	功率管超温保护故障

5. 三洋微计算机电磁炉故障代码与检修方法

三洋微计算机电磁炉故障代码与检修方法见表 9-5。

表 9-5 三洋微计算机电磁炉故障代码与检修方法

故障代码	故 障 原 因	故 障 维 修
E0	内部电路有故障	需要对主电路板上的有关电路或元器件、连接线路进行检查
E1	无锅或锅具材质、大小、形状、位置不合适	需要检查是否为无锅引起的，具体检查锅具材质、大小、形状、位置是否不符合标准。如果检查没有问题，则可能是主电路板有问题引起的
E2	机内散热不畅或机内 IGBT 温度检测传感器故障	需要检查机内散热不畅的原因，如果没有问题，则需要检查 IGBT 温度检测热敏电阻传感器电阻值是否正常，是否存在短路、断路或脱落，连接线路或连接插接件不良等异常情况
E3	高电压（交流电压＞260V）保护故障	需要检查市电电网电源电压过高的原因，如属于市电本身电压过压，则需要考虑采用一定的措施，降低进入电磁炉电路的交流电源电压
E4	低电压（交流电压＜160V）保护故障	需要检查市电电源电压过低的原因，如检查电源电路中的连接线路及其相关元器件
E5	电磁炉面板温度传感器开路	需要检查电磁炉面板温度热敏电阻传感器的电阻值是否正常
E6	锅具发生干烧，锅具温度过高	需要检查面板温度热敏电阻传感器电阻值是否正常，是否有短路、断路、脱落或接触不良等现象

6. 海尔 CH2102/01、CH2102/02 电磁炉故障代码

海尔 CH2102/01、CH2102/02 电磁炉故障代码见表 9-6。

表 9-6 海尔 CH2102/01、CH2102/02 电磁炉故障代码

故障代码	故 障 含 义
E0	表示电路发生故障
E1	表示无锅或者锅具材质不对
E2	表示 IGBT 功率管过温保护、NTC1 开路或者短路故障
E3	表示电压过高故障
E4	表示电压过低故障
E5	表示 NTC2 开路或者短路故障
E6	表示炉面温度过高或者空锅干烧故障

7. 松桥电磁炉故障代码与维修

松桥电磁炉故障代码与维修见表 9-7。

表 9-7 松桥电磁炉故障代码与维修

故障代码	代码含义	故 障 维 修
E0（E-0）	无锅或锅具材质不适用保护	需要检查锅具材质是否为铁锅或不锈钢锅、锅底平面直径是否大于 12cm、锅具底部是否凹凸不平，是否放在瓷板中间，以及检查主回路
E1（E-1）	IGBT 热敏电阻开路或短路保护故障	需要检查风扇、风扇引线插针、驱动电路、电磁炉底部进风口及出风口处是否通风顺畅等。 说明：IN2 为负温度系数热敏电阻，规格为 3990 NTC100K ±5%，室温下其阻值大约为 100kΩ

故障代码	代码含义	故 障 维 修
E2（E-2）	炉面热敏电阻开路或短路保护故障	如果室温过低，则开机工作约 2min 后故障代码将自动消失。如果不能够消失，则可以检查 POT 引线及插座 CN2A 是否接触良好，以及 IN1、R4、C6 是否正常。 说明：IN1 为负温度系数热敏电阻，规格为 3990NTC100K±3%，室温下其阻值大约为 100kΩ
E3（E-3）或E4（E-4）	电源电压过高或过低保护故障	需要检查开关电源
E5（E-5）	电流过高或过低保护故障	需要检查 U2、VOL、R6、C11 等元件是否正常

8. 格力 GC-2046 电磁炉故障代码与维修

格力 GC-2046 电磁炉见表 9-8。

表 9-8 **格力 GC-2046 电磁炉**

故障代码	故 障 原 因	报 警 条 件
E0	外接电压过低故障	电压一般为（157±7）V
E1	外接电压过高故障	一般超出（273±7）V
E2	炉面传感器及开、短路故障	∞（最少大于−15℃对应阻值）
E3	炉面过温保护（260℃）故障	一般当炉面温度达到（260±30）℃时
E4	IGBT 传感器开路、短路故障	∞（最少大于−15°对应阻值）
E5	炉面过温保护（140℃）故障	一般炉面过温保护，温度达到（140±25）℃时
E6	IGBT 过温保护故障	一般达到了（110±10）℃

9. 美的电磁炉 21K01、21T01、21T03 电路图与故障代码

美的电磁炉 21K01、21T01、21T03 电路图与故障代码如图 9-2 所示。

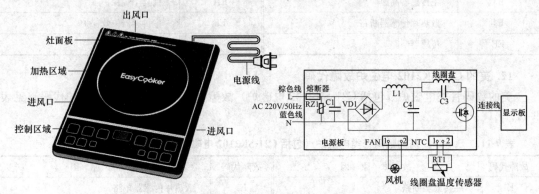

故障代码	故 障 含 义
E：06　E6	电磁炉炉内温度高保护
E：03　E3 E：18　E8	灶面板温度过高保护
E：07　E7 E：08　E8	电压过高或过低保护
E：01　E1　E：05　E5 E：02　E2　E：11　E6 E：04　E4	电磁炉内部传感器异常保护

图 9-2 美的电磁炉 21K01、21T01、21T03 电路图与故障代码

10. 美的电磁炉 C21-RT2149 系列故障代码

美的电磁炉 C21-RT2149 WT2113、C21-ST2106、C21-WH2103、C21-WT2103、CT1601、EF184B、RH2120 故障代码见表 9-9。

表 9-9 美的电磁炉 C21-RT2149 系列故障代码

故障代码		故 障 含 义
E：06	E6	炉内温度高保护
E：03	E3	灶面板温度高保护
E：10	EA	
E：07	E7	电压过高或过低保护
E：08	E8	
E：01	E1	电磁炉内部传感器异常保护
E：02	E2	
E：04	E4	
E：05	E5	
E：11	E6	

11. 美的 C21-RT2112 电磁炉故障代码

美的 C21-RT2112 电磁炉故障代码见表 9-10。

表 9-10 美的 C21-RT2112 电磁炉故障代码

代码显示	故 障	代码显示	故 障
E1	主传感器断路	E5	散热片传感器短路
E2	主传感器短路	E6	散热片传感器高温
E3	主传感器高温	EA	锅具干烧保护
E4	散热片传感器断路	Eb	主传感器失效保护
EE	传感器断路	—	—

12. 美的 C21-SK2102 电磁炉故障代码

美的数码管类电磁炉（包括 C21-SK2102 电磁炉）故障代码（用数码管显示保护代码）见表 9-11。

表 9-11 美的数码管类电磁炉（包括 C21-SK2102 电磁炉）故障代码

故障代码	故 障 原 因	故障代码	故 障 原 因
E1	主传感器断路	E5	散热片传感器短路
E2	主传感器短路	E6	散热片传感器高温
E3	主传感器高温	EA	锅具干烧保护
E4	散热片传感器断路	Eb	主传感器失效保护
EE	主传感器或散热片传感器断路		

13. 洛贝电磁炉故障代码与维修

洛贝电磁炉故障代码与维修见表 9-12。

表 9-12   洛贝电磁炉故障代码与维修

故障代码	故障含义	故 障 分 析
E0	内部电路故障	可能需要检查 R001、R002 是否开路（表现为 LM3399 引脚无电压）至 R003 是否开路（表现为 LM3398 引脚无电压），Q802 是否击穿，C003、C005、C305、C401、C402 是否失效，D401、D301、D602、D401、D402、R601、R602 是否变质，LM339 是否不良等
E1	不检锅故障	故障部位常为取样回路、检锅回路、调功回路等。常见的故障元件有 R001、R002 阻值变大，C305、R401、D401、C402、Q402、VR1、R013、R010、R011、LM358 等不良
E2	IGBT 过温故障	故障原因常为 IGBT 传感器不良、铜泊线断裂、R720 开路或变质、C721 失效等
E3	外电源电压过高（高于 265V）故障	故障原因常为高压检测电路等异常，D101、D102、R101、R102、C101、C102 等元件异常
E4	外电源电压过低（低于 165V）故障	故障原因常为低压检测电路异常。常为 R101（820K 电阻）开路、C102 失效等
E5	炉面传感器开路或不良故障	故障原因为炉面传感器开路或短路、+5V 不足、R730 开路或变质、C731 失效等
E6	炉面过温故障	可能是干烧、油炸、烧烤时间太长等原因引起的

注 编号为洛贝电磁炉某一机型的，注意不同机型的差异。

14. 万家乐电磁炉 MCXXDG（V）（AI）系列故障代码及故障排除方法

万家乐电磁炉 MCXXDG（V）（AI）系列数码管显示故障代码及故障排除方法见表 9-13。

表 9-13   万家乐电磁炉 MCXXDG（V）（AI）系列故障代码及故障排除方法

故障代码	故 障 原 因	故 障 维 修
E0	内部线路故障	一般需要检查同步电路、锯齿波振荡电路、驱动电路等
E2	IGBT 温度超过 85℃并持续 3s	一般需要检修 IGBT 电路或 FAN 电路
E4	电网电压过低或过高故障	一般需要检测输入电压是否正常或检修电压监测电路
E7	炉面热敏电阻短路、开路故障	一般需要检修 MAIN 电路或更换炉面热敏电阻
E8	IGBT 热敏电阻短路、开路故障	一般需要检修 IGBT 电路或更换 IGBT 热敏电阻

15. RM621A 引脚功能

RM621 用在电磁炉中主要是对电网电压取样数据、IGBT 驱动信号、同步跟踪信号、电流取样数据、脉冲高压保护信号进行前级处理，以及与主控芯片进行数据通信，由主控芯片完成各种功能任务。RM621A 引脚功能见表 9-14。

表 9-14   RM621A 引脚功能

脚序	引脚符号	功 能	备 注
1	u_in	电源电压、脉冲取样端	静态电压为 1.87~2.72V
2	U_in	相位取样端	静态电压为 2.48~3.54V
3	V_in	同步跟踪输入端	静态电压为 2.69~3.82V
4	GND	GND 地端	静态电压为 0
5	I_in	电流检查取样端	静态电压为 0
6	+18V	+18V 电源端	静态电压为 17~19V
7	+5V	+5V 基准电源端	静态电压为 4.9~5.1V

脚序	引脚符号	功　　能	备　　注
8	IGBT _ drv	IGBT 驱动输出端	—
9	I _ out	电流检查输出端	—
10	u _ out	电源电压检查输出端	随输入电源电压高低变化
11	Triangle-wave	三角波形成端	—
12	Triangle-wave	三角波形成端	—
13	Int _ out	高压、脉冲保护输出端	—
14	Switch ctrl	开/关机控制端	关机为 0V、开机为 5V
15	Save delay	保护延迟端	—
16	PWM ctrl	PWM（功率）控制端	—

16. 康佳 KE0-20AS37 型电磁炉电路图

康佳 KE0-20AS37 型电磁炉电路图如图 9-3 所示。

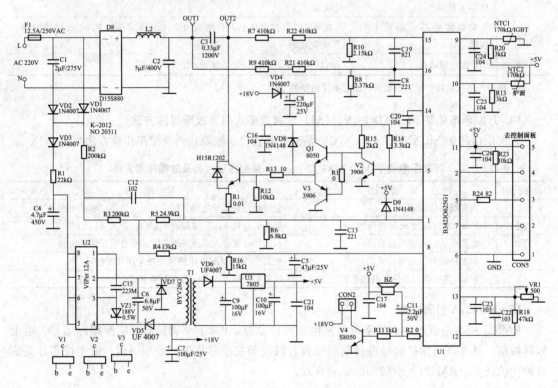

图 9-3　康佳 KE0-20AS37 型电磁炉电路图

17. 半球 ED-833 型电磁炉电路图

半球 ED-833 型电磁炉电路图如图 9-4 所示。

18. 海尔 C21-H2201 电磁炉电路图

海尔 C21-H2201 电磁炉电路图如图 9-5 所示。

19. 格力电磁炉 4 系列电路图

格力电磁炉 4 系列电路图如图 9-6 所示。

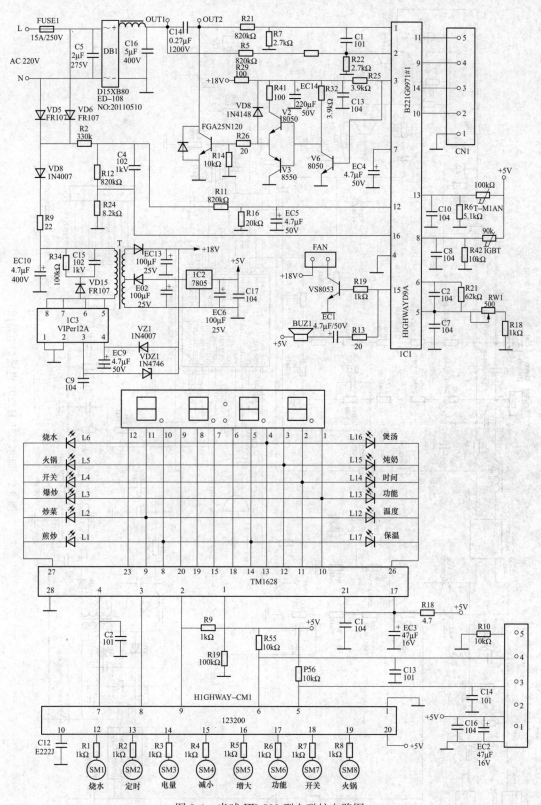

图 9-4 半球 ED-833 型电磁炉电路图

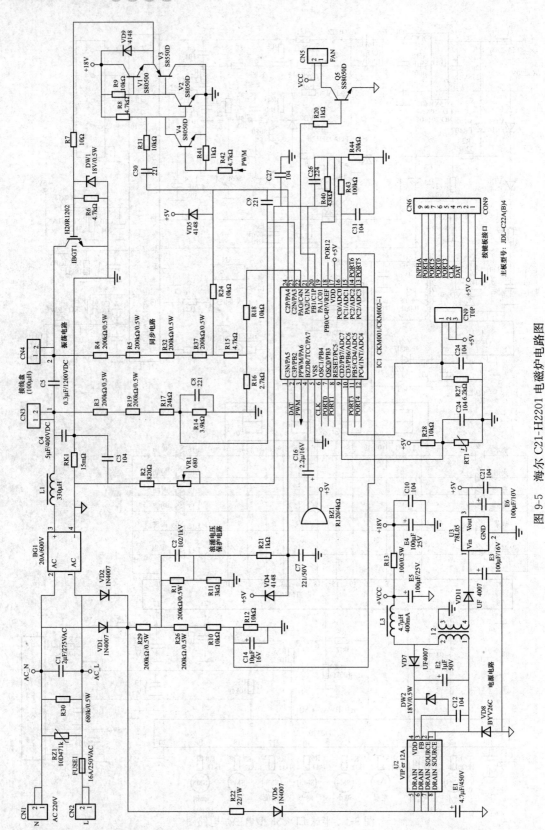

图 9-5 海尔 C21-H2201 电磁炉电路图

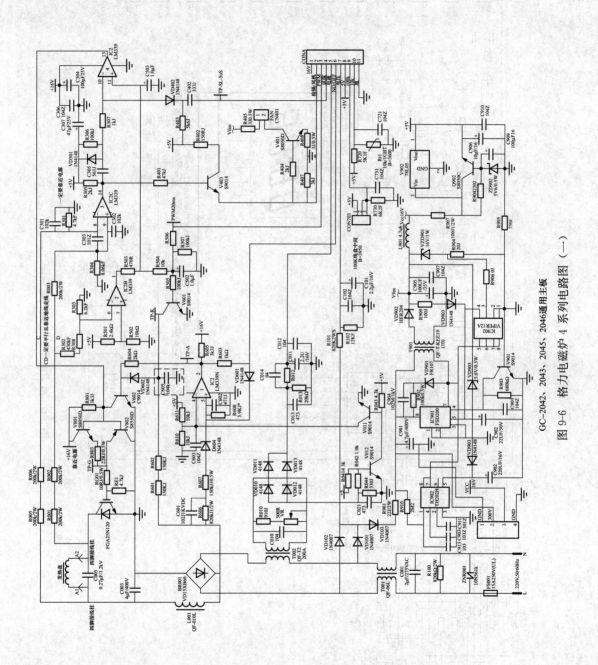

图 9-6 格力电磁炉 4 系列电路图 (一)

GC-2042、2043、2045、2046通用主板

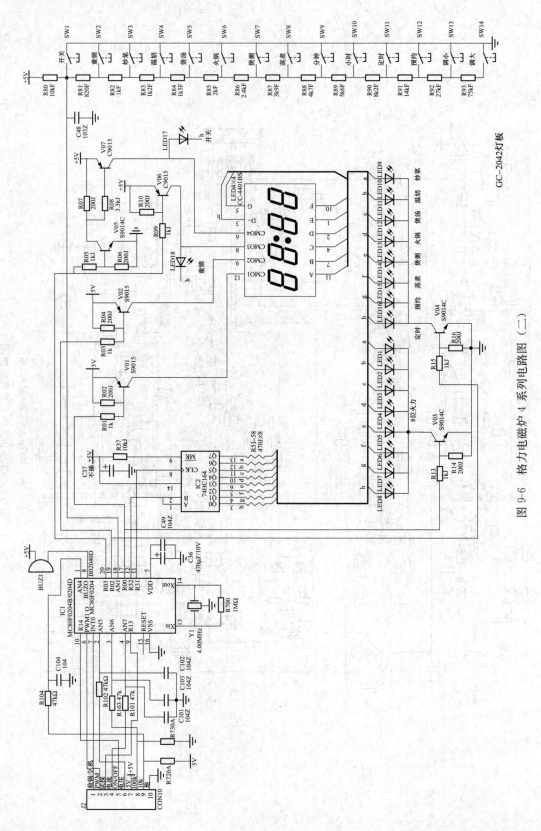

图 9-6 格力电磁炉 4 系列电路图（二）

9.3 电磁炉快修精修

电磁炉快修精修见表 9-15。

表 9-15 电磁炉快修精修

故 障	故障原因与分析
上电没有反应	该类故障多数是由于高压电源电路、低压电源电路损坏引起的。因此，可以在检查时通过观察熔断器来进行判断。如果熔断器熔断，则说明高压电路部分已经出现严重短路现象，由此可以判断故障在高压回路。反之，则可以怀疑故障在低压电源电路。 如果熔断器烧毁（高压电路故障），则 IGBT 管、整流桥、稳压管、驱动电路等为存在异常的元件。 当确保高压回路的元件没有击穿时，则可以着重检查电源电路。常见的被损坏的元件有整流二极管、滤波电容、快速恢复二极管、高频变压器、后级电路、稳压管、集成电路等。 说明：主芯片 CPU、比较器（LM339）损坏时，一般会造成 5V 电压变低，造成异常
电磁不加热	电磁炉出现该种故障现象时，涉及的电路单元比较多，一般由同步电路、锯齿波振荡电路、IGBT 驱动电路、限压电路、PWM 控制电路、浪涌保护电路等存在异常引起的
发光二极管显示不正常	该类故障，通常是由芯片损坏、发光二极管损坏、轻触开关短路顶死等元件异常引起的
通电后，电磁炉可正常加热，但风扇不转	该类故障，通常是由风机本身有问题、电路板、主控 IC、驱动件等元件异常引起的
通电后，电磁炉可正常加热，按键后相应指示灯可做相应指示，而蜂鸣器不响	该类故障，通常是由主控 IC、蜂鸣器等元件异常引起的

第 10 章

微波炉与光波炉

10.1 微波炉

10.1.1 微波炉常见结构

微波炉常见结构如图 10-1 所示。

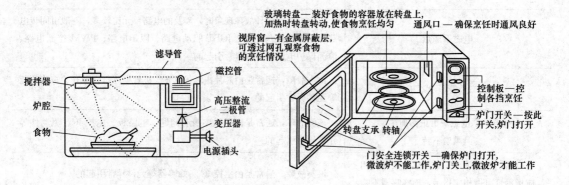

图 10-1 微波炉常见结构

10.1.2 微波炉维修必查必备

1. 普田微波炉 W25L-WQ01A 电路图

普田微波炉 W25L-WQ01A 电路图如图 10-2 所示。

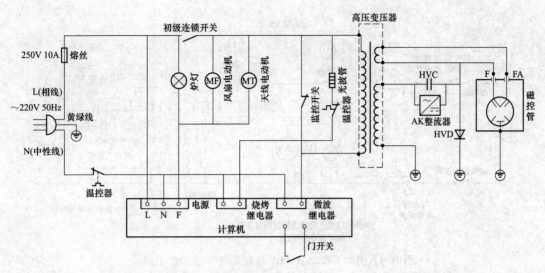

图 10-2 普田微波炉 W25L-WQ01A 电路图

2. 美的 PJ21B-B 机械式微波炉电路图

美的 PJ21B-B 机械式微波炉电路图如图 10-3 所示。

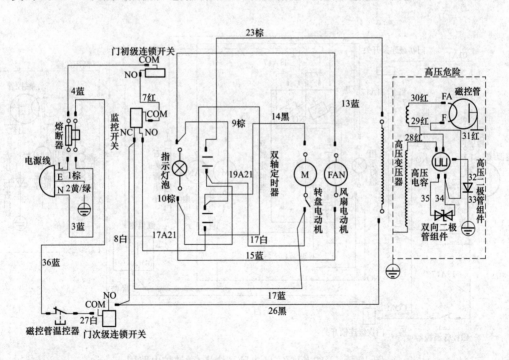

图 10-3 美的 PJ21B-B 机械式微波炉电路图

3. 美的 KJ25B-A（B）机械式烧烤/微波炉电路图

美的 KJ25B-A（B）机械式烧烤/微波炉电路图如图 10-4 所示。

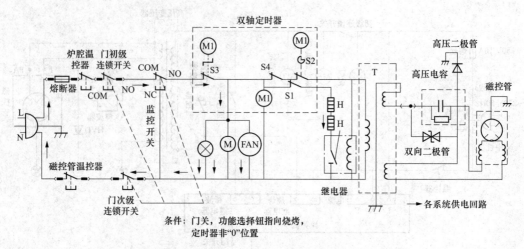

图 10-4　美的 KJ25B-A（B）机械式烧烤/微波炉电路图

4. 美的 KJ17C-H 电脑型烧烤/微波炉电路图

美的 KJ17C-H 电脑型烧烤/微波炉电路图如图 10-5 所示。

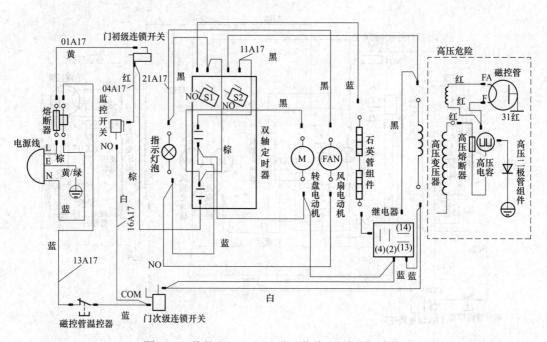

图 10-5　美的 KJ17C-H 电脑型烧烤/微波炉电路图

5. LG　MG5338MW、MG5338MK、MG5318MW、MG5337MK 微波炉电路图

LG　MG5338MW、MG5338MK、MG5318MW、MG5337MK 微波炉电路图如图 10-6 所示。

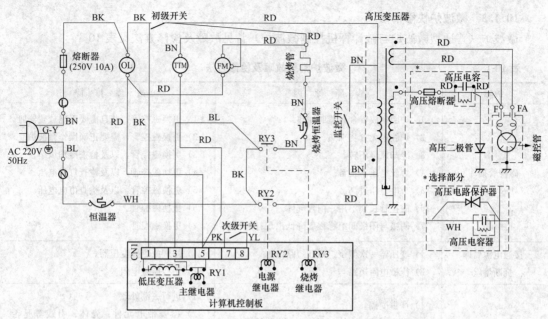

图 10-6　LG　MG5338MW、MG5338MK、MG5318MW、MG5337MK 微波炉电路图

*一炉门打开时：O．L—炉灯；TTM—转盘电动机；F．M—风扇电动机；B N—棕色线；RD—红色线；

PK—粉红色线；BL—蓝色线；Y L—黄色线；WH—白色线；B K—黑色线；G-Y—黄绿色线

6. 夏普 R-4A68 微波炉电路图

夏普 R-4A68 微波炉电路图如图 10-7 所示。

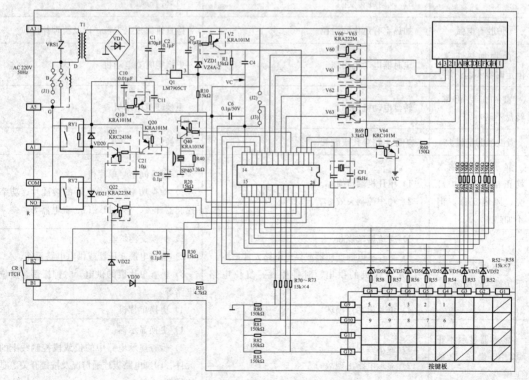

图 10-7　夏普 R-4A68 微波炉电路图

10.1.3 微波炉快修精修

微波炉（普通型微波炉与微计算机控制微波炉）常见故障及检修方法见表10-1。

表 10-1　　　　　　　　　微波炉常见故障及检修方法

故　障	故　障　原　因	故　障　排　除
磁控管损坏	1）炉腔内放置金属器皿加热。 2）炉腔内无食物加热。 3）冷却风扇不转。 4）灯丝电压不正常。 5）市电电压过高。 6）磁控管长期不用，内含气体。 7）阴极与阳极间绝缘程度降低出现打火现象	1）更换磁控管，并且需要正确放置器皿。 2）更换磁控管，需要正确操作微波炉。 3）更换磁控管，以及检查冷却风扇。 4）更换磁控管，以及检查灯丝电压。 5）更换磁控管，以及检查市电电压。 6）更换磁控管。 7）更换磁控管
接通电源后即烧断熔丝	1）变压器一次侧绕组匝间短路。 2）压敏电阻短路。	1）修理或更换变压器。 2）更换压敏电阻
壳体带电	1）严重受潮。 2）带电元件与壳体相碰撞或引线绝缘损坏。 3）地线接地不良。 4）电气系统进水或带电物进入	1）进行去潮处理。 2）检查带电元件、壳体、引线等是否异常。 3）确保地线接地良好。 4）检查电气系统
冷却电扇不转	1）风机绕组断路。 2）电动机损坏。 3）风扇旋转受阻	1）更换风机。 2）更换电动机。 3）检查风扇
炉腔有电弧	加热室有焦化的尘粒	检查排气板上尘粒，以及清理掉尘粒
食物加热正常，但定时器不起作用	定时器电动机损坏	更换定时器电动机
食物加热正常，转盘不转	转盘电动机损坏	更换转盘电动机
微波泄漏量过大	炉腔生锈穿孔或破裂	更换炉腔
显示、按键输入均正常，以及炉灯亮、风扇工作，但不加热	1）单片机端口损坏。 2）功率控制失效	1）更换同型号单片机。 2）检查功率控制继电器的接插片、功率控制器开关、单片机端口、继电器等
显示器不亮，按下按键没有反应	1）交流熔丝烧断。 2）单片机电源变压器或供电电路元件损坏。 3）单片机的供电、时钟振荡、复位电路故障。 4）单片机芯片损坏	1）更换交流熔丝。 2）检查电源变压器或供电电路元件。 3）检查单片机的供电、时钟振荡、复位电路等。 4）更换单片机
显示器显示不正常，但微波炉能工作	1）显示器损坏。 2）显示电路出现故障	1）更换显示器。 2）检查显示电路中的位或段控制线上的元件、印制电路板连通情况及按键开关等是否异常

故 障	故 障 原 因	故 障 排 除
显示正常，按动部分按键没有反应	1）开关与连接器间的连线松脱。 2）薄膜开关损坏。 3）单片机损坏	1）连好连线。 2）更换薄膜开关。 3）更换同型号的单片机
指示灯不亮，也不能加热	1）插头与插座接触不良或断线。 2）熔丝烧断。 3）炉门没有关严。 4）炉门开关接触不良或损坏	1）检查插头、插座、连线。 2）更换熔丝。 3）关好炉门。 4）需要用 00 号砂纸擦磨触点，使其接触良好。如果损坏严重，需要更换开关
指示灯亮，不能加热	1）温度旋钮位于停止位置。 2）定时器处于停止位置。 3）变压器二次侧绕组开路。 4）倍压整流二极管损坏。 5）高压电容漏电或击穿。 6）磁控管损坏。 7）功率调节器工作不正常	1）调整温度旋钮。 2）调整定时器。 3）更换变压器。 4）更换倍压整流二极管。 5）更换高压电容。 6）更换磁控管。 7）更换功率调节器

10.2 光 波 炉

10.2.1 光波炉常见结构

光波炉利用的发热管是一种依靠红外线卤素发热的灯管，因此，光波炉又称为红外线卤素炉。这是光波炉与微波炉的一个主要区别。光波管外形如图 10-8 所示。

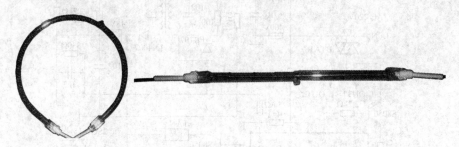

图 10-8 光波管外形

10.2.2 光波炉维修必查必备

1. JQ200A 光波炉控制电路图

JQ200A 光波炉控制电路图如图 10-9 所示。

2. 三角牌微电脑型多功能光波炉电路图

三角牌微电脑型多功能光波炉电路图如图 10-10 所示。

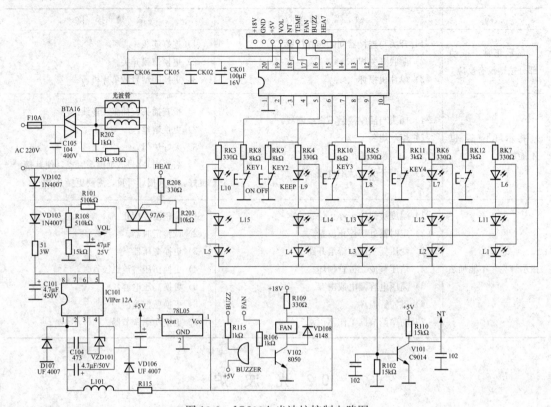

图 10-9　JQ200A 光波炉控制电路图

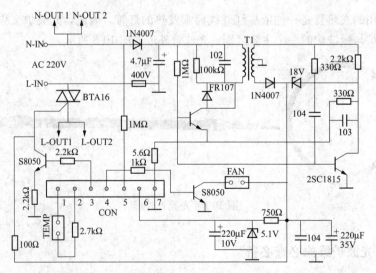

图 10-10　三角牌微电脑型多功能光波炉电路图（一）

3. 九阳 NS-250 型微电脑光波炉电路图

九阳 NS-250 型微电脑光波炉电路图如图 10-11 所示。

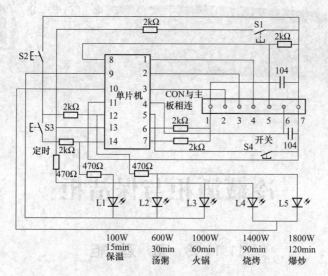

图 10-10　三角牌微电脑型多功能光波炉电路图（二）

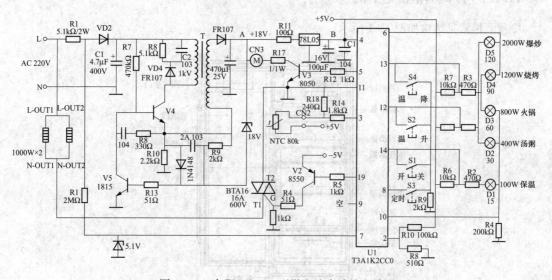

图 10-11　九阳 NS-250 型微电脑光波炉电路图

10.2.3　光波炉快修精修

光波炉故障维修见表 10-2。

表 10-2　　　　　　　　　　　　　　　　　光波炉故障维修

故　障	故障原因、故障排除
有时不能够正常加热，故障发生初期，加热状态时有时无，直到完全不能够加热工作	有直流输出滤波电容正极端开路引起的故障实例
不加热	光波管损坏、电源没有引入、电源电路异常等
开机后立即保护关机	灯架中心的温检电阻无穷大开路、运算放大器358、灯板插座、比较电路感、灯板插座异常等引起的

第 11 章

冷藏酒柜与保洁柜

11.1 冷藏酒柜

11.1.1 冷藏酒柜常见结构

冷藏酒柜常见结构如图 11-1 所示。

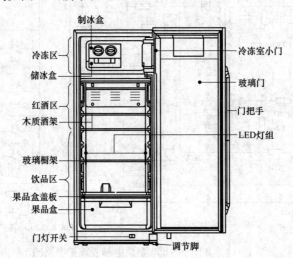

制冰盒
冷冻区
储冰盒
红酒区
木质酒架
玻璃橱架
饮品区
果品盒盖板
果品盒
门灯开关
冷冻室小门
玻璃门
门把手
LED灯组
调节脚

图 11-1 冷藏酒柜常见结构

11.1.2 冷藏酒柜快修精修

冷藏酒柜快修精修见表 11-1。

表 11-1	冷藏酒柜快修精修
故 障	故 障 原 因
酒柜不能运行	1) 没有接通电源。 2) 没有打开开关。 3) 电路故障或者熔丝烧坏

续表

故　障	故　障　原　因
酒柜不能正常制冷	1）需要检查温度控制设置。 2）周围环境温度过高。 3）柜门打开频繁。 4）柜门没有关好。 5）门封不能正常密合
门不能正常关闭	1）没有放平稳。 2）门受损或者安装不正确。 3）垫圈弄脏。 4）层架伸出
开关频繁	1）房间温度高于正常温度。 2）箱内放置过多酒。 3）门打开太频繁。 4）门没有完全关好。 5）温度控制装置没有正常设置。 6）门封密合不紧
灯不亮	1）没有插电。 2）电路故障或者熔丝烧坏。 3）灯已经烧坏。 4）开关处于关状态
振动	需要确保酒柜平稳放置
噪声太大	1）制冷剂流动咔哒咔哒的声音正常。 2）制冷剂流动循环中的汩汩声音。 3）内壁膨胀及收缩。 4）没有放平

11.2 保　洁　柜

11.2.1 保洁柜常见结构

保洁柜常见结构如图 11-2 所示。

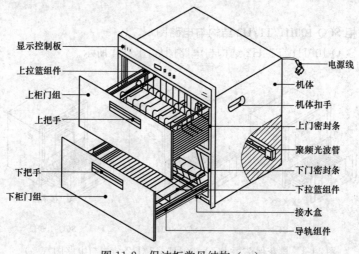

图 11-2 保洁柜常见结构（一）

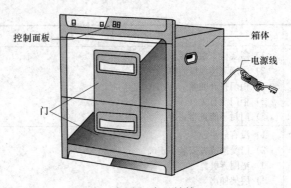

图 11-2　保洁柜常见结构（二）

11.2.2　保洁柜必查必备

1. 樱花保洁柜 SCQ-100H3（RTD100H-3）电路图

樱花保洁柜 SCQ-100H3（RTD100H-3）电路图如图 11-3 所示。

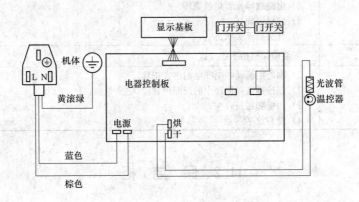

图 11-3　樱花保洁柜 SCQ-100H3（RTD100H-3）电路图

2. 樱花保洁柜 SCQ-100H1/T1/H2 结构与电路图

樱花保洁柜 SCQ-100H1/T1/H2 结构与电路图如图 11-4 所示。

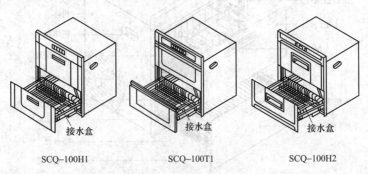

SCQ-100H1　　　　　SCQ-100T1　　　　　SCQ-100H2

图 11-4　樱花保洁柜 SCQ-100H1/T1/H2 结构与电路图（一）

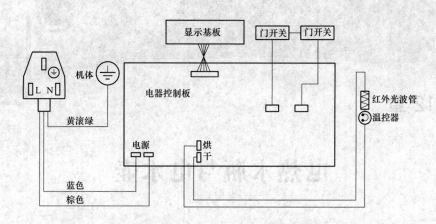

图 11-4　樱花保洁柜 SCQ-100H1/T1/H2 结构与电路图（二）

11.2.3　保洁柜快修精修

保洁柜快修精修见表 11-2。

表 11-2　　　　　　　　　　　　　保洁柜快修精修

故障现象 / 故障原因	聚频光波管不亮	显示屏不亮	按键失灵	柜门打开后机器仍工作	维修方法
温控器损坏	√				更换温控器
聚频光波管损坏	√				更换聚频光波管
门控开关故障	√			√	更换门控开关
电控系统故障	√	√	√	√	更换电控板
柜门未关好	√				关好柜门
电源未接通	√	√			接通电源

第 12 章

电热水瓶与电水壶

12.1 电 热 水 瓶

12.1.1 电热水瓶常见结构

电热水瓶常见结构如图 12-1 所示。

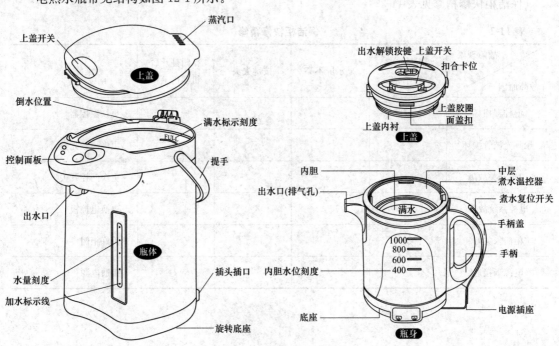

图 12-1 电热水瓶常见结构

12.1.2 电热水瓶必查必备

1. 美的电热水瓶 PD002-30T 电路图

美的电热水瓶 PD002-30T 电路图如图 12-2 所示。

2. 美的电热水瓶 PD003-38T、PD005-40G、PF006-50G 电路图

美的电热水瓶 PD003-38T、PD005-40G、PF006-50G 电路图如图 12-3 所示。

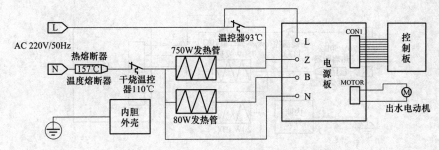

图 12-2 美的电热水瓶 PD002-30T 电路图

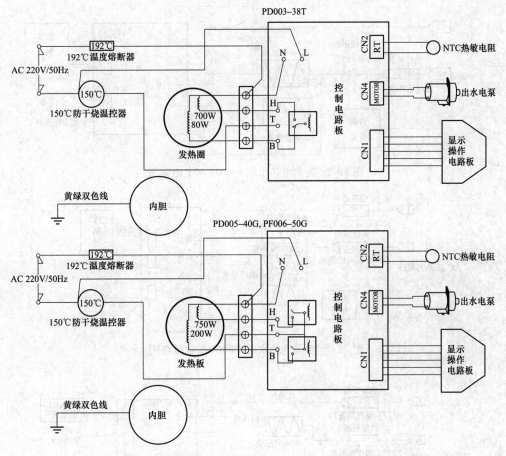

图 12-3 美的电热水瓶 PD003-38T、PD005-40G、PF006-50G 电路图

3. 美的电热水瓶 PD203-10T 电路图

美的电热水瓶 PD203-10T 电路图如图 12-4 所示。

4. 美的电热水瓶 PD502-30T 电路图

美的电热水瓶 PD502-30T 电路图如图 12-5 所示。

5. 美的电热水瓶 PF301-50G 电路图

美的电热水瓶 PF301-50G 电路图如图 12-6 所示。

6. 美的电热水瓶 PF501-40G 电路图

美的电热水瓶 PF501-40G 电路图如图 12-7 所示。

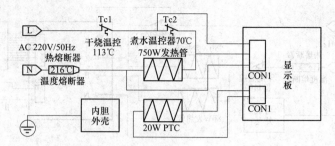

图 12-4　美的电热水瓶 PD203-10T 电路图

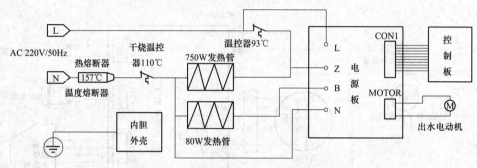

图 12-5　美的电热水瓶 PD502-30T 电路图

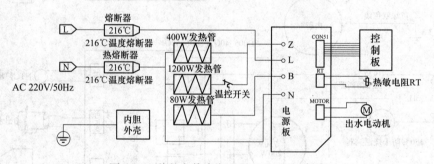

图 12-6　美的电热水瓶 PF301-50G 电路图

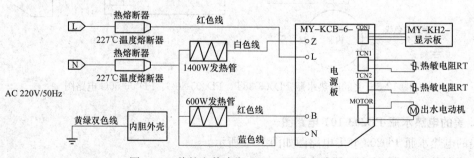

图 12-7　美的电热水瓶 PF501-40G 电路图

7. 美的电热水瓶 WPD005-40G 电路图

美的电热水瓶 WPD005-40G 电路图如图 12-8 所示。

8. 美的电热水瓶 PF205C-50G 结构、维修与电路图

美的电热水瓶 PF205C-50G 结构、维修与电路图如图 12-9 所示。

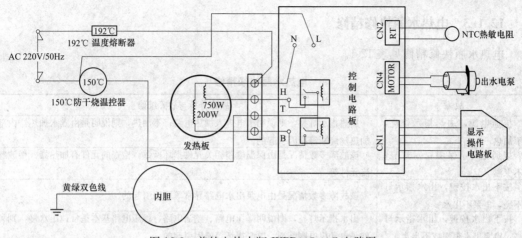

图 12-8　美的电热水瓶 WPD005-40G 电路图

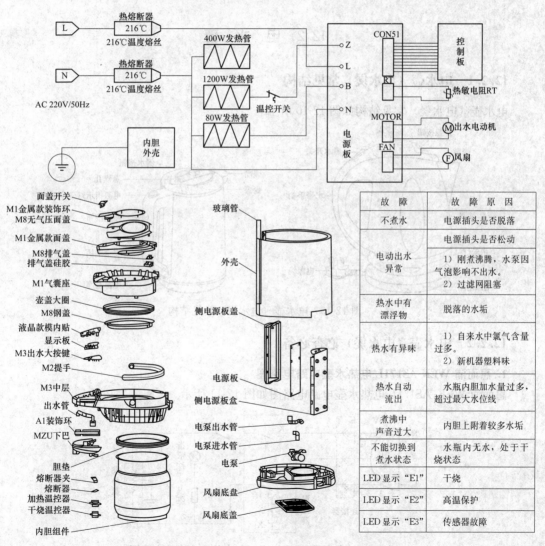

故　障	故 障 原 因
不煮水	电源插头是否脱落
电动出水 异常	电源插头是否松动
	1）刚煮沸腾，水泵因 气泡影响不出水。 2）过滤网阻塞
热水中有 漂浮物	脱落的水垢
热水有异味	1）自来水中氯气含量 过多。 2）新机器塑料味
热水自动 流出	水瓶内胆加热量过多， 超过最大水位线
煮沸中 声音过大	内胆上附着较多水垢
不能切换到 煮水状态	水瓶内无水，处于干 烧状态
LED 显示"E1"	干烧
LED 显示"E2"	高温保护
LED 显示"E3"	传感器故障

图 12-9　美的电热水瓶 PF205C-50G 结构、维修与电路图

12.1.3 电热水瓶快修精修

电热水瓶快修精修见表12-1。

表 12-1   **电热水瓶快修精修**

故障	故障分析与故障维修
接通电源,加热指示灯亮,不加热	加热指示灯亮,则说明市电进入加热电路;不加热,则说明是由煮水加热器内部加热丝烧断等原因引起的
接通电源,保温指示灯亮,不保温	该故障多数情况是由保温电路相关元件损坏所致。检查的元件有加热器、半波整流元件等
按下出水按键,出水指示灯不亮,电泵不出水	该故障多数情况是由电泵出水电路异常等原因引起的
按下出水按键,出水指示灯亮,电泵出水很慢或不出水	出水指示灯亮,则说明降压电路、整流电路、稳压电路基本正常;出水慢,则可能是电动机电刷磨损、电泵损坏等原因引起的

12.2 电 水 壶

12.2.1 电水壶(电水煲)常见结构

电水壶(电水煲)常见结构如图12-10所示。

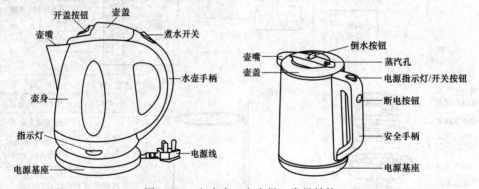

图 12-10   电水壶(电水煲)常见结构

12.2.2 电水壶(电水煲)必查必备

1. 惠而浦 WEK-AS171L 电热水壶电路电路图

惠而浦 WEK-AS171L 电热水壶电路电路图如图12-11所示。

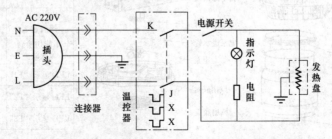

图 12-11   惠而浦 WEK-AS171L 电热水壶电路电路图

2. 苏泊尔不锈钢电水壶 SWF15P2-150 结构与电路图

苏泊尔不锈钢电水壶 SWF15P2-150 结构与电路图如图 12-12 所示。

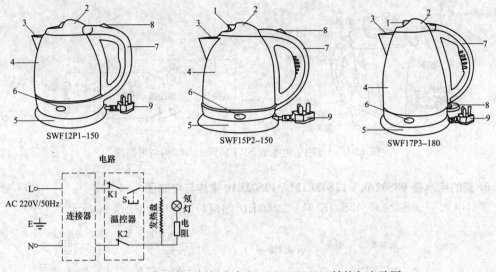

图 12-12　苏泊尔不锈钢电水壶 SWF15P2-150 结构与电路图

1—开盖按钮；2—壶盖；3—壶嘴；4—壶身；5—电源基座；6—指示灯；7—水壶手柄；8—煮水开关；9—电源线

3. 苏泊尔电水壶 SWF08K3-150 电路图

苏泊尔电水壶 SWF08K3-150 电路图如图 12-13 所示。

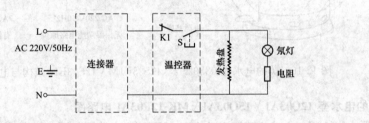

图 12-13　苏泊尔电水壶 SWF08K3-150 电路图

4. 苏泊尔电水壶 SWF12V1-185 结构与电路图

苏泊尔电水壶 SWF12V1-185 结构与电路图如图 12-14 所示。

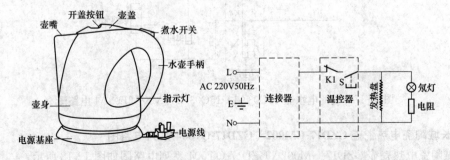

图 12-14　苏泊尔电水壶 SWF12V1-185 结构与电路图

5. **苏泊尔电水壶 SWF15J5-150 结构与电路图**

苏泊尔电水壶 SWF15J5-150 结构与电路图如图 12-15 所示。

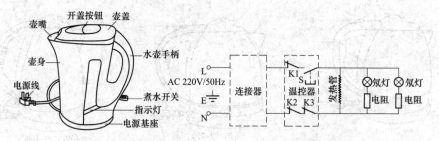

图 12-15 苏泊尔电水壶 SWF15J5-150 结构与电路图

6. **美的电水壶 08S02Aa \ 12S03E1M \ 12S03E1c 结构与电路图**

美的电水壶 08S02Aa \ 12S03E1M \ 12S03E1c 结构与电路图如图 12-16 所示。

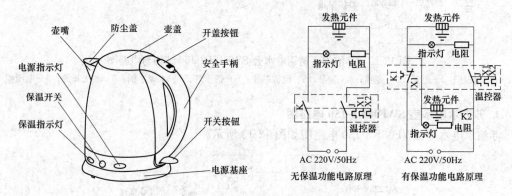

图 12-16 美的电水壶 08S02Aa \ 12S03E1M \ 12S03E1c 结构与电路图

7. **美的电水壶 12Q03A1 \ 15Q03A1 \ MK-12E03A1 电路图**

美的电水壶 12Q03A1 \ 15Q03A1 \ MK-12E03A1 电路图如图 12-17 所示。

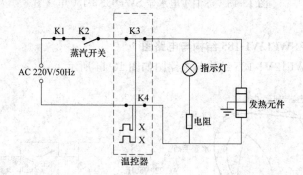

图 12-17 美的电水壶 12Q03A1 \ 15Q03A1 \ MK-12E03A1 电路图

8. **长城陶瓷电热瓷壶 GZD17-GM002 \ GZD17-QT004 系列电路图**

长城陶瓷电热瓷壶 GZD17-GM002 \ GZD17-QT004 系列电路图如图 12-18 所示。

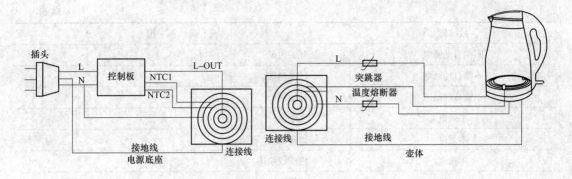

图 12-18　长城陶瓷电热瓷壶 GZD17-GM002 \ GZD17-QT004 系列电路图

12.2.3　电水壶（电水煲）快修精修

电水壶（电水煲）快修精修见表 12-2。

表 12-2　　　　　　　　　　　　　**电水壶（电水煲）快修精修**

故　障	故　障　原　因
不保温	加热片损坏
不保温	线断
不出水	空压体裂漏汽
不出水	出水孔被堵
不出水	变压器损坏
不出水	电泵组损坏
不出水	硅胶圈（密封圈）
不出水	电动（电泵）出水开关损坏
不出水	上盖与壶内胆配合不严密封圈损坏
不出水	电泵控制板烧
不出水	电泵烧
不出水	电泵内叶轮损坏
不出水	水碱把叶轮卡住
不出水	线路不通
不加热	电热盘损坏
不加热	开关损坏
不加热	充电座不良
不加热	电源触点不良
不加热	熔丝被烧
不加热	加热片线脱落
不加热	加热片烧
不加热	恒温器损坏

故　障	故　障　原　因
不能自动断电	开关失灵
不能自动断电	过滤网破
不能自动断电	过滤网掉
不通电	无电源
不通电	熔丝被烧
不通电	内配线脱落
不通电	公插座烧
不通电	电源线损坏
不通电	恒温器损坏
漏电、短路	内配线磨损与外壳接通
漏电、短路	加热片绝缘层损坏
漏电、短路	公插座进水短路
漏水	本体与加热盘接缝处渗水
漏水	水箱损坏
漏水	本体损坏
漏水	电热盘损坏
漏水	导水管脱落
漏水	导水硅胶管裂
漏水	导水玻璃管损坏
漏水	内胆有小孔
水不开	恒温器损坏
水不开	加热片损坏
水烧不开	内档水垢极多
水烧不开	蒸汽开关损坏
水烧不开	充电座没有装好
水烧不开	充电插座变形
水烧不开	本体底盖变形
水烧不开	开关与充电座接触不良
水烧不开	充电座（插盘）底盖没有装好
水烧不开	蒸汽开关与发热体接触不良
指示灯不亮	不通电
指示灯不亮	指示灯损坏
指示灯不亮	限流电阻烧
指示灯不亮	熔丝被烧
指示灯不亮	接触不良

第 13 章

电热水器与家庭中央热炉

13.1 电 热 水 器

13.1.1 热水器与电热水器的名称、种类

热水器与电热水器的名称、种类见表 13-1。电热水器的分类和特点见表 13-2。

表 13-1 热水器与电热水器的名称、种类

名称	说 明
电热水器	电热水器是指以电为加热能源，将电能转化为热能使水温度升高的装置电器
储水式电热水器	储水式电热水器是指将水加热的固定式器具。其可以长期或临时储存热水，并且装有控制或限制水温的装置
家用电热水器	家用电热水器一般采用单相 220V 电源，功率不大于 2.5kW，部分用于别墅等大量用水场所的家用中央热水器功率可达到 10kW 以上
商用电热水器	商用热水器一般采用三相 380V 电源，功率可达到 50kW 左右

表 13-2 电热水器的分类和特点

名称	定 义 与 特 点
储水式电热水器	储水式电热水器是指具有一定储水容量的电热水器。该种热水器一般都需要在使用前，将热水器内的水加热到设定的温度
即热式电热水器	即热式电热水器是指能在较短时间内将水温度升高的热水器。即热式热水器体积小，不须预热
速热式电热水器	速热式电热水器是介于储水式电热水器和即热式电热水器间的一个产品，其有一定的容量，加热功率在 3~5kW
小厨宝	小厨宝其实不算是电热水器分类的一种，而是属于储水式电热水器的一种。小厨宝体积小，内胆容量小，适用于厨房一般性用水

13.1.2 电热水器的常见结构

电热水器的常见结构如图 13-1 所示。

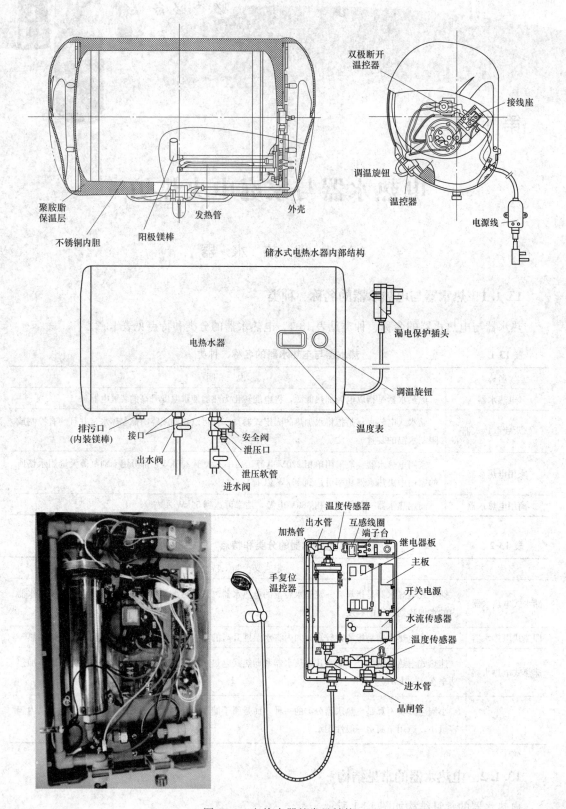

储水式电热水器内部结构

图 13-1　电热水器的常见结构

13.1.3　电热水器的必查必备

1. 海尔电热水器维修代码

海尔电热水器维修代码见表 13-3。

表 13-3　　　　　　　　　　　　　　海尔电热水器维修代码

故障代码	故障含义	故 障 维 修
E1	电脑板热水器线路故障或漏电故障	重新插拔电源，如果加热一个周期能正常，则不需要维修，说明可能是电压波动导致电脑板误判。如果重新上电还是发生，则可能是加热管漏电，线路漏电或电脑板异常引起的
E2	干烧过热故障	该故障一般是感温头检测温度过高，具体的原因可能有新机器新安装内胆中无水干少、停水后内胆中水流走干烧、加热管结垢导致热量传递不到水里导致感温头温度过高等
E3	传感器故障	该故障是电脑板上传感器短路或短路等原因引起的
E4	电脑板自检出现问题（早期的 FCD-XJTHA）、环境漏电故障（FCD-HM80EI）	该故障系计算机板异常等原因引起的

2. 阿里斯顿电热水器 AM-T/TI/TI3 故障代码

阿里斯顿电热水器 AM-T/TI/TI3 故障代码见表 13-4。

表 13-4　　　　　　　　　　阿里斯顿电热水器 AM-T/TI/TI3 故障代码

故障代码	故 障 含 义
E0/"加热故障"	加热故障
E4/"过热保护"	过热故障
E2/"温控故障"	传感器故障
E3/"漏电保护"	电源板漏电线圈故障
E1/"漏电保护"	漏电
E5/○ 闪烁	电子镁棒故障
E6/ ⌃ 闪烁	镁棒更换（此故障与电源板，显示板无关）

表 13-4 适应机型有 AL-T/T3＋、AM-T/TI/TI3、AM-F3/FI3、AM-EI3/EI3＋、AM-ER/E3、AM-ER3/HRT、AM-TI3＋/TI＋、AH-TI3＋、AH-AI/AI3 等。

3. 阿里斯顿电热水器 AM-EI5/ER5 故障代码

阿里斯顿电热水器 AM-EI5/ER5 故障代码见表 13-5。

表 13-5　　　　　　　　　阿里斯顿电热水器 AM-EI5/ER5 故障代码

故障代码	故 障 含 义
E00	上面温度传感器过热故障（该故障与显示板无关）
E01	中间温度传感器过热故障（该故障与显示板无关）
E10	上面温度传感器短路故障（该故障与显示板无关）
E11	中间温度传感器短路故障（该故障与显示板无关）
E12	出水口温度传感器短路故障（该故障与显示板无关）
E13	上面温度传感器断开故障（该故障与显示板无关）

续表

故障代码	故 障 含 义
E14	中间温度传感器断开故障（该故障与显示板无关）
E15	出水口温度传感器断开故障（该故障与显示板无关）
E16	上下传感器装错或上面传感器损坏（该故障与显示板无关）
E20	上面温度传感器干烧故障（该故障与显示板无关）
E21	中间温度传感器干烧故障（该故障与显示板无关）
水级"0"闪烁 或 ⊔ 闪烁	电子镁棒断开故障（该故障与显示板无关）
水级"0"闪烁 或 ⊔ 闪烁	电子镁棒短路故障（该故障与显示板无关）
水级"2"闪烁 或 ⌒ 闪烁	镁棒需要更换（该故障与电源板，显示板无关）
E60	电源板与控制板通信故障

4. 阿里斯顿电热水器 AC-10L 故障代码

阿里斯顿电热水器 AC-10L 故障代码见表 13-6。

表 13-6 阿里斯顿电热水器 AC-10L 故障代码

故障代码	故 障 含 义
40℃灯闪烁	显示板系统故障
60℃灯闪烁	温度传感器故障
80℃灯闪烁	超温故障
漏电指示灯闪烁	漏电故障
漏电指示灯常亮	线路板故障

5. 阿里斯顿电热水器 AL TAG＋5 故障代码

阿里斯顿电热水器 AL TAG＋5 故障代码见表 13-7。

表 13-7 阿里斯顿电热水器 AL TAG＋5 故障代码

故障代码	故 障 含 义
E00	干烧故障（该故障与显示板无关）
E04	高温故障（该故障与显示板无关）
E02	温度传感器损坏故障（该故障与显示板无关）
E60	通信故障
E16	上传感器与中间传感器装错或上面传感器损坏（该故障与显示板无关）

6. 阿里斯顿电热水器 AL TAG＋3 故障代码

阿里斯顿电热水器 AL TAG＋3 故障代码见表 13-8。

表 13-8 阿里斯顿电热水器 AL TAG＋3 故障代码

故障代码	故 障 含 义
E0	干烧故障
E4	高温故障
E2	温度传感器损坏故障

7. 阿里斯顿电热水器故障代码 E0 故障分析与检修

阿里斯顿电热水器故障代码 E0 故障分析与检修见表 13-9。

表 13-9 阿里斯顿电热水器故障代码 E0 故障分析与检修

型　号	故障分析与检修
EBT-Ⅰ、EBT-Ⅱ	1）确保热水器中有足够的水。 2）检查加热管的电阻是否正常。 3）检查加热管与电源板上继电器连接的线束是否松懈。 4）如果水温是常温时，插上电源，没加热就立即报该故障，则说明温控探头、电源板等可能异常。 5）如果水温是常温时，插上电源，把工作模式改为不加热模式，在不加热状态下，5min 内显示该故障，则说明温控探头与电源板，其中有一个已经损坏
AM-T/TI/TI3、AM-F3/FI3、AM-EI3/EI3＋、AM-ER/E3/ER3、AM-HRT/AH-TI3＋、AM-TI3＋/TI＋、AH-AI/AI3、EBT、AL-T/T3＋、TAG＋3	1）确保热水器中有足够的水。 2）水温是常温时，插上电源，开机状态，有工作模式显示，没加热立即报此故障，则说明温控探头、电源板与显示板相连信号线束、电源板或控制板等可能存在异常。 3）水温是常温时，插上电源，把工作模式改为不加热模式，在不加热状态下，5min 内显示该故障，则说明温控探头、电源板、控制板等可能已经损坏

8. 阿里斯顿电热水器故障代码 E20、E21、E00 故障分析与检修

阿里斯顿电热水器故障代码 E20、E21、E00 故障分析与检修见表 13-10。

表 13-10 阿里斯顿电热水器故障代码 E20、E21、E00 故障分析与检修

型号	故障分析与检修
EI5、ER5、FE5、TAG＋5	1）确保热水器中有足够的水。 2）如果水温是常温时，插上电源，开机状态，有工作模式显示，没加热立即报该故障，则说明温控探头、电源板等可能存在异常。 3）如果水温是常温时，插上电源，把工作模式改为不加热模式，在不加热状态下，5min 内显示该故障，则说明温控探头、电源板、控制板等可能已经损坏

9. 阿里斯顿电热水器故障代码 E2 故障分析与检修

阿里斯顿电热水器故障代码 E2 故障分析与检修见表 13-11。

表 13-11 阿里斯顿电热水器故障代码 E2 故障分析与检修

型　号	故障分析与检修
AM-T/TI/TI3、AM-F3/FI3、AM-EI3/EI3＋、AM-ER/E3/ER3、AM-HRT/AH-TI3＋、AM-TI3＋/TI＋、AH-AI/AI3、EBT、AL-T/T3＋，TAG＋3	该故障可能是温控探头、电源板、控制板等损坏引起的

10. 阿里斯顿电热水器故障代码 E10、E11、E12、E13、E14、E15、E02 故障分析与检修

阿里斯顿电热水器故障代码 E10、E11、E12、E13、E14、E15、E02 故障分析与检修见表 13-12。

表 13-12 阿里斯顿电热水器故障代码 E10、E11、E12、E13、
E14、E15、E02 故障分析与检修

型　号	故障分析与检修
EI5、ER5、FE5、TAG＋5	该故障可能是温控探头、电源板、控制板等损坏引起的

11. 阿里斯顿电热水器故障代码 E16 故障分析与检修

阿里斯顿电热水器故障代码 E16 故障分析与检修见表 13-13。

表 13-13　　　　　　　　阿里斯顿电热水器故障代码 E16 故障分析与检修

型　号	故障分析与检修
EI5、ER5、FE5、TAG+5	1) 法兰口的上下温度传感器接反引起的。 2) 电源板、上下温度传感器等异常引起的

12. 阿里斯顿电热水器故障代码 E4 故障分析与检修

阿里斯顿电热水器故障代码 E4 故障分析与检修见表 13-14。

表 13-14　　　　　　　　阿里斯顿电热水器故障代码 E4 故障分析与检修

型号	故障分析与检修
AM-T/TI/TI3、AM-F3、AM-FI3、AM-TI3+、AH-TI+、AH-TI3+、EBT、AL-T/T3+、AM-EI3/EI3+、AM-ER、AM-E3、AM-ER3、AM-HRT、AH-AI、AH-AI3、AL-T/T3+、TAG+3	该故障可能是温控探头、电源板、控制板等损坏引起的

13. 阿里斯顿电热水器故障代码 E01，E04，下温度传感器过热故障分析与检修

阿里斯顿电热水器故障代码 E01，E04，下温度传感器过热故障分析与检修见表 13-15。

表 13-15　　　　　　　　阿里斯顿电热水器故障代码 E01，E04，下温度
传感器过热故障分析与检修

型　号	故障分析与检修
EI5、ER5、FE5、TAG+5	温度传感器、电源板等异常引起的

14. 阿里斯顿电热水器故障代码"漏电保护"（漏电线圈故障）显示"E3"故障分析与检修

阿里斯顿电热水器故障代码"漏电保护"（漏电线圈故障）显示"E3"故障分析与检修见表 13-16。

表 13-16　　　　　　　　阿里斯顿电热水器故障代码"漏电保护"（漏电线圈故障）
显示"E3"故障分析与检修

型号	故障分析与检修
AM-T/TI/TI3、AM-F3、AM-FI3、AM-TI3+、AH-TI+、AH-TI3+、EBT、AL-T/T3+、AM-EI3/EI3+、AM-ER、AM-E3、AM-ER3、AM-HRT、AH-AI、AH-AI3	该故障可能是电源板、控制板等损坏引起的

15. 阿里斯顿电热水器显示一个 8 字故障分析与检修

阿里斯顿电热水器显示一个 8 字故障分析与检修见表 13-17。

表 13-17　　　　　　　　阿里斯顿电热水器显示一个 8 字故障分析与检修

型号	故障分析与检修
所有数码管显示的电控板 PCB	如果控制板有时只显示一个单"8"字，则拔掉电源重新上电，若显示正常，但有时还是只显示一个单"8"字，则可能需要更换电源板。 如果总是显示一个"8"字，则说明故障是由电源板、控制板等异常引起的

16. 阿里斯顿电热水器通信发送故障 E60、通信接收故障分析与检修

阿里斯顿电热水器通信发送故障 E60、通信接收故障分析与检修见表 13-18。

表 13-18　　　　阿里斯顿电热水器通信发送故障 E60、通信接收故障分析与检修

型号	故障分析与检修
EI5、ER5、FE5	检查电源板与显示板的通信线束是否正常。如果线束正常，则说明显示板或电源板存在异常情况

17. 阿里斯顿电热水器故障分析与检修

阿里斯顿电热水器故障分析与检修见表 13-19。

表 13-19　　　　　　　　　阿里斯顿电热水器故障分析与检修

现　象	机　型	故障分析与检修
漏电保护器跳闸	阿里斯顿电热水器许多机型	该故障一般与电源板显示板无关。一般需要检查接地线、安装情况、加热管等
加热过程中，显示板显示加热，水温始终无变化	阿里斯顿电热水器许多机型	1) 如果显示电子镁棒图标，则说明是电子镁棒报警故障，需要根据电子镁棒故障排除方法来检查处理。 2) 如果显示板反面有 "DEMO" 字样，则可能需要更换显示板。 3) 需要检查加热管与电源板上继电器连接的线束是否松动。 4) 需要检测加热管与继电器的线束是否接错。 5) 如果加热管上没电，则需要更换电源板。 6) 需要检查加热管。 7) 可能需要更换电源板
加热速度慢	AM-T/TI/TI3、AM-F3，A、M-FI3、AM-TI3 ＋、AH-TI ＋、AH-TI3 ＋、EBTAL-T/T3 ＋、AM-EI3/EI3 ＋、AM-ER、AM-E3、AM-ER3、AM-HRT、AH-AI、AH-AI3	1) 如果有变频功能，则可以先关闭变频加热，设定为双功率加热（速热）。如果速度与原来相比加快了，则说明可能是操作不当不小心选择了变频模式引起的。 2) 如果是单加热管，一般是由于加热管上水垢太多引起的
加热速度慢	EI5、ER5、FE5、TAG＋5	可能是强电线松动、电源板异常等引起的
加热过程中，有时水温会下降	EI5、ER5、FE5、TAG＋5	显示板显示加热，则可能是强电线松动、电源板异常等引起的。如果有组加热管有电，则说明是正常的。加热管加热时，水温会下降
加热温度在 83℃ 以上	有抑菌保洁功能的热水器	说明抑菌保洁功能启动（80～85℃ 或 85～90℃）
在定时模式下，无需加热时，总是在 45～50℃ 间加热	有中保温功能的 PCB	需要关闭中保温
关机状态下自动开机	有休眠功能的热水器	可能是误操作进入休眠功能

现　象	机　型	故障分析与检修
显 示 电 子 镁 棒 故障	AM-EI3/EI3＋、 AM-ER、 AM-E3、 AM-ER3、 AM-HRT、 AH-AI、AH-AI3	1）需要检查连接。 2）需要检查鞍桥与内胆是否松动。 3）需要检查电子镁棒与接线间的螺帽是否生锈。 4）需要检查鞍桥与内胆壁无搪瓷处是否相连。 5）需要检查电子镁棒与其他部件是否存在短路。 6）需要检查是否是电源板或显示板存在异常引起的
显 示 电 子 镁 棒 故障	EI5、ER5、FE5	1）需要检查连接。 2）需要检查鞍桥与内胆是否松动。 3）需要检查电子镁棒与接线间的螺帽是否生锈。 4）需要检查鞍桥与内胆壁无搪瓷处是否相连。 5）需要检查电子镁棒与其他部件是否存在短路。 6）需要检查是否是电源板或显示板存在异常引起的
某个按键无反应	不是触摸按键产品	1）检查是否进行了误操作，如休眠模式、儿童锁等。 2）打开塑料面壳，需要检测控制板上的按键
夜间模式/定时不加热	阿里斯顿电热水器许多机型	可能是操作不当等原因引起的
无工作模式（立即加热/定时/夜间）	AM-T/TI/TI3、AM-F3、AM-FI3、 AM-TI3＋、 AH-TI＋、 AH-TI3＋、AL-T/T3＋	需要按长按［模式］键10s即可
按开关键无法开机	有休眠功能的热水器	需要拔掉电源，重新上电。如果没按任何按键就进入开机状态，则说明计算机板没问题
停止加热后，温度下降太快	阿里斯顿电热水器许多机型	可能是加热管结垢、加热管与温控铜管距离太近等原因引起的
电子镁棒故障，在各种模式下，显示板不显示加热，加热管不工作	有电子镁棒功能的PCB	如果拔掉电源重新上电，电子镁棒故障，显示板显示加热5s后停止加热。这说明故障是电子镁棒故障导致停止加热引起的
显 示 温 度 始 终乱跳	AM-T/TI/TI3、AM-F3、AM-FI3、 AM-TI3＋、 AH-TI＋、 AH-TI3＋、 EBTAL-T/T3＋、 AM-EI3/EI3＋、AM-ER、AM-E3、AM-ER3、AM-HRT、AH-AI、AH-AI3	1）如果把工作模式修改为不加热的工作模式，显示板显示温度不乱跳，则说明是加热管与温控太近等原因引起的。 2）如果拔掉电源，把温度传感器从铜管中拔出，检测空气温度。然后插上电源，显示板显示还是乱跳，则说明是电源板、显示板、信号线束等可能存在异常。如果拔掉电源，把温度传感器插入铜管中，再次插上电源，显示板显示温度立即乱跳，则说明接地线存在问题
显 示 温 度 始 终乱跳	EI5、ER5、FE5	1）如果把工作模式修改为不加热的工作模式，显示板显示温度不乱跳，则说明是加热管与温控太近等原因引起的。 2）如果拔掉电源，把温度传感器从铜管中拔出，检测空气温度，然后插上电源，显示板显示还是乱跳，则说明是电源板等异常引起的；如果拔掉电源，把温度传感器插入铜管中，再次插上电源，显示板显示温度立即乱跳，则说明接地线异常

现　象	机　型	故障分析与检修
自动关机	AM-T/TI/TI3、AM-F3、AM-FI3、AM-TI3＋、AH-TI＋、AH-TI3＋、EBTAL-T3＋	需要检测强电线束、连接继电器插片、电源板等
按键失灵	AM-FE3	需要检查塑料面板、按键、电源板、显示板等
显示板不定时地发出声音，显示板背光常亮，没有任何故障显示，不影响正常加热	AM-EI5	需要检查出水口的温度传感器是否损坏等
设定温度设定为40℃，显示温度加热到 87℃ 左右才停止加热（每次都这样）	AM-EI5	首先把模式改为普通加热模式，速热增容关闭，当热水器显示加热时，如果上加热管有电，则说明加热管与电源板的强电线束连错、电源板异常等；如果只有下加热管有电，则需要检测中间的温度传感器是否安装到位，如果安装到位，则说明电源板或温度传感器异常
在速热全胆加热模式下，显示温度大于设定值还在显示加热	AM-EI5	在速热全胆模式下，把速热增容关闭，设定温度约为40℃。如果水温从 35℃ 以下开始加热，当显示水温在60℃ 下停止加热，则说明正常；否则，说明检测温度传感器、电源板等异常
热水器一直加热到二级温控保护	AM-EI5	可能需要更换电源板
普通加热模式（速热增容关闭），每次温度加热到80℃ 左右才停机	AM-EI5	上加热管与下加热管都有电，则需要检测强电线与加热管是否连接正确；如果连接正确，则需要检测温度传感器是否完好；如果温度传感器完好，则需要检查电源板

18. 阿里斯顿电热水器显示镁棒故障的处理方法

阿里斯顿电热水器显示镁棒故障的处理方法见表 13-20。

表 13-20　　　　　　　　　阿里斯顿电热水器显示镁棒故障的处理方法

机型	故障现象	故障分析与检修
AMEi3＋/Ei3/FE3/AH Ai3	背光长亮，⌂ 不停闪烁	在开机状态下，长按【模式】键 10s，一般可以消除报警
AH Ai	背光长亮，⌂ 不停闪烁	开机状态下，长按【夜间】键 10s，一般可以消除报警
AMER/ER3/E3/E3＋	⌂ 不停闪烁	在开机状态下，长按【模式】键 10s，一般可以消除报警

续表

机型	故障现象	故障分析与检修
AM-ER5	背光常亮，$\widehat{\uparrow}$ 不停闪烁	如果使用了2年左右，则镁棒需要更换，然后根据以下步骤清零。 在关机状态下，长按【进入】键10s，进入密码设定，修改密码为"234"，按设定键进入菜单有关操作
AM-ER5	屏幕显示"镁棒需要更换"	如果使用了2年左右，则镁棒需要更换，然后根据以下步骤清零。 在关机状态下，长按【进入】键10s，进入密码设定，修改密码为"234"，按设定键进入菜单有关操作

19. 格兰仕电热水器电路图

格兰仕电热水器电路图见表13-21。

表 13-21 　　　　　　　　　　　格兰式电热水器电路图

名　称	电　路　图
R＊＊＊M-003K（机械式）接线图	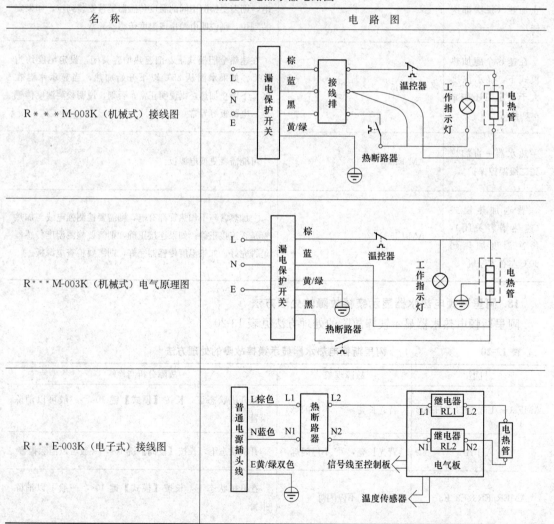
R＊＊＊M-003K（机械式）电气原理图	
R＊＊＊E-003K（电子式）接线图	

续表

名　称	电　路　图
R***E-003K（电子式）电气原理图	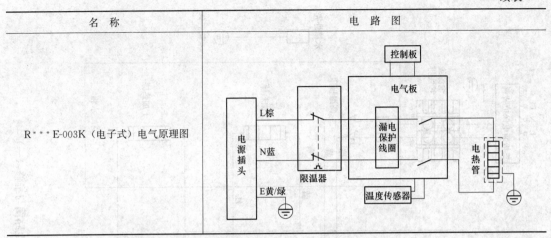

20. 帅康电热水器 DSF-6J 等电路图与维修

帅康电热水器 DSF-6J 等电路图与维修如图 13-2 所示。

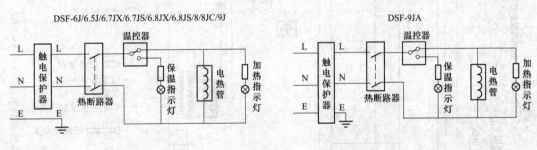

现象		原　因	处 理 方 法
不出水		外界是否停水或水压太低	待供水正常
		进水截止阀是否打开	打开截止阀
		各接口处是否堵塞	检查各接口
出水为冷水	保温指示灯亮	水温是否调好	重新调节水温
		温度是否设置好	检查温度设置
	加热指示灯亮	加热时间不够	继续加热
	加热指示灯、保温指示灯均不亮，漏电保护插头指示灯亮	内部接线是否脱落	维修
		过热保护器是否动作	维修
	加热指示灯、保温指示灯均不亮，漏电保护插头指示灯不亮	电源是否接通	检查线路
		漏电保护插头是否动作	维修
		停电	等待来电
出水忽冷忽热		外界水压不稳	水压正常后可正常工作
安全阀泄压口零星滴水		正常现象	接一软管引至安全放水处
安全阀泄压口持续流水		自来水水压太高	进水管路上安装限压阀

图 13-2　帅康电热水器 DSF-6J 等电路图与维修

21. 艾欧史密斯半电热水器（整体热泵热水器）HPW-60A2、HPW-80A2 电气图与维修

艾欧史密斯半电热水器（整体热泵热水器）HPW-60A2、HPW-80A2 电气图与维修如图 13-3 所示。

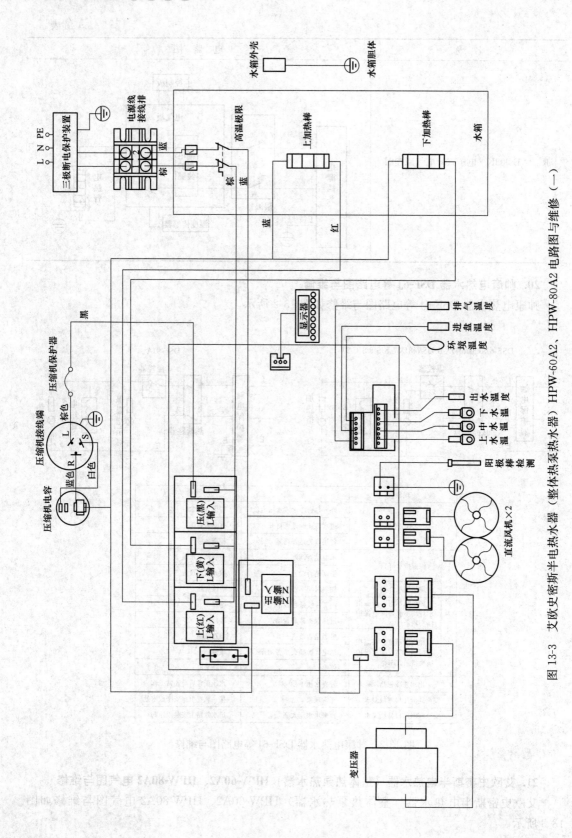

图 13-3 艾欧史密斯半电热水器（整体热泵热水器）HPW-60A2，HPW-80A2 电路图与维修（一）

故障现象	可能原因	故障现象	可能原因
无显示 无热水	热水器没有通电墙上的电源插座没有电控制电路或内部接线故障	显示 "E2"	两芯端子白色线短路或断路
		显示 "E6"	两芯端子红色线短路或断路
无显示， 水温很高	高温极限开关已断开强电板故障	显示 "E7"	两芯端子蓝色线短路或断路
		显示 "H6"	六芯端子绿色线短路或断路
有显示、无热水	加热棒故障或内部线路故障	显示 "H7"	六芯端子蓝色线短路或断路
水从外壳漏出	水箱配件阀积水盘脏堵冷水管项目参数	显示 "H8"	六芯端子黄色线短路或断路
水从外壳漏出	水箱或配件漏水积水盘脏堵冷凝水管扭曲变形或未连接向下	显示 🔧保养	阳极棒快消耗完
显示 "E1"	两芯端子黑色线短路或断路	热水器有异常响声	热泵模块内部部件干涉压缩机安装不水平

图 13-3 艾欧史密斯半电热水器（整体热泵热水器）HPW-60A2、HPW-80A2 电路图与维修（二）

22. 艾欧史密斯储水式电热水器 CEWH-40B1 系列电路图与维修

艾欧史密斯储水式电热水器 CEWH-40B1 系列电路图与维修如图 13-4 所示。

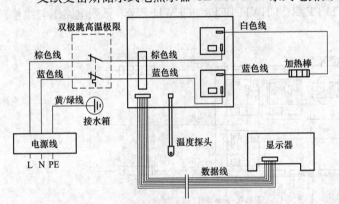

故障现象	可 能 原 因
无显示无热水	热水器没有通电，墙上的电源插座，电控制电路或内部接线故障
无显示，水温很高	高温极限开关已断开，强电板故障
有显示、无热水	加热棒故障或内部线路故障
水从管道接口处漏出	接口不密封
水从外壳漏出	水箱或配件漏水
显示 "E1"	温度探头开路或短路
显示 "EH"	超高温
显示 "EL"	低电压保护
显示 "LS"	漏电
显示 "LC"	内置漏电保环

图 13-4 艾欧史密斯储水式电热水器 CEWH-40B1 系列电路图与维修

23. 艾欧史密斯储水式电热水器 EWH-40Mini2、EWH-50M ini2 系列电路图与维修

艾欧史密斯储水式电热水器 EWH-40Mini2、EWH-50M ini2 系列电路图与维修如图 13-5 所示。

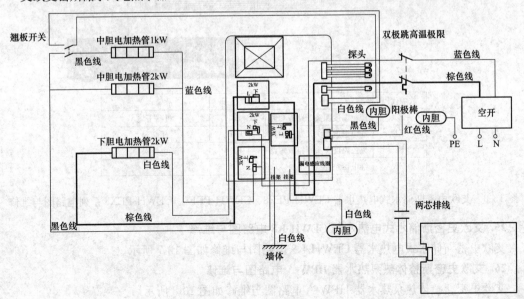

故障现象	可能原因	故障现象	可能原因
无显示，无热水	热水器没有通电，墙上的电源插座没有电，控制电路或内部接线故障	显示"E2"	黑色温度探头开路或短路
		显示"E3"	白色温度探头开路或短路
无显示水温很高	高温极限开关已断开，强电板故障	显示"EH"	超高温
有显示，无热水	加热棒故障或内部线路故障	显示"EL"	低电压保护（使用电压低于176V）
水从管道接口处漏出	接口不密封	显示"EA"	继电器粘连
水从外壳漏出	水箱或配件漏水	遥控器不能工作	遥控器电池没有电，遥控器故障
显示"E0"	蓝色温度探头开路或短路	地线异常灯亮	外部接地系统异常
显示"E1"	红色温度探头开路或短路	显示 保养	阳极棒快消耗完

图 13-5　艾欧史密斯储水式电热水器 EWH-40Mini2、EWH-50M ini2 系列电路图与维修

24. 艾欧史密斯储水式电热水器 CEWH-PEZ8、CEWH-PEF8、CEWH-PEX8 系列电路图与维修

艾欧史密斯储水式电热水器 CEWH-PEZ8、CEWH-PEF8、CEWH-PEX8 系列电路图与维修如图 13-6 所示。

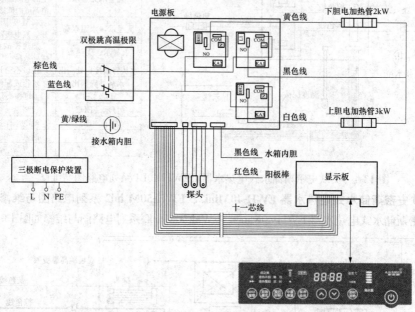

故障代码	故障含义	故障代码	故障含义
E0	蓝色温度探头开路或短路	E8	机器干烧
E1	红色温度探头开路或短路	EH	超高温
E2	黑色温度探头开路或短路	EL	低电压保护
EA	继电器粘连		

图 13-6　艾欧史密斯储水式电热水器 CEWH-PEZ8、CEWH-PEF8、CEWH-PEX8 系列电路图与维修

25. 艾欧史密斯储水式电热水器 CEWH-K8 电路图与维修

艾欧史密斯储水式电热水器 CEWH-K8 电路图与维修如图 13-7 所示。

26. 艾欧史密斯整体热泵热水器 HPW-A 电路图与维修

艾欧史密斯整体热泵热水器 HPW-A 电路图与维修如图 13-8 所示。

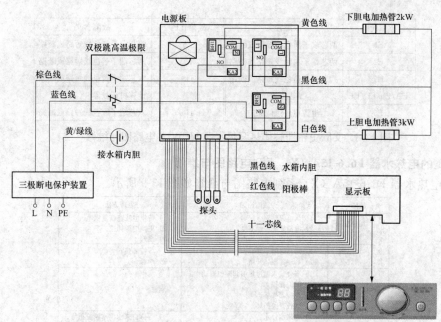

故障代码	故障含义	故障代码	故障含义
E0	蓝色温度探头开路或短路	E8	机器干烧
E1	红色温度探头开路或短路	EH	超高温
E2	黑色温度探头开路或短路	EL	低电压保护
EA	继电器粘连		

图 13-7 艾欧史密斯储水式电热水器 CEWH-K8 电路图与维修

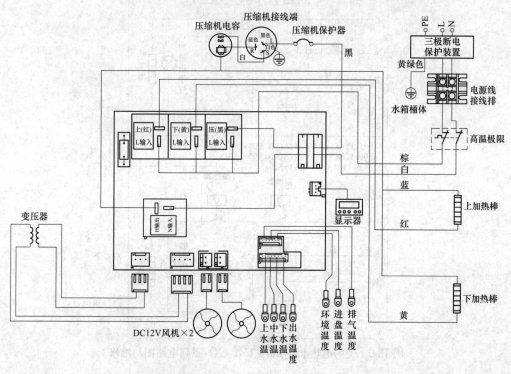

图 13-8 艾欧史密斯整体热泵热水器 HPW-A 电路图与维修（一）

131

故障代码	故障含义	故障代码	故障含义
E1	两芯端子黑色线短路或断路	E6	两芯端子红色线短路或断路
E2	两芯端子白色线短路或断路	E7	两芯端子蓝色线短路或断路
H7	六芯端子蓝色线短路或断路	H8	六芯端子黄色线短路或断路
EA/Eb/ED/EE	加热棒故障	E0	计算机板故障
E5	电源电压过低保护	H6`	六芯端子绿色线短路或断路

图 13-8 艾欧史密斯整体热泵热水器 HPW-A 电路图与维修（二）

27. 美的电热水器 F6.6-15A（X）系列电路图与维修

美的电热水器 F6.6-15A（X）系列电路图与维修如图 13-9 所示。

故障		故障原因	处理方法
出水为冷水	加热指示灯不亮	1）供电线路停电。 2）电源插座接触不良。 3）限温器或温控器损坏	1）待供电线路恢复供电。 2）更换电源插座。 3）维修
	加热指示灯亮	1）加热时间不够。 2）加热器损坏开路	1）等待加热。 2）维修
加热指示灯不亮		1）干烧或水温过热引起限温器动作。 2）限温器损坏。 3）温控器损坏。 4）线控开关损坏	维修
热水口不出水		1）自来水停水。 2）水压太低。 3）自来水进水阀未打开	1）等待自来水供水恢复正常。 2）待水压升高时再使用。 3）打开自来水进水阀
水温过热		温度控制系统故障	维修
漏水		各管口连接位置密封不好	把连接口处密封好

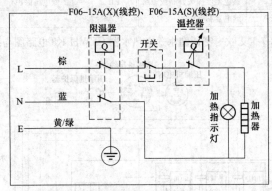

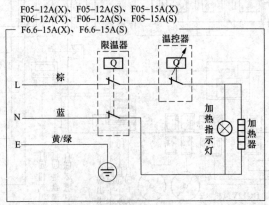

图 13-9 美的电热水器 F6.6-15A（X）系列电路图与维修

28. 海尔大海象电热水器电路图

海尔大海象电热水器电路图如图 13-10 所示。

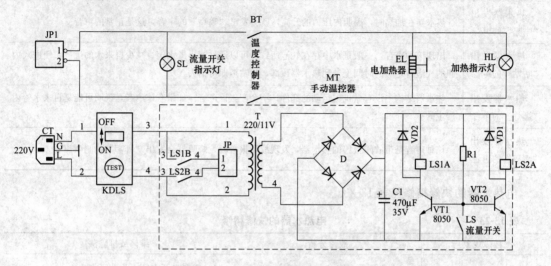

图 13-10   海尔大海象电热水器电路图

29. 海尔 DSK70 电热水器电路图

海尔 DSK70 电热水器电路图如图 13-11 所示。

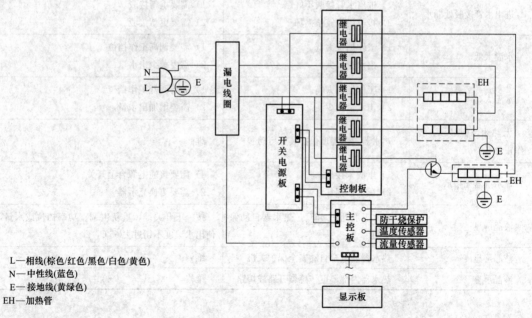

L—相线(棕色/红色/黑色/白色/黄色)
N—中性线(蓝色)
E—接地线(黄绿色)
EH—加热管

图 13-11   海尔 DSK70 电热水器电路图

13. 1. 4   电热水器有异声

电热水器有异声的维修见表 13-22。

表 13-22 电热水器有异声的维修

现象	维修
热水器发出"嗡嗡"的声音	热水器在加热时,因胆内压力的升高,就会发出"嗡嗡"的声音,这是正常的声音
热水器发出"咕咕"的声音	出现该种声音,一般是水中存在气泡所致。可以通过调小进水阀,减少自来水的流量,使进入内胆的气泡有足够的时间上升到热水器顶部,咕咕声即可消失
热水器发出"爆炸"的声音	热水器结构中没有做机械运动的部件,不会产生该声音。如果有该声音,说明可能是自来水管内产生的
热水器发出"嘟嘟"的声音	该种声音是带故障报警的热水器,发现故障报警时,蜂鸣器会发出"嘟嘟"的鸣叫声

电热水器的快修精修见表 13-23。

表 13-23 电热水器的快修精修

故障现象	故障分析	维修或排除法
按键失控	1)花洒无水流出。 2)自来水压力太低。 3)按键或电路板损坏	1)需要打开水阀,让花洒出水。 2)需要开大水阀,增加水压。 3)需要更换按键或电路板
出水越来越少	进水过滤网或花洒被水中脏物阻塞	需要洗过滤网和花洒
进出水管接驳处漏水	1)进出水管接驳不好。 2)接驳用橡胶垫损坏	1)需要重新接驳。 2)需要更新接驳
水温太低	1)工作挡位太低。 2)出水量太大	1)需要调高工作挡位。 2)需要减少出水量
水温太高	1)工作挡位太高。 2)出水量太少	1)需要调低工作挡位。 2)需要增加出水量
无热水,但显示、操作正常	热水器内部温度保护装置启动	维修
显示屏器无指示	1)电源未接通。 2)显示器损坏	1)需要接通电源合上开关。 2)需要更换显示器
液晶屏显	出水温度超过 65℃,热水器自动保护关机	按一下开关键。重新生调整功率挡位或水量,使出水温度不超过去 65℃
液晶屏显	热水器漏电全自动安全保护关机	维修
液晶屏显	热水器内部温度传感器开路或短路	维修

13.2 家庭中央热炉

13.2.1 家庭中央热炉常见结构

家庭中央热炉常见结构如图 13-12 所示。

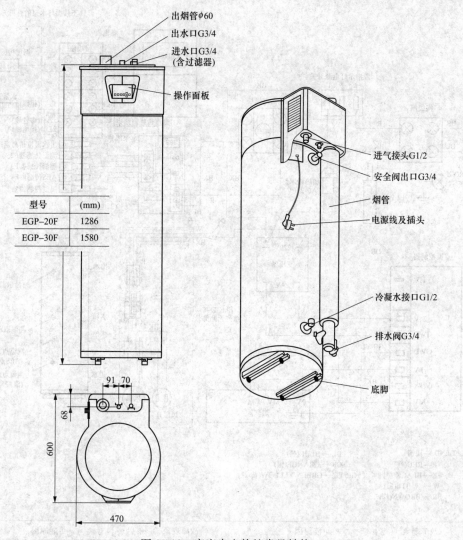

型号	(mm)
EGP-20F	1286
EGP-30F	1580

图 13-12　家庭中央热炉常见结构

13.2.2　家庭中央热炉必查必备

1. 艾欧史密斯冷凝式燃气容积热水器 EGP-20F、EGP-30F 故障代码

故障代码见表 13-24。

表 13-24　　艾欧史密斯冷凝式燃气容积热水器 EGP-20F、EGP-30F 故障代码

代码	故障名称	原因
E1	点火失败	点火时间内点不着火
E2	意外熄火	点着火后熄火
E3	水温度过高	水温超过保护温度
E5	风机电流异常	风压过大排气管堵塞电机堵转
E6	通信故障	显示器与控制器信号通信异常
F0	烟气冷凝水溢出故障	烟气中冷凝水排放不畅

2. 艾欧史密斯 EMGO-D 电路图与维修

艾欧史密斯 EMGO-D 电路图与维修如图 13-13 所示。

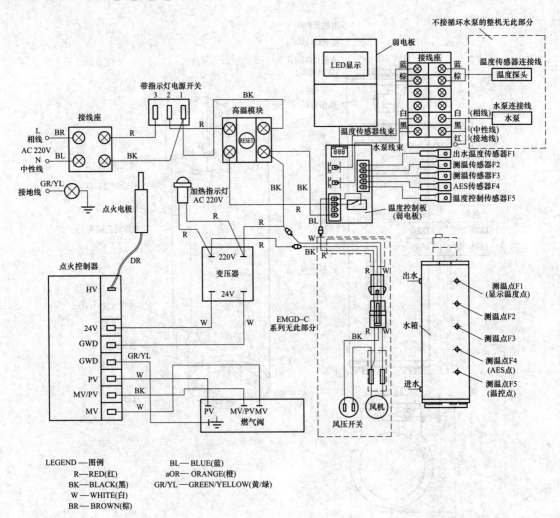

LEGEND —图例
R—RED(红)
BK—BLACK(黑)
W —WHITE(白)
BR —BROWN(棕)

BL —BLUE(蓝)
aOR— ORANGE(橙)
GR/YL —GREEN/YELLOW(黄/绿)

故障现象	可能原因	故障现象	可能原因
指示灯不亮	插座无电	热水不足或无热水	高温极限开关断开
	电源未接上		控制器系统故障
离焰、回火或爆燃	风门位置不当	安全阀泄水	进水阀关闭
	供应燃气气质变化较大		水温过高引起过度膨胀
			安全阀故障
有电源,但火点不着	燃气无压力	分别显示 F1、F2、F3、F4、F5	对应传感器开路或短路
	燃气管内有空气	显示 E3	出水温度超温故障
	点火针位置不当	显示 E6	通信故障
漏水	进出水管、阀门等连接处密封不良	显示 F6	循环回路温度探头短路
	供水管道或阀门等漏水	热水有异味	水质较差,存水时间较长

图 13-13 艾欧史密斯 EMGO-D 电路图与维修

第 14 章

燃 气 热 水 器

14.1 燃气热水器的工作原理

燃气热水器的工作原理见表 14-1。

表 14-1　　　　　　　　　　　　　　　　燃气热水器的工作原理

项目	工 作 原 理
热水器的工作原理	1）使用热水器时，打开热水阀，风机先高速运转 2s 前清扫，随后出现啪的点火声，以及将持续数秒后，电磁阀滞后 0.5s 左右开启，燃气被点燃，热水随即流出。这样出水温度很快上升，几秒后温度稳定。如果第一次没有点着火，点火器停止 1~2s 进行再点火，此时风机提高转速 200 转。如果水量调节旋钮已开到最大，但水量不大且不稳时，表明水压偏低，此时开启热水器点火需要 3~6s，属于正常现象。 2）使用后要关闭热水器，则只需要把热水阀关掉，燃烧器便会自动熄火，热水器停止工作。强制排气装置继续运转 60s 左右，将剩余废气排尽后自动停止。这时关闭燃气总开关，以及拔下电源插头即可
温度调节原理	热水温度的高低是由火力大小、进水量大小共同决定的。如果火力不变，进水量越小，温度越高。如果进水量不变，火力越大，温度越高。许多燃气热水器可以根据需要调节火力、水量的大小。水量调节旋钮一般逆时针旋转时，进水量由小变大。火力调节旋钮一般顺时针旋转时，火力由小变大
水气联动阀工作原理	水从水气联动阀进水口流入，当水压达到一定值时（小于水压 0.02MPa，大于水压 0.035MPa）联动阀开启，以及触动微动开关，通过电脑板打开电磁阀，燃气从进气口经过电磁阀，流入联动阀体内，然后进入分配器中，最后进入燃烧器燃烧。关闭水阀或者水流量小于一定值时，联动阀关闭，以及触动微动开关，电脑板会关闭电磁阀
分配器工作原理	有的分配器具有两段燃烧器分别工作，冬天采用全段燃烧，夏天采用单段燃烧，这样可以适合不同用户冬天、夏天使用
风机工作原理	风机一般采用交流电动机，其可以将热水器产生的 CO、NO 等多种有毒气体有效地排向室外，并且有效地抵制外界风对热水器的影响。当外界风力继续增大，排风机无法排出烟气时，风机产生负压减小，风压开关将关闭热水器，防止烟气无法排到室外，对人体造成危害
燃烧器工作原理	燃气进入燃烧器后，在火排口遇明火燃烧。正常情况下，火焰应在火排上方燃烧，但在下列情况下将产生不正常燃烧： 1）当进气压力不足时，火焰燃烧速度大于进气速度，火焰将在燃烧器内燃烧，产生回火现象。 2）当进气压力太高时，火排口喷出的燃气速度大于火焰燃烧速度，火焰将离开火排口一段距离燃烧，产生离焰现象

项目	工 作 原 理
热交换器工作原理	冷水流过热交换器时，与燃烧产生的高温烟气进行热交换，冷水升温，然后流出热水
控制器（计算机板）工作原理	控制器是热水器的指挥中心，水流通过水气联动阀，触动水气联动阀上的微动开关后，传递到控制器，控制器对各零部件进行检测，以及控制风机前清扫，达到点火风速立即进行脉冲点火，同时检测高速风压开关闭合后电磁阀滞开启，燃烧器被点着火，高温烟气在热交换器内与冷水进行热交换，热水从出水管流出。热水器正常工作时，控制器监控各功能点的运行状态，当出现故障时，热水器保护性关机

14.2　燃气热水器的常见结构

燃气热水器的常见结构如图 14-1 所示。

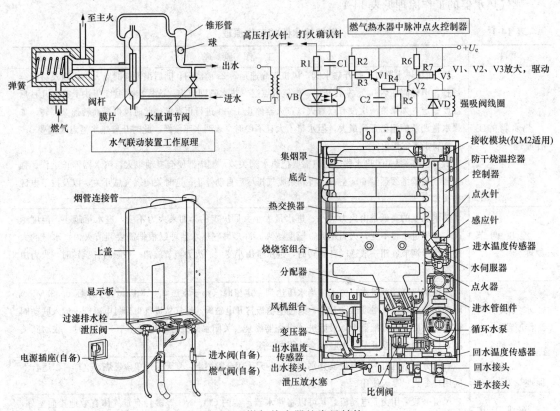

图 14-1　燃气热水器的常见结构

14.3　燃气热水器维修必查必备

1. 艾欧史密斯 JSQ-LS/LSX 故障代码

故障代码见表 14-2。

表 14-2 | | 艾欧史密斯 JSQ-LS/LSX 故障代码

代码	故障类别	状态/原因
E0	出水温度传感器故障	出水温度传感器开路、短路
E1	点火失败故障	点火时间内点不着火
E2	意外熄火故障	点着火后熄灭
E3	过热干烧故障	出水温度超出允许使用极限
E4	一氧化碳超标	一氧化碳超标报警
E5	风机电流异常	风压过大
		排气管道堵塞
		电动机堵转

2. 艾欧史密斯 JSQ-G2A 系列故障代码

艾欧史密斯 JSQ-G2A、JSQ-G2AX、JSQ-GA、JSQ-GAX、JSQ-ES、JSQ-ESX、JSQ-CB/CBX、JSQ-C2-WX/WXX、JSQ-H/HX 故障代码见表 14-3。

表 14-3 | | 艾欧史密斯 JSQ-G2A 系列故障代码

代码	故障类别	状态/原因
E0	出水温度传感器故障	出水温度传感器开路、短路
E1	点火失败故障	点火时间内点不着火
E2	意外熄火故障	点着火后熄灭
E3	过热干烧故障	出水温度超出允许使用极限
E4	一氧化碳超标	一氧化碳超标报警
E5	风机电流异常	风压过大
		排气管道堵塞
		电动机堵转

3. 艾欧史密斯 JSG52-G 故障代码

艾欧史密斯 JSG52-G 故障代码见表 14-4。

表 14-4 | | 艾欧史密斯 JSG52-G 故障代码

代码	故障类别	状态/原因
E0	出水温度传感器故障	出水温度传感器开路、短路
E1	点火失败故障	点火时间内点不着火
E2	意外熄火故障	点着火后熄灭
E3	过热干烧故障	出水温度超出允许使作用极限
E4	一氧化碳	一氧化碳超标报警
E5	高抗风压保护	风压过大
		排气管道堵塞
		电动机堵转
E6	通信故障	遥控器与控制器信号通信异常

4. 艾欧史密斯 JSG-A 故障代码

艾欧史密斯 JSG-A 故障代码见表 14-5。

表 14-5 艾欧史密斯 JSG-A 故障代码

代码	故障类别	状态/原因
E0	出水温度传感器故障	出水温度传感器开路、短路
E1	点火失败故障	点火时间内点不着火
E2	意外熄火故障	点着火后熄灭
E3	过热干烧故障	出水温度超出允许使用极限
E4	一氧化碳超标	一氧化碳超标报警
E5	高抗风压保护	风压过大
		排气管道堵塞
		电动机堵转
E6	通信故障	线控器与控制器信号通信异常
E9	风机转速异常	风机转速过高或过低
E8	进水温度传感器故障	进水温度传感器开路、短路
E6	开机残火故障	开机前或关机后检测有火
E0	比例阀电流异常	比例阀电流异常
F0	过热保护器故障	高温温控器断开
F1	机型不匹配	机型设置不正确

5. 美的强排燃气热水器 JSQ20-10HP2 系列故障代码与电路图

美的强排燃气热水器 JSQ20-10HP2 系列故障代码与电路图如图 14-2 所示。

故障代码	故障含义	故障代码	故障含义	故障代码	故障含义
E0	温度探头故障	E1	点火失败或意外熄火	E2	伪火故障
E3	温控器故障	E4	出水温度超温	E5	风压故障
E6	开关阀故障	E7	违规操作	E8	定时提醒
E9	复位开关故障				

注 部分机型无故障代码显示功能。

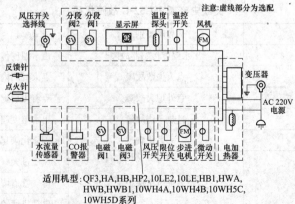

图 14-2 美的强排燃气热水器 JSQ20-10HP2 系列故障代码与电路图（一）

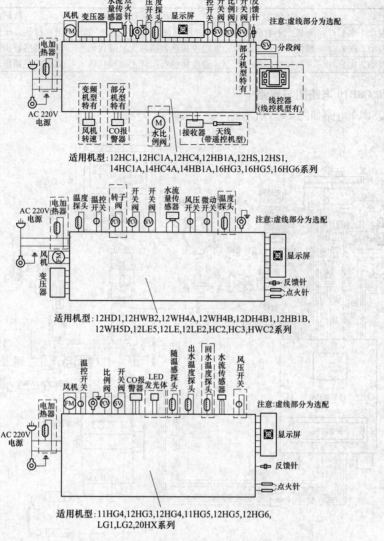

适用机型：12HC1,12HC1A,12HC4,12HB1A,12HS1,12HS1,
14HC1A,14HC4A,14HB1A,16HG3,16HG5,16HG6系列

适用机型：12HD1,12HWB2,12WH4A,12WH4B,12DH4B1,12HB1B,
12WH5D,12LE5,12LE,12LE2,HC2,HC3,HWC2系列

适用机型：11HG4,12HG3,12HG4,11HG5,12HG5,12HG6,
LG1,LG2,20HX系列

图 14-2　美的强排燃气热水器 JSQ20-10HP2 系列故障代码与电路图（二）

6. 海尔强制排气式燃气热水器 U 系列分配器型号速查

海尔强制排气式燃气热水器 U 系列分配器型号速查见表 14-6。

表 14-6　　　　海尔强制排气式燃气热水器 U 系列分配器型号速查　　　　(mm)

型号	分配器喷嘴孔径	调气阀杆最小孔径	备注
JSQ20-U1/U1(R)(Y)	ϕ0.86	ϕ1.6	4 排火
JSQ20-U1/U1(R)(T)	ϕ1.35	ϕ2	4 排火
JSQ16-U/U1/U(R)/ U1(R) (Y)	ϕ0.78	ϕ1.6	4 排火
JSQ16-U/U1/U(R)/ U1(R) (T)	ϕ1.27	ϕ2	3 排火

7. 海尔强制排气式燃气热水器 U 系列的故障代码

海尔强制排气式燃气热水器 U 系列包括 JSQ20-U1/U1/（R）（Y/12T）、JSQ16-U/U/（R）
（Y/12T）、JSQ16-U1/U1/（R）（Y/12T）等故障代码见表 14-7。

表 14-7   海尔强制排气式燃气热水器 U 系列的故障代码

故障代码	故障含义	故障代码	故障内容含义
E1（间断闪动 1 次）	开机点不着火故障	E4（间断闪动 4 次）	出水过热、干烧保护
E2（间断闪动 2 次）	燃烧中途熄火故障	温度传感器损坏无故障代码	温度传感器损坏后机器可正常工作
E3（间断闪动 3 次）	风机故障	温度传感器损坏无故障代码	温度传感器损坏后机器可正常工作

8. 万和 Q8B10 电路图与维修

万和 Q8B10 电路如图 14-3 所示。

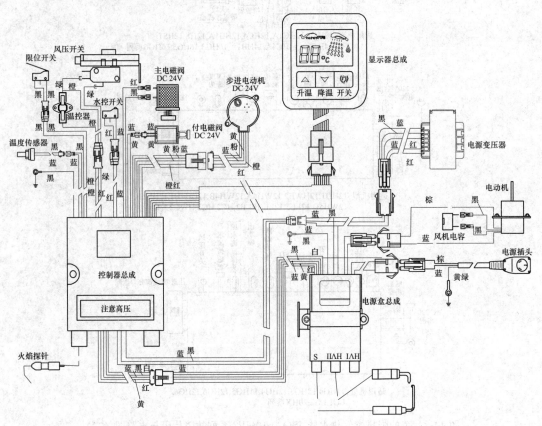

图 14-3   万和 Q8B10 电路图

万和 Q8B10 热水器故障见表 14-8。

表 14-8   万和 Q8B10 热水器故障

故障现象	故 障 分 析	处 理 方 法
通电后，按显示开关键，打开水阀，风机启动工作，8s 后显示屏显示 E1 故障代码	1）脉冲点火器无高压打火。 2）电磁阀不吸动。 3）步进电动机不工作。 4）气阀芯齿轮错位。 5）无火焰反馈信号。 6）控制器总成故障。 7）无燃气供给	1）需要调整或更换电源盒总成。 2）需要调整或更换电磁阀。 3）需要调整或更换步进电动机。 4）需要调整气阀芯齿轮位置。 5）需要调整或更换反馈针。 6）需要更换控制器总成。 7）需要供给燃气

续表

故障现象	故障分析	处理方法
当开机 3s 后，显示屏显示 E3 故障代码	1）风机故障。 2）烟道排风不畅或过长。 3）温控器（80℃）断路。 4）控制器总成有故障	1）需要调整或更换风机。 2）需要调整烟道管。 3）需要更换温控器。 4）需要更换控制器总成
使用过程中，显示屏显示 E5 故障代码	1）出水温度大于 85℃。 2）温度探头故障。 3）显示屏或控制器故障	1）需要调整出水温度。 2）需要更换温度探头。 3）需要调整或更换
开机后，显示屏显示 E6 故障代码，无热水	1）温度探头短路或开路。 2）控制器故障	1）需要更换温度探头。 2）需要调整或更换
出水温度无法上升	1）冬夏阀不吸动。 2）出水温度探头失灵。 3）步进电动机失控。 4）气压偏低。 5）控制器总成故障	1）需要调整或更换冬夏阀。 2）需要更换出水探头。 3）需要调整齿轮或更换电动机。 4）需要调整气压。 5）需要更换控制器总成
出水温度偏差太大，不恒温	1）气压不正常。 2）出水量不稳定。 3）冬夏阀不工作。 4）控制器失灵	1）需要调整气压。 2）需要修理稳压装置或调整。 3）需要调整或更换。 4）需要调整或更换

9. 万和 V9 接线图

万和 V9 接线图如图 14-4 所示。

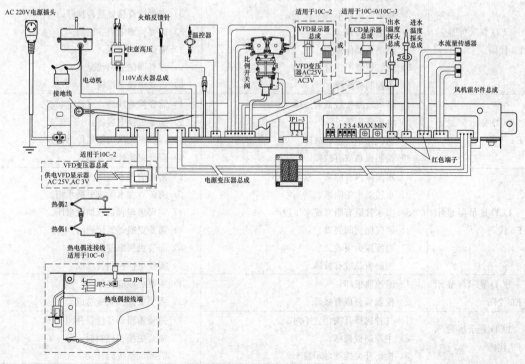

图 14-4 万和 V9 接线图

10. 万和 Q10C 热水器常见故障及维修方法

万和 Q10C 热水器常见故障及维修方法见表 14-9。

表 14-9   万和 Q10C 热水器常见故障及维修方法

故 障 现 象	故 障 原 因	故 障 维 修
无任何反应，所有按键无作用	1）电源漏电保护插头无电源或损坏。 2）电源变压器接触不良或烧坏。 3）熔断器因电流过载烧断。 4）LCD 显示屏的线插接触不良。 5）主控制板总成有故障	1）需要检查插座或更换电源插头。 2）需要重新插好或更换电源变压器。 3）需要检查确认电路无短路，换熔断器。 4）需要检查线插，再试机。 5）需要检查电压，更换主控制板
LCD 显示屏有显示，但热水器不工作，风机不转	1）水流量不够或进、出水管有堵塞。 2）水流量传感器磁轮不转。 3）传感器（霍尔元件）损坏。 4）主控制板有故障	1）需要检查水压，或清理管道。 2）需要检查或拨动磁轮转动。 3）需要更换水流量传感器。 4）需要检测电压确认更换主控制板
LCD 显示屏显示 E0 代码	1）点火器及线插有故障。 2）温度探头插线接触不良。 3）主控制板有故障	1）需要更换进水温度探头。 2）需要重新插好线插。 3）需要更换主控制板
LCD 显示屏显示 E1 代码	1）点火器及线插有故障。 2）燃气阀总成损坏。 3）反馈针折断或线松脱。 4）无燃气供给。 5）主控制板有故障	1）需要调整线插或更换点火器。 2）需要调整或更换燃气阀。 3）需要调整或更换反馈针。 4）需要检查，重新送气。 5）需要调整接地线或更换主控板
LCD 显示屏显示 E2 代码	1）热电偶的线插端子接触不良。 2）热电偶接地不良。 3）热电偶失效。 4）热电偶动作保护。 5）燃气燃烧不正常。 6）主控制板故障	1）需要调整线插端子。 2）需要检查接地是否良好。 3）需要检测电阻或更换。 4）需要调整位置。 5）需要调试火焰状况。 6）需要更换主控板
LCD 显示屏显示 E4 代码	1）风机线路松脱或有故障。 2）电容器失效。 3）风机霍尔传感器故障。 4）控制板总成有故障	1）需要检查线路，更换电动机。 2）需要更换电容器。 3）需要更换风机霍尔传感器。 4）需要更换控制板总成
LCD 显示屏显示 E5 代码	1）水阀体内有阻塞，水流过小。 2）水箱结水垢阻塞。 3）出水管道有阻塞或水压过小。 4）燃气比例阀失效。 5）温度探头失效。 6）控制板总成有故障	1）需要清理水阀体内的杂物。 2）需要清理水垢或更换水箱。 3）需要清理管道或加大水压。 4）需要更换燃气比例阀。 5）需要更换温度探头。 6）需要更换控制板总成
LCD 显示屏显示 E6 代码	1）温控器损坏。 2）控制板总成有故障	1）需要更换温控器。 2）需要更换控制板总成
LCD 显示屏显示 E7 代码	1）气种选择开关位置不对。 2）主控制板损坏。 3）拨码开关接通触不良	1）需要重新调整位置并测气压。 2）需要更换主控制板。 3）需要调整拨码开关

第15章

燃气灶与集成灶

15.1 燃 气 灶

15.1.1 燃气灶的常见结构

燃气灶的常见结构如图 15-1 所示。

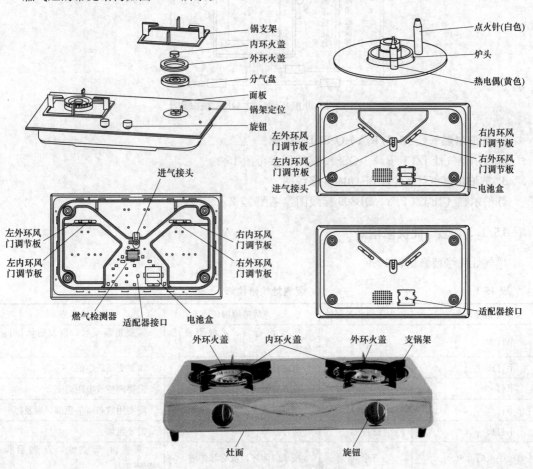

图 15-1 燃气灶的常见结构

15.1.2 燃气灶维修必查必备

1. 苏泊尔燃气灶 QB809 接线图

苏泊尔燃气灶 QB809 接线图如图 15-2 所示。

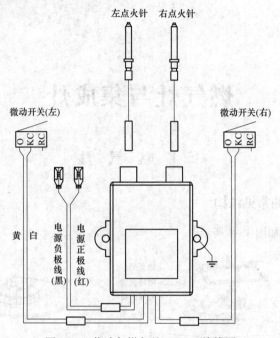

图 15-2　苏泊尔燃气灶 QB809 接线图

2. 苏泊尔燃气灶 JZ(T/R/Y)-QS810 接线图

苏泊尔燃气灶 JZ(T/R/Y)-QS810 接线图参考图 15-1。

3. 苏泊尔燃气灶 JZ(T/Y)-QB809 接线图

苏泊尔燃气灶 JZ(T/Y)-QB809 接线图参考图 15-2。

15.1.3 燃气灶快修精修

燃气灶快修精修见表 15-1。

表 15-1　　　　　　　　　　　　　　　　燃气灶快修精修

故障现象	故障部位或者部件	故障原因	故障维修
不打火	电池	电池没有装、接触不良或装反	需要重新安装，以及确认极性正确
不打火	电池	电池没电	需要更换新电池
不打火	点火瓷针	点火瓷针离火孔远	需要调整放电距离至 3～5mm
不打火	点火瓷针	顶部脏或潮湿	需要用软布清洁顶部，以及擦干
不打火	脉冲器	部件故障	需要维修
松手火焰就灭	安全阀	按压时间短，没有起作用	需要重新点火，点燃后保持 3～5s
松手火焰就灭	热电偶	顶部脏	需要用软布清洁顶部

续表

故障现象	故障部位或者部件	故障原因	故障维修
松手火焰就灭	阀体	阀体没有按压到底	需要握着旋钮按压阀体到底后点火
脉冲打火但点不着火或点火困难	燃气阀门	阀门没有打开或未全部打开	需要确认阀门全部打开
脉冲打火但点不着火或点火困难	火盖	火盖没有安装到位	需要确认火盖正确安装到位
脉冲打火但点不着火或点火困难	火盖	出火孔被堵塞	需要疏通并清理火孔内污物
脉冲打火但点不着火或点火困难	点火瓷针	顶部脏或潮湿	需要用软布清洁顶部
脉冲打火但点不着火或点火困难	点火瓷针	受潮或溢上水	需要用干燥的软布擦干
脉冲打火但点不着火或点火困难	连接管	压扁或折弯	需要更换新的燃气专用连接管
脉冲打火但点不着火或点火困难	电池	电量不足，放电频率慢	需要更换新电池
脉冲打火但点不着火或点火困难	燃气	燃气出气压力不稳定，过高或过低	需要使用符合国家标准规定的燃气灶专用减压阀或查看供气气源是否有燃气
燃烧噪声大	火盖	火盖没有安装到位	需要确认火盖正确安装到位
离焰、脱火	调风板	进风量过大	需要重新调节调风板，直到火焰正确燃烧
使用中熄火	热电偶	顶部脏	需要用软布清洁顶部
火焰不稳定	气源	燃气压力不稳定	需要联系燃气公司处理
火焰不稳定	火盖	火盖没有安装到位	需要确认火盖正确安装到位
火焰长且为黄焰	调风板	进风量过小	需要重新调节调风板，直到火焰正确燃烧
火焰长且为黄焰	火盖	火盖没有安装到位	需要确认火盖正确安装到位
火焰长且为黄焰	气源	燃气成分含杂质	需要联系燃气公司处理
有臭味	燃气泄漏	连接管老化、龟裂、断裂或脱落	需要更换新的燃气专用连接管
有臭味	燃气泄漏	火盖没有安装到位，点火时漏气	需要确认火盖正确安装到位
火焰长短不定	火盖	火盖没有安装到位	需要确认火盖正确安装到位
火焰长短不定	火盖	火孔堵塞	需要疏通并清理火孔内污物
火焰发红	燃气	燃气湿度大	需要水分含钙，造成火焰发红，但不影响燃烧
点火电极不打火	电源	电池没有安装或电池的正、负极安装错误	需要正确安装电池并使其接触良好
点火电极不打火	燃烧器	没有安装到位	需要重新正确安装
点火电极不打火	点火电极	点火电极与对地点位置不当	需要使放电距离为3~4mm
点火电极不打火	点火电极	因食物溢出或黄梅季节受潮	需要用干软布擦干点火电极
放手火焰就熄灭	安全阀	旋钮按压保持时间过短，安全电磁阀还未来得及起作用	需要重新点火，火焰被点燃后请继续按压3~5s后放手

故障现象	故障部位或者部件	故障原因	故障维修
有脉冲点火火花但点不着火或点火困难	燃气阀门	没有打开或未全部打开	需要确认燃气阀门已全开
有脉冲点火火花但点不着火或点火困难	燃气管路	燃气管路内有空气	需要反复点火操作,直到点燃
有脉冲点火火花但点不着火或点火困难	燃烧器	火盖等部件安装不正确	需要重新正确安装
有脉冲点火火花但点不着火或点火困难	燃烧器	火盖上有火孔堵塞,燃气无法正常流出	需要清理火孔内污垢
有脉冲点火火花但点不着火或点火困难	点火电极	已受潮或被溢出的食物弄脏	需要擦干点火电极,清除污物
有脉冲点火火花但点不着火或点火困难	燃气连接管	燃气软管压扁或堵塞	需要调整或更新燃气连接管
有脉冲点火火花但点不着火或点火困难	燃气源	新瓶使用时,钢瓶内上部有不易点燃的浮气(液化石油气)	需要反复点火操作,直到点燃
点火或燃烧时噪声特别大	火盖	没有安装到位	需要重新正确安装
使用中熄火	热电偶	熄火保护感应区域被污染	需要清洗热电偶
使用中熄火	热电偶	装配位置偏离内圈火范围	需要适当调整热电偶位置
火焰短且无	燃气源	钢瓶内已无燃气或减压阀已部分堵塞或管道煤气的供气压力偏低	需要换气瓶或更换减压阀或与煤气供应商联系
火焰长且黄焰	火盖	部分火孔堵塞	需要清理火孔内污垢
火焰长且黄焰	燃气源	钢瓶底部燃气的热值过高	需要更换气瓶
燃烧不稳定	火盖	没有安装到位	需要重新正确安装
有异味	泄漏	燃气胶管老化、龟裂、断裂或脱落	需要重新更换燃气连接管
有异味	泄漏	外圈火盖未被点燃	需要待气味消散后重新点火

15.2 集 成 灶

15.2.1 集成灶常见结构

集成灶常见结构如图 15-3 所示。

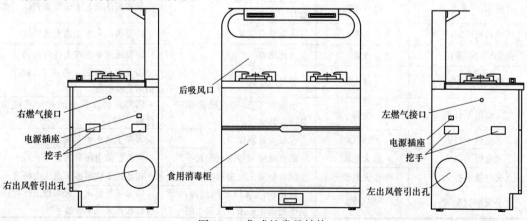

图 15-3 集成灶常见结构

15.2.2　集成灶必查必备

1. 普田 109A/309A/509A/509B/509AE 电路图

普田 109A/309A/509A/509B/509AE 电路图如图 15-4 所示。

2. 普田 JCZC-610、610C、610E、610CE 电路图

普田 JCZC-610、610C、610E、610CE 电路图如图 15-5 所示。

15.2.3　集成灶快修精修

集成灶快修精修见表 15-2。

表 15-2　　　　　　　　　　　　集成灶快修精修

故障现象	故障点	故障原因	处理方法
点火电极不打火	电源	电源插头没有插或插座未通电	插入插头或检查插座是否通电
	电池	电池没电、受潮、老化	更换电池
	燃烧器	没有安装到位	重新正确安装
	点火电极	点火电极与对地点位置不当	使放电距离为 3～4mm
		因食物溢出或黄梅季节受潮	用于软布擦干点火电极
放手火焰就熄灭	安全阀	旋钮按压保持时间过长,安全电磁阀还未来得及起作用	重新点火,火焰被点燃后请继续按压 3～5s 后放手
有脉冲点火火花但点不着火或点火困难	燃气阀门	没有打开或未全部打开	确认燃气阀门已全开
	燃气管路	燃气管路内有空气	反复点火操作,直到点燃
	燃烧器	火盖等部件安装不正确	重新正确安装
		火盖上有火孔堵塞	清理火孔内污垢
	点火电极	已受潮或被溢出的食物弄脏	擦干点火电极,清除污物
	燃气连接管	燃气软管压扁或堵塞	调整或更换燃气连接管
	燃气源	新瓶使用时,钢瓶内上部有不易点燃的浮气(液化石油气)	反复点火操作直到点燃
点火或燃烧时噪声特别大	火盖	没有安装到位	重新正确安装
使用中熄火	热电偶	熄火保护感应区域被污染	清洗热电偶
		装配位置偏离内圈火范围	适当调整热电偶位置
火焰短且无力	燃气源	钢瓶内已无燃气或减压阀已部分堵塞或管道煤气的供气压力偏低	换气瓶或更换减压阀与煤气供应商联系
火焰长且黄焰	火盖	部分火孔堵塞	清理火孔内污垢
	燃气源	钢瓶底部燃气的热值过高	更换气瓶
燃烧不稳定	火盖	没有安装到位	重新正确安装
有异味	泄漏	燃气胶管老化、龟裂、断裂或脱落	重新更换燃气连接管
		外圈火盖未被点燃	待气味消散后重新点火
在插电源插头时未听到滴声响,指示灯不亮	电源	电源插头没有插或插座未通电	插入插头或检查插座是否通电
连续发出短促滴声警告,10s 左右停机	锅具	锅具不合适,锅具没有放到位	使用合适的锅具,放置于面板正中央
使用时突然停止加热	温度限制	使用环境或机器本身温度过高	降低使用环境温度,检查电磁炉出风口
保温中温度无法控制	锅具	锅底不平整	确保锅底平整

故障现象	故障点	故障原因	处理方法
不能启动消毒柜功能	门控开关	门控开关故障	维修或更换门控开关
风机不转动	风机电机	过热保护装置失效	维修或更换电动机
风机振动且噪声大	整机	未放置稳定或不水平	重新调整整机位置
		内部零部件装配不到位	检查与调整内部零部件
	风机叶轮	叶轮受损变形	维修或更换叶轮

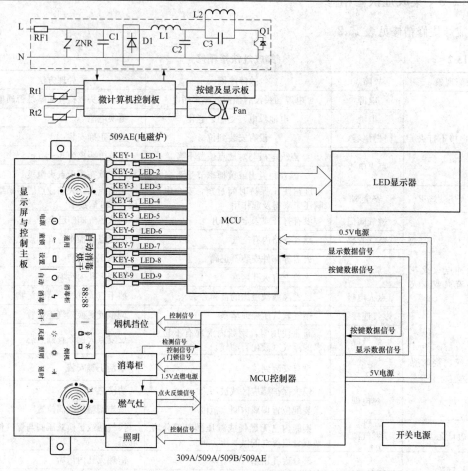

图 15-4 普田 109A/309A/509A/509B/509AE 电路图

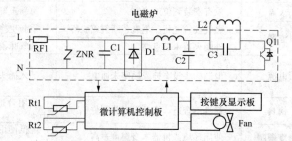

图 15-5 普田 JCZC-610、610C、610E、610CE 电路图

第16章

太阳能热水器与空气能热水器

16.1 太阳能热水器

16.1.1 太阳能热水器的特点及选配

太阳能热水器的类型见表 16-1。

表 16-1 太阳能热水器的类型

类型	说 明
光电互补型	在当连日阴雨或日照不足时,可启动水箱中的电加热系统做辅助加热,使之全天候供应热水,也可根据需要来获得更高的水温
坡屋面式	一般水箱平贴于斜屋面,重心低,安全可靠,齐整美观,适合安装在坡屋面
普及型	一般具有立式支架,适于安装在平顶屋面
全自动运行型	利用副水箱及机械式自动控水阀或采用承压式顶水法取热水,克服了单管上下水不能 24h 随时供热水及操作烦琐等缺陷
双胆光电互补型	水箱设计一般为一大一小两只单独内胆串联结构,其中连接出水口的小内胆置有电加热器,与普通光电互补型相比
屋脊式	一般重心低,安装方便且稳固,抗风性能好,适于安装在人字形屋顶
相变热管式	采用超导热管集热技术,热效更高,传热加热迅速。由于集热管内不走水、不结垢、抗严寒,即使玻璃管发生破裂也不会漏水或影响正常使用,更适合承压运行,属于真正的免维护型太阳能热水器
阳台壁挂式	阳台壁挂式系分体式,集热器贴装于墙壁或阳台围栏前沿,水箱可任置于阳台地面或室内一角,适于高层建筑中低层住户安装

16.1.2 太阳能热水器的工作原理与常见结构

太阳能热水器是一个光热转换器。其应用的真空管是太阳能热水器的核心。真空管的结构如同一个拉长的暖瓶胆,内外层间为真空。在内玻璃管的表面上利用特种工艺涂有光谱选择性吸收涂层,用来最大限度地吸收太阳辐射能。经阳光照射,光子撞击真空管涂层,太阳能转化成热能,水从涂层外吸热,水温升高。密度减小,热水向上运动,密度大的冷水下降运动。

太阳能热水器热水始终位于上部,即水箱中。太阳能热水器中热水的升温情况与外界温度关系不大,主要取决于光照。

当打开厨房或洗浴间的水龙头时,热水器内的热水便依靠自然落差流出,落差越大,水压越高。

太阳能热水器的常见结构如图 16-1 所示。

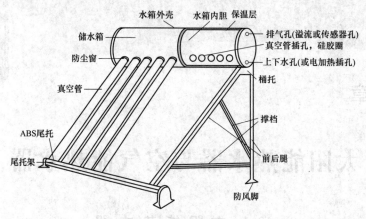

图 16-1 太阳能热水器的结构

16.1.3 太阳能热水器必查必备

1. 艾欧史密斯 P-J-F-2（SFVP）电路图与维修

艾欧史密斯 P-J-F-2（SFVP）电路图与维修如图 16-2 所示。

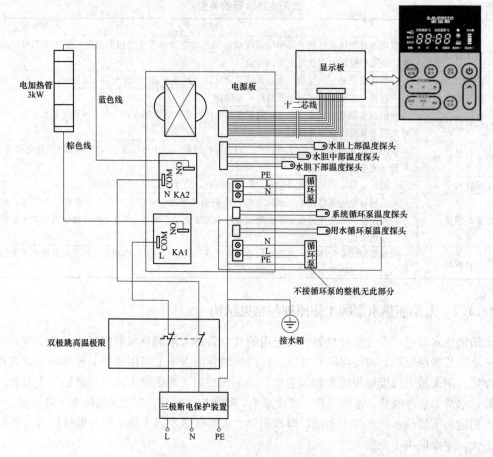

图 16-2 艾欧史密斯 P-J-F-2（SFVP）电路图与维修（一）

故障现象	可能原因	故障现象	可能原因
晴天水温不高	集热器表面积灰过多或上方有遮挡物传热工质不足循环管路保温不好	显示"EL"	低电压保护
		显示"E1"	水箱上部温度探头开路或短路
		显示"E2"	水箱中部温度探头开路或短路
		显示"E3"	水箱下部温度探头开路或短路
		显示"E6"	集热器温度探头开路或短路
无显示无热水	热水器没有通电墙上的电源插座没有电控制电路或内部接线故障	插头"复位"按钮跳起，橙色指示灯亮，无法恢复	热水器自身及外部接地系统异常
无显示水温很高	高温极限开关已断开电源板故障	水从管道接口处漏出	接口不密封
有显示，无热水	加热棒故障或内部线路故障	水从外壳漏出	水箱或配件漏水

图 16-2 艾欧史密斯 P-J-F-2(SFVP)电路图与维修（二）

2. 艾欧史密斯 P-J-F-2(SWHN-FA)、P-J-F-2(SWVN-FA)电路图与故障代码

艾欧史密斯 P-J-F-2(SWHN-FA)、P-J-F-2(SWVN-FA)电路图与故障代码如图 16-3 所示。

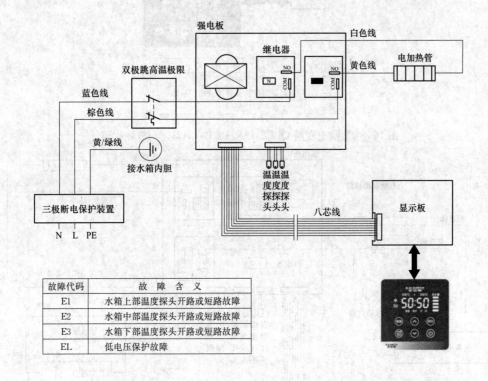

故障代码	故 障 含 义
E1	水箱上部温度探头开路或短路故障
E2	水箱中部温度探头开路或短路故障
E3	水箱下部温度探头开路或短路故障
EL	低电压保护故障

图 16-3 艾欧史密斯 P-J-F-2（SWHN-FA）、P-J-F-2（SWVN-FA）电路图与故障代码

3. 艾欧史密斯 QBF2（SRHN-B）电路图与故障代码

艾欧史密斯 QBF2（SRHN-B）电路图与故障代码如图 16-4 所示。

4. 艾欧史密斯 QBF2（SFVN-B）电路图与故障代码

艾欧史密斯 QBF2（SFVN-B）电路图与故障代码如图 16-5 所示。

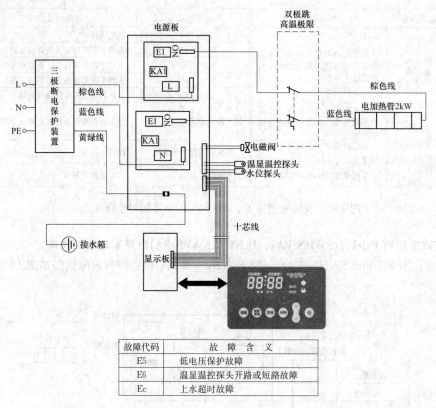

故障代码	故 障 含 义
E5	低电压保护故障
E6	温显温控探头开路或短路故障
Ec	上水超时故障

图 16-4　艾欧史密斯 QBF2（SRHN-B）电路图与故障代码

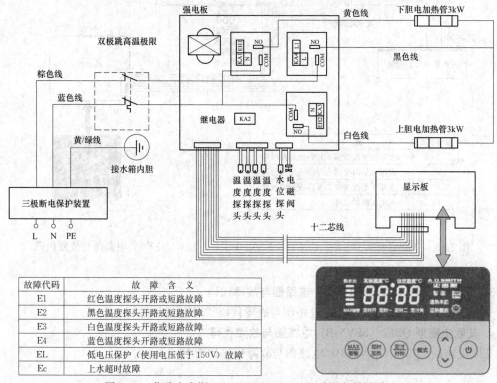

故障代码	故 障 含 义
E1	红色温度探头开路或短路故障
E2	黑色温度探头开路或短路故障
E3	白色温度探头开路或短路故障
E4	蓝色温度探头开路或短路故障
EL	低电压保护（使用电压低于 150V）故障
Ec	上水超时故障

图 16-5　艾欧史密斯 QBF2（SFVN-B）电路图与故障代码

5. 艾欧史密斯 QBF2（SWHN-B）电路图与故障代码

艾欧史密斯 QBF2（SWHN-B）电路图与故障代码如图 16-6 所示。

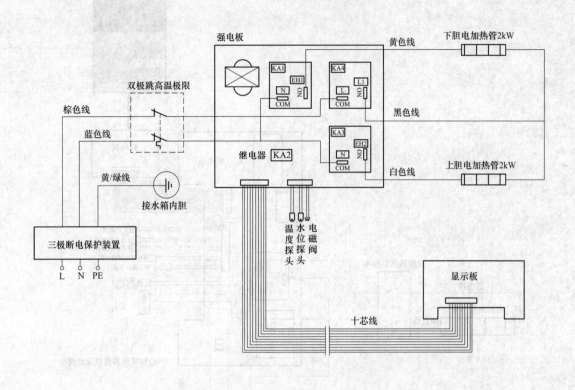

故障代码	故 障 含 义
E5	低电压保护故障
E6	温显温控探头开路或短路故障
Ec	上水超时故障

图 16-6　艾欧史密斯 QBF2（SWHN-B）电路图与故障代码

6. 艾欧史密斯 QBF2（SRHN-200C）电路图与故障代码

艾欧史密斯 QBF2（SRHN-200C）电路图与故障代码如图 16-7 所示。

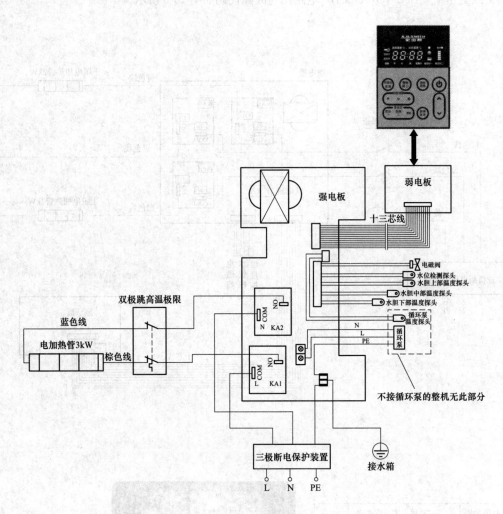

故障代码	故 障 含 义
E1	水箱上部温度探头开路或短路故障
E2	水箱中部温度探头开路或短路故障
E3	水箱下部温度探头开路或短路故障
EL	低电压保护故障
Ec	上水超时故障

图 16-7 艾欧史密斯 QBF2（SRHN-200C）电路图与故障代码

7. 艾欧史密斯 QBF2（SWVN-A）电路图与故障代码

艾欧史密斯 QBF2（SWVN-A）电路图与故障代码如图 16-8 所示。

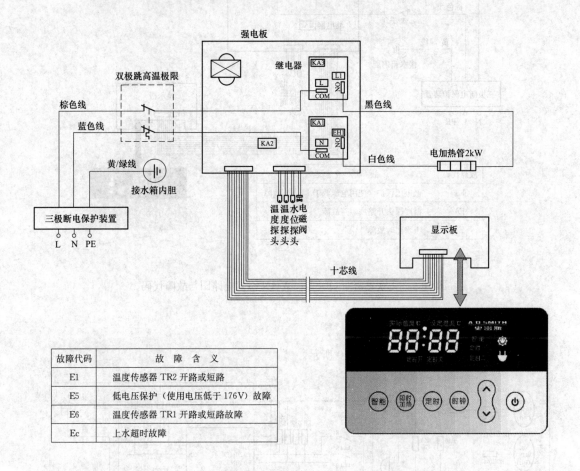

故障代码	故　障　含　义
E1	温度传感器 TR2 开路或短路
E5	低电压保护（使用电压低于 176V）故障
E6	温度传感器 TR1 开路或短路故障
Ec	上水超时故障

图 16-8　艾欧史密斯 QBF2（SWVN-A）电路图与故障代码

8. 艾欧史密斯 QBF2（SWHN-S1）电路图与故障代码

艾欧史密斯 QBF2（SWHN-S1）电路图与故障代码如图 16-9 所示。

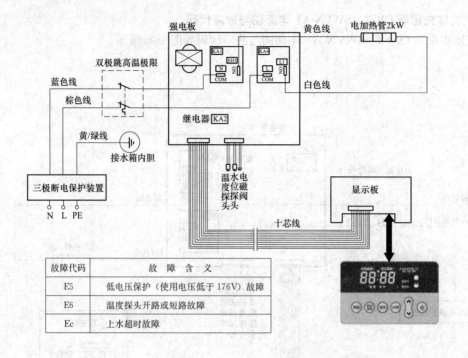

故障代码	故 障 含 义
E5	低电压保护（使用电压低于 176V）故障
E6	温度探头开路或短路故障
Ec	上水超时故障

图 16-9　艾欧史密斯 QBF2（SWHN-S1）电路图与故障代码

9. 太阳能热水器控制器电路

太阳能热水器控制器电路如图 16-10 所示。

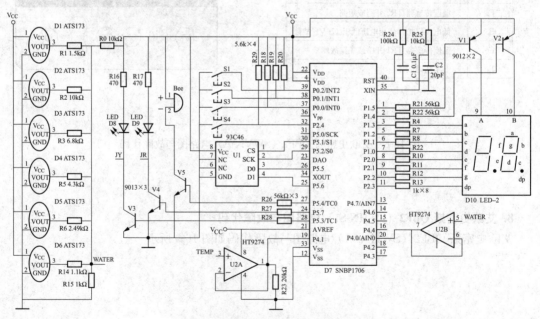

图 16-10　太阳能热水器控制器电路（一）

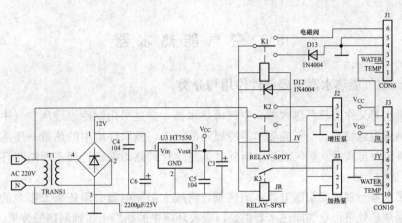

图 16-10　太阳能热水器控制器电路（二）

16.1.4　太阳能热水器快修精修

太阳能热水器快修精修见表 16-2。

表 16-2　　　　　　　　　　　　太阳能热水器快修精修

故障现象	故障原因与故障维修
不出水	故障原因有水箱内水已放空、管路接口松脱或堵塞、冬季上下水管冻结、真空集热管破损或硅胶圈脱落。 故障维修，根据以上原因分别采取相应办法：补水、排除管路接口松脱或堵塞故障、改善管道保温同时应装伴热带或防冻器、检查确定后更换真空管或硅胶圈
不上水	故障原因有外界停水或水压太低、上水管接口松脱或破损。 故障维修，根据以上原因分别采取相应办法：等待水压正常时、检查维护管路
长时间上水箱溢流管不出水	故障原因有管路接口松脱或堵塞、真空集热管破损漏水、硅胶圈脱落漏水。故障维修，根据以上原因分别采取相应办法：检查维护管路、更换真空集热管、重装硅胶圈或更换硅胶圈
出水温度太高，不能调温	故障原因：自来水水压太低。 故障维修：等待水压正常后再洗浴、放热水到浴缸内加冷水调温后使用、放热水到浴缸内待水温降低后使用
加水时自来水管内出热水	故障原因：自来水水压低。 故障维修：停止补水等待水压正常后再使用
热水器出水不热	故障原因有真空集热管和反光板表面沉积较多灰尘或有遮挡物、真空集热管漏气失掉真空度、热管失效、天气不好日光辐射能量不足、气温偏低、水阀件关闭不严、处于缓慢上水或泄水状态。 故障维修，根据以上原因分别采取相应办法：擦去真空集热管及反光板表面的灰尘、移走遮挡物、更换真空集热管、更换热管、使用电辅助加热装置、拧紧阀门、更换水阀件
热水器或管路出现漏水	故障原因有真空集热管破裂、硅胶圈脱落或破裂、接头管件松脱。 故障维修，根据以上原因分别采取相应办法：更换真空管、检查硅胶圈、重新连接或更换管接件
水箱吸瘪变形，热水器不能正常使用	故障原因有水箱的排气管堵塞、水箱内空气与大气不连通。 故障维修，根据以上原因分别采取相应办法：在安装热水器时彻底检查水箱及排气管中有无杂物、使用中排气管中不能落入灰尘、冰雪或结冰、更换新水箱
洗浴时水温忽冷忽热	故障原因：自来水水压波动。 故障维修：洗浴时少开另外的自来水阀门或用浴缸洗浴

16.2 空气能热水器

16.2.1 空气能热水器主要部件作用与分类

空气能热水器又称为热泵热水器、空气源热水器，它是采用制冷原理从空气中吸收热量来制造热水的热量搬运装置。空气能热水器冷媒不断蒸发，吸取环境中的热量→压缩→冷凝（放出热量）→节流→再蒸发。空气能热水器就是通过这样的热力循环过程不断地将环境热量转移到水中的。

空气能热水器与常规太阳能电器本质区别：常规太阳能电器必须依靠太阳光的直接照射或辐射才能达到制热效果；空气能热水器则是以吸收环境中的热能来达到制热的效果。

空气能热水器的分类：家用机、工程机。不同种类的空气能热水器的特点与结构有所不同。

家用机又分为分体机、一体机。工程机又分为侧吹、顶吹风。家用机主要部件包括压缩机、四通阀、蒸发器、毛细管、三通阀、两通阀、风机等组成。工程机主要部件包括压缩机、四通阀、冷凝器、毛细管、蒸发器、储液罐、风机等组成。

空气能热水器部件的特点见表 16-3。

表 16-3	空气能热水器部件的特点
名称	说 明
风机	风机是用于通风的部件，其通电后转子高速转动，带动风叶，使空气快速流动。风机也能够使机组吸收空气中更多热量，从而提高机组的能效比
毛细管	毛细管是节流部件。冷凝后高温高压液体通过毛细管进行降压、压缩，冷媒压力急速下降，变为低温低压液体。毛细管的参数直接影响空气能热水器机组寿命与能效比
四通阀	四通阀为气体流向控制部件。其在电流流过其线圈时产生磁场移动针阀，控制高、低压气体的流向
压缩机	压缩机是增压部件，也就是机组的心脏。通电后，压缩机内部线圈产生磁场，启动转子，进行吸气与排气，也就是吸入低温低压气体，排出高温高压气体
蒸发器	蒸发器是吸热部件。其流入的是低温低压液体，吸收空气热量，使液体的温度上升，最后变为低温低压的气体

16.2.2 空气能热水器的常见结构

空气能热水器的常见结构如图 16-11 所示。

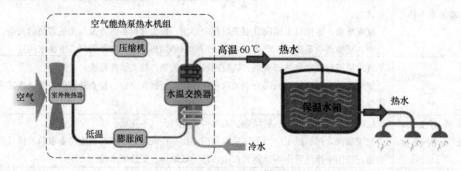

图 16-11 空气能热水器的常见结构（一）

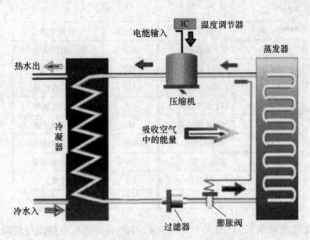

图 16-11　空气能热水器的常见结构（二）

16.2.3　空气源热泵热水器必查必备

1. 艾欧史密斯 CAHP1. 5-80、120-4、120-6（-W）电路图与故障代码

艾欧史密斯 CAHP1. 5-80、120-4、120-6（-W）电路图与故障代码如图 16-12 所示。

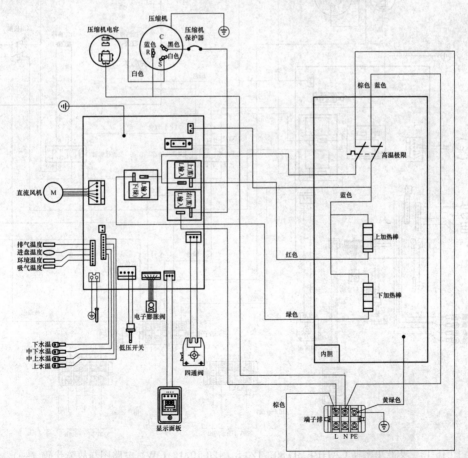

图 16-12　艾欧史密斯 CAHP1. 5-80、120-4、120-6（-W）电路图与故障代码（一）

故障代码	故障含义	故障代码	故障含义
E1	中下水温故障	H0	循环温度故障
E2	下部水温故障	H2	压缩机低压
E3	水温超高故障	H3	排气温度过热
E4	中上水温故障	H6	蒸发温度故障
E6	上部水温故障	H7	环境温度故障
E5	低电压保护	H8	排气温度故障
E9	高电压保护	H6	吸气温度故障
EA	干烧保护	HF	风机故障
EC	通信故障	EF	异常加热故障

图 16-12　艾欧史密斯 CAHP1.5-80、120-4、120-6（-W）电路图与故障代码（二）

2. 艾欧史密斯 CAHP1.5D-80、120-8、120-10/12（-W）电路图与故障代码

艾欧史密斯 CAHP1.5D-80、120-8、120-10/12（-W）电路图与故障代码如图 16-13 所示。

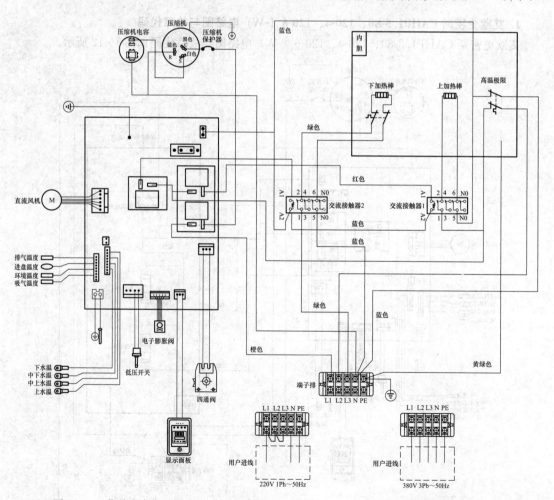

图 16-13　艾欧史密斯 CAHP1.5D-80、120-8、120-10/12（-W）电路图与故障代码（一）

故障代码	故障含义	故障代码	故障含义
E1	中下水温故障	H0	循环温度故障
E2	下部水温故障	H2	压缩机低压
E3	水温超高故障	H3	排气温度过热
E4	中上水温故障	H6	蒸发温度故障
E6	上部水温故障	H7	环境温度故障
E5	低电压保护	H8	排气温度故障
E9	高电压保护	H9	吸气温度故障
EA	干烧保护	HF	风机故障
EC	通信故障	EF	异常加热故障

图 16-13 艾欧史密斯 CAHP1.5D-80、120-8、120-10/12 (-W) 电路图与故障代码（二）

16.2.4 空气能热水器快修精修

空气能热水器快修精修见表 16-4。

表 16-4   空气能热水器快修精修

故 障 现 象		原 因	方 法
面板有显示，热水器不启动	没有制热显示	有设定时关机或被人关机	取消定时关机，按开关键启动机器
		强弱电穿在同一条线管内	强弱电分开布管
	水温已烧好	水温已达到设定温度	检查水温
	电路板与手操器故障	电路板损坏	更换电路板
		通信线损坏	更换通信线
		手操器损坏	更换手操器
水箱水不热	机器没有启动		检查启动情况
	水箱温度传感器损坏	检查温度	更换传感器
	加热时间不够		继续加热
	用水量大于产水量		加大设备或管制用水量
	冷媒有泄漏		根据冷媒泄漏处理方法处理
水箱水供不下	供水电磁阀故障	线圈烧坏	更换线圈
		线圈已通电，阀芯打不开	更换膜片、压力弹簧
	时控开关故障	设定时间错误	检查设定时间，以及调整好
		被调到手动关位置	按手动键使其回到自动位置
	供水软管吸扁	时控开关损坏	更换时控开关
			更换软管
水泵、风机启动，压缩机不启动	电路板不输出	电路板损坏	更换电路板
	交流接触器不通	线圈损坏	更换交流接触器
		触点烧坏	
	压缩机故障	压缩机线圈烧坏	更换压缩机
		压缩机内置保护断开	更换压缩机
	热过载继电器损坏	热过载继电器常闭触点损坏	更换热过载继电器
		热过载继电器主触点损坏	
	压缩机电容器损坏		更换电容器

故障现象		原因	方法
压缩机启动，风机不启动	电路板不输出	电路板损坏	更换传感器
		回气温度传感器损坏	更换传感器
		环境温度高导致回气温度高时，停风机	正常现象
	风机电容器损坏		更换电容器
	风机损坏	风机线圈烧坏	更换风机或重绕线圈
		风机轴承缺油或卡死	加润滑油或更换轴承
面板没有显示	电源指示灯不亮	没有市电	待市电恢复
		开关跳闸	检查跳闸原因
		电源指示灯损坏	更换指示灯
	变压器无输出	变压器损坏	更换变压器
	电路板与手操器故障	电路板损坏	更换电路板
		通信线损坏	更换通信线
		手操器损坏	更换手操器
水箱缺水	无自来水或压力不够		送自来水到补水阀或加压泵
	冷水电磁阀损坏	线圈烧坏	更换线圈
		线圈已通电，阀芯打不开	更换膜片、压力弹簧
	电路板损坏	电路板冷水补充输出点无输出	更换电路板
	水位开关或连接线短路		更换水位开关与水位线或将短路点分开
水箱溢水	冷水旁通阀被打开		关闭冷水旁通
	冷水电磁阀损坏	膜片上平衡孔堵塞	清洗掉堵塞物
		膜片破损	更换膜片
		压力弹簧压力不够	更换压力弹簧
		膜片老化	更换膜片
	水位开关损坏	水位开关或水位线断路	查找断点连接或更换水位开关
	中间继电器损坏	中间继电器常开触点烧死	更换中间继电器
	供水管返回冷水	供水止回阀坏，或关闭不严	更换止回阀
		供水没有装止回阀	安装止回阀
	电路板故障	电路板损坏或输出继电器烧死	更换电路板

第 17 章

浴霸与吸油烟机

17.1 浴　霸

17.1.1 浴霸常见结构

浴霸常见结构如图 17-1 所示。

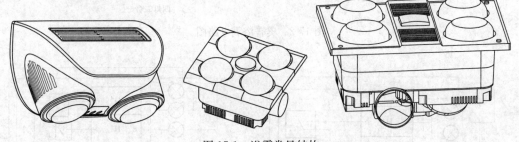

图 17-1　浴霸常见结构

17.1.2 浴霸必查必备

1. 奥普浴霸电路图

奥普浴霸电路图如图 17-2 所示。

2. 樱花壁挂式浴霸 SCB-7032、SCB-7132 、SCB-7232、88B703 电路图

樱花壁挂式浴霸 SCB-7032、SCB-7132、SCB-7232、88B703 电路图如图 17-3 所示。

3. 樱花灯暖浴霸 SCB-707 系列电路图

樱花灯暖浴霸 SCB-707 系列电路图如图 17-4 所示。

4. 樱花多功能浴霸 SCB-7731 系列电路图

樱花多功能浴霸 SCB-7731 系列电路图如图 17-5 所示。

5. 樱花多功能浴霸 SCB-755 电路图

樱花多功能浴霸 SCB-755 电路图如图 17-6 所示。

6. 樱花多功能浴霸 SCB-7660、SCB-7661、SCB-7860 电路图

樱花多功能浴霸 SCB-7660、SCB-7661、SCB-7860 电路图如图 17-7 所示。

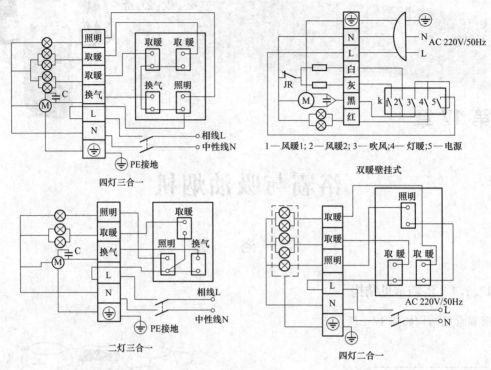

图 17-2 奥普浴霸电路图

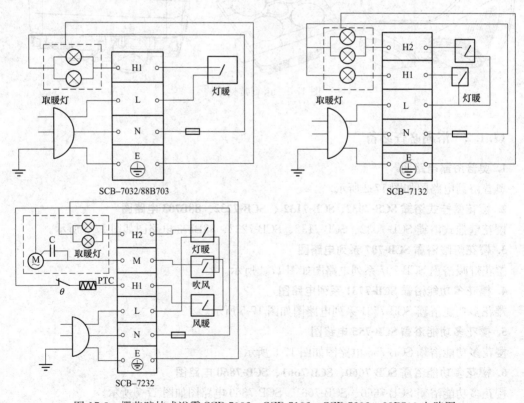

图 17-3 樱花壁挂式浴霸 SCB-7032、SCB-7132、SCB-7232、88B703 电路图

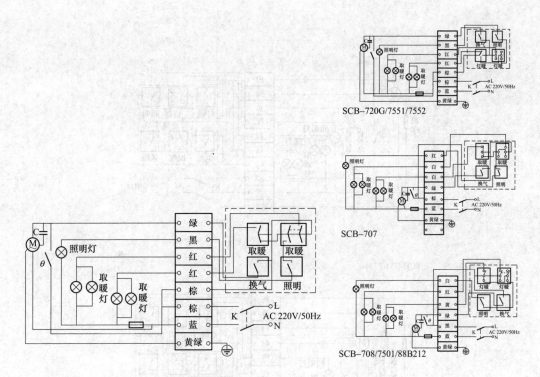

图 17-4 樱花灯暖浴霸 SCB-707 系列电路图

适用机型：SCB-715、SCB-716、SCB-7551、SCB-7552、SCB-7507、SCB-7512、SCB-7520、SCB-707、SCB-708、SCB-7501、SCB-720G、SCB-7508、SCB-7515、88B212、88B313、88B715。

7. 樱花多功能浴霸 SCB-7681、SCB-7781、SCB-7881 电路图

樱花多功能浴霸 SCB-7681、SCB-7781、SCB-7881 电路图如图 17-8 所示。

8. 樱花多功能浴霸 SCB-7110 电路图

樱花多功能浴霸 SCB-7110 电路图如图 17-9 所示。

9. 樱花多功能浴霸 SCB-7310 电路图

樱花多功能浴霸 SCB-7110 电路图如图 17-10 所示。

10. 樱花多功能浴霸 SCB-7553 电路图

樱花多功能浴霸 SCB-7553 电路图如图 17-11 所示。

11. 樱花多功能浴霸 SCB-7511、SCB-7513 电路图

樱花多功能浴霸 SCB-7511、SCB-7513 电路图如图 17-12 所示。

17.1.3 浴霸快修精修

浴霸快修精修见表 17-1。

SCB–763

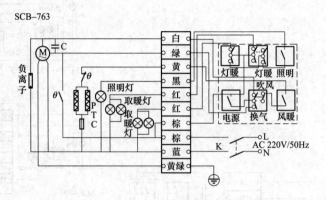

SCB–731/7731

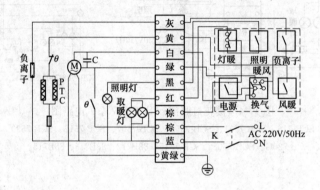

SCB–757

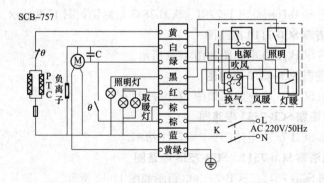

图 17-5 樱花多功能浴霸 SCB-7731 系列电路图

适用机型：SCB-763、SCB-731、SCB-757、SCB-7731。

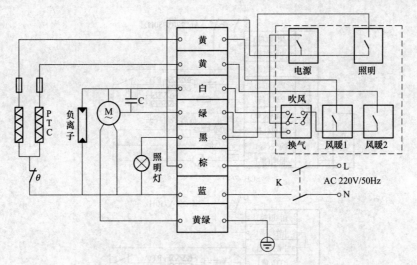

图 17-6　樱花多功能浴霸 SCB-755 电路图

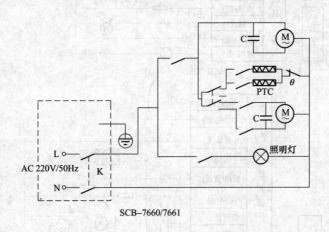

SCB-7660/7661

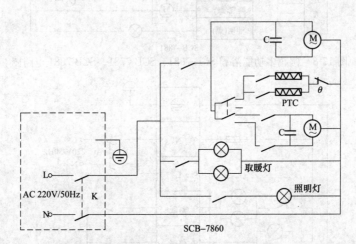

SCB-7860

图 17-7　樱花多功能浴霸 SCB-7660、SCB-7661、SCB-7860 电路图

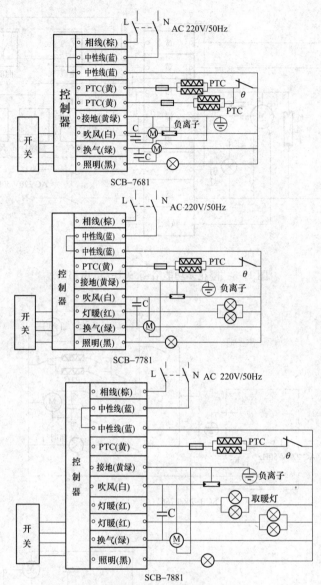

图 17-8　樱花多功能浴霸 SCB-7681、SCB-7781、SCB-7881 电路图

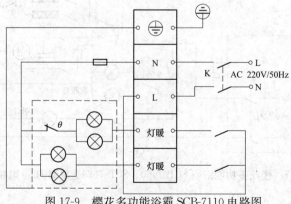

图 17-9　樱花多功能浴霸 SCB-7110 电路图

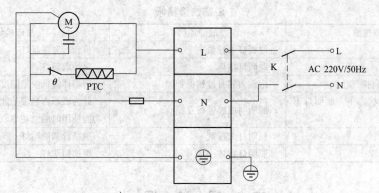

图 17-10 樱花多功能浴霸 SCB-7110 电路图

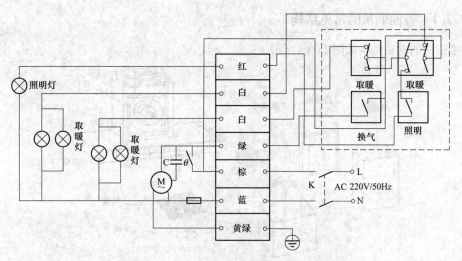

图 17-11 樱花多功能浴霸 SCB-7553 电路图

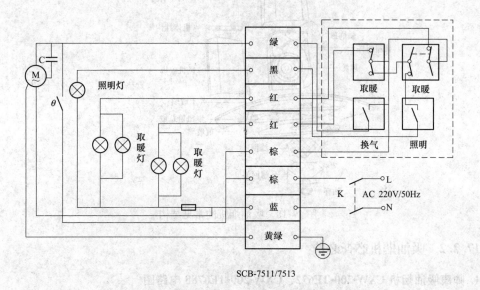

图 17-12 樱花多功能浴霸 SCB-7511、SCB-7513 电路图

表 17-1   浴霸快修精修

故障现象	故障原因	故障维修
取暖灯不亮	取暖灯未拧紧	重新拧紧取暖灯
取暖灯不亮	取暖灯损坏	更换取暖灯
取暖时自动开启换气功能	浴霸内装有过热保护器	待箱体降低一定温度后会自动断开
在灯暖开启的状态下，照明灯不起作用	照明与取暖进行互锁	此为浴霸内自带功能，可降低浴霸各功能使用时的总功率，减少用电量
照明灯不亮	照明灯未拧紧	重新拧紧照明灯
照明灯不亮	照明灯损坏	更换照明灯

17.2 吸油烟机

17.2.1 吸油烟机的常见结构

吸油烟机的常见结构如图 17-13 所示。

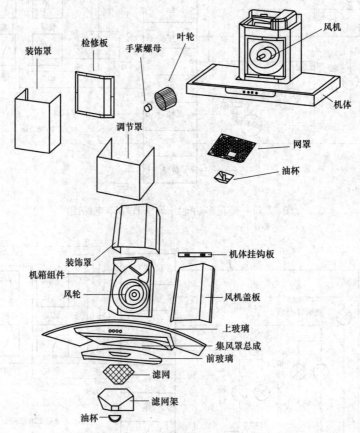

图 17-13　吸油烟机的常见结构

17.2.2 吸油烟机必查必备

1. 帅康吸油烟机 CXW-200-TE672、CXW-200-TE6788 电路图

帅康吸油烟机 CXW-200-TE672、CXW-200-TE6788 电路图如图 17-14 所示。

2. 帅康吸油烟机 CXW-200-JE551 电路图与结构

帅康吸油烟机 CXW-200-JE551 电路图与结构如图 17-15 所示。

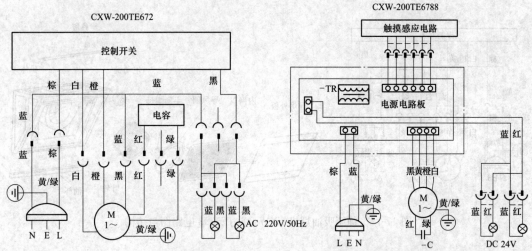

图 17-14 帅康吸油烟机 CXW-200-TE672、CXW-200-TE6788 电路图

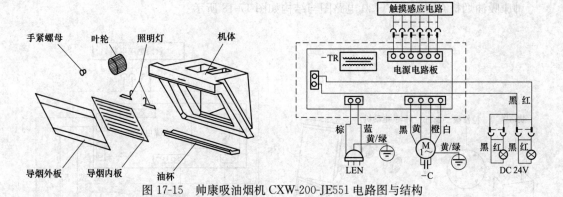

图 17-15 帅康吸油烟机 CXW-200-JE551 电路图与结构

3. 帅康吸油烟机 CXW-200-JE5502 电路图与结构

帅康吸油烟机 CXW-200-JE5502 电路图如图 17-16 所示，结构参考图 17-15。

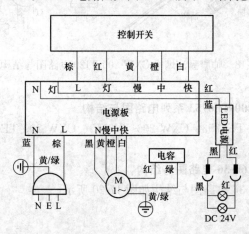

图 17-16 帅康吸油烟机 CXW-200-JE5502 电路图

4. 帅康吸油烟机 CXW-200-JE5503 电路图与结构

帅康吸油烟机 CXW-200-JE5503 电路图与结构如图 17-17 所示。

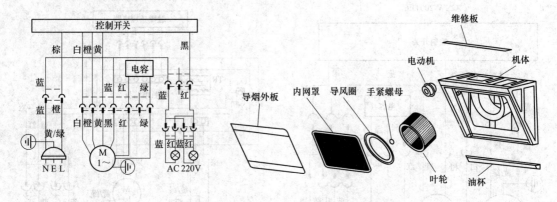

图 17-17　帅康吸油烟机 CXW-200-JE5503 电路图与结构

5. 帅康吸油烟机 CXW-200-TJ20 电路图与结构

帅康吸油烟机 CXW-200-TJ20 电路图与结构如图 17-18 所示。

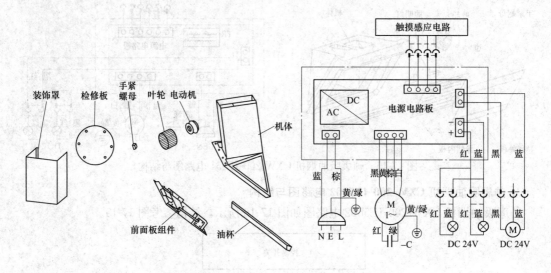

图 17-18　帅康吸油烟机 CXW-200-TJ20 电路图与结构

6. 帅康吸油烟机 CXW-200-TE6753 系列电路图与结构

帅康吸油烟机 CXW-200-TE6753、CXW-200-TE6755、CXW-200-TE6756 电路图与结构如图 17-19 所示。

7. 普田吸油烟机 CXW-160-36 电路图与结构

普田吸油烟机 CXW-160-36 电路图与结构如图 17-20 所示。

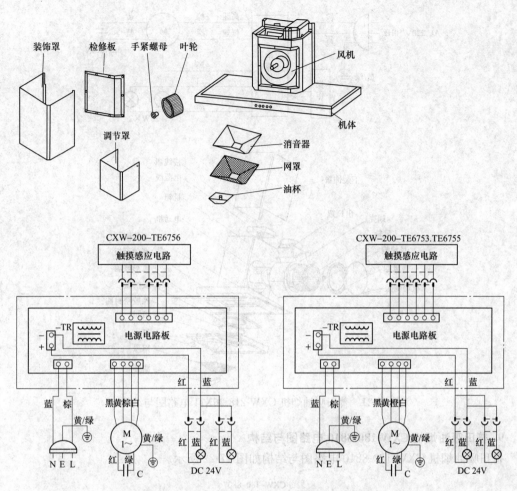

图 17-19　帅康吸油烟机 CXW-200-TE6753 系列电路图与结构

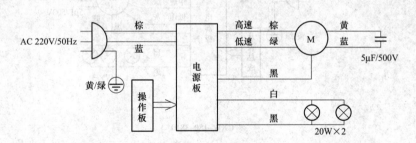

图 17-20　普田吸油烟机 CXW-160-36 电路图与结构

8. 普田吸油烟机 CXW-218-06X11 电路图与结构

普田吸油烟机 CXW-218-06X11 电路图与结构如图 17-21 所示。

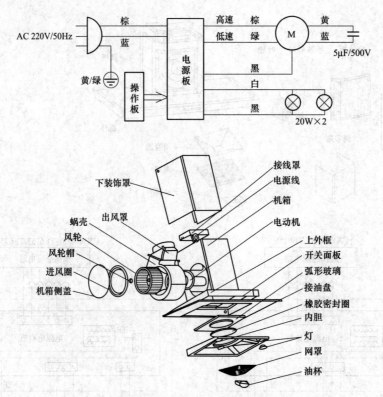

图 17-21　普田吸油烟机 CXW-218-06X11 电路图与结构

9. 普田吸油烟机 CXW-180-8810 电路图与结构

普田吸油烟机 CXW-180-8810 电路图与结构如图 17-22 所示。

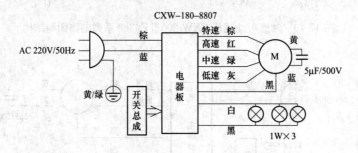

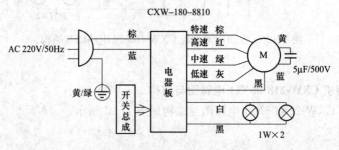

图 17-22　普田吸油烟机 CXW-180-8810 电路图与结构（一）

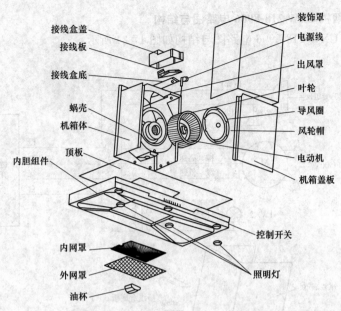

图 17-22 普田吸油烟机 CXW-180-8810 电路图与结构（二）

10. 普田吸油烟机 CXW-160-8805 电路图与结构

普田吸油烟机 CXW-160-8805 电路图与结构如图 17-23 所示。

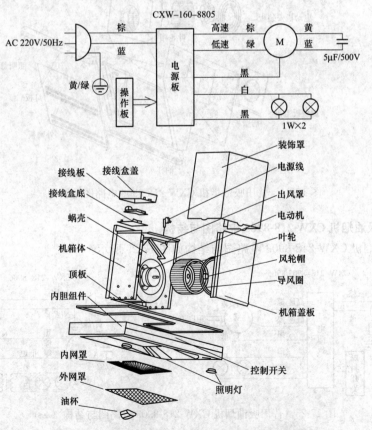

图 17-23 普田吸油烟机 CXW-160-8805 电路图与结构

177

11. 普田吸油烟机 CXW-218-8906 电路图与结构

普田吸油烟机 CXW-218-8906 电路图与结构如图 17-24 所示。

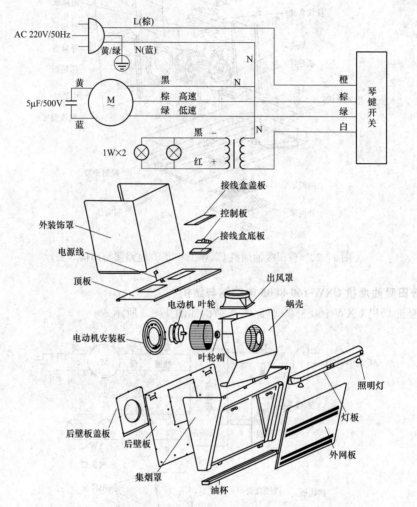

图 17-24　普田吸油烟机 CXW-218-8906 电路图与结构

12. 普田吸油烟机 CXW-218-8903 电路图与结构

普田吸油烟机 CXW-218-8903 电路图与结构如图 17-25 所示。

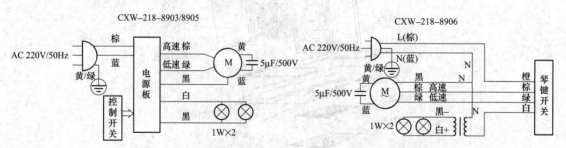

图 17-25　普田吸油烟机 CXW-218-8903 电路图与结构（一）

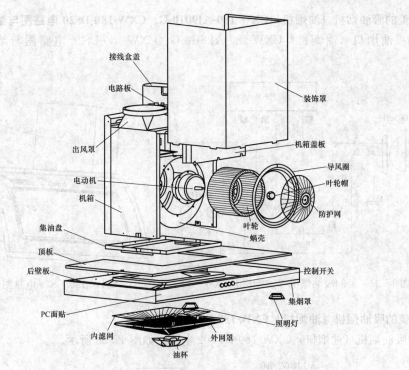

图 17-25　普田吸油烟机 CXW-218-8903 电路图与结构（二）

13. 美的吸油烟机（油烟机）CXW-200-DT550 系列电路图与结构

美的吸油烟机（油烟机）CXW-200-DT550、CXW-200-DT203、CXW-200-DT303 电路图与结构如图 17-26 所示。

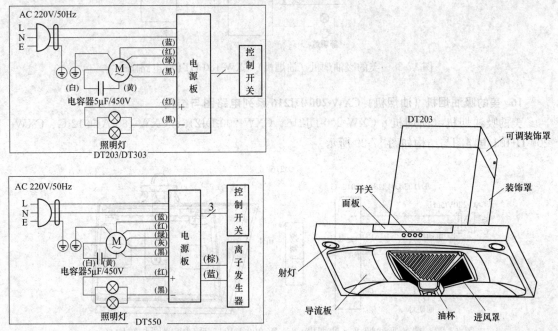

图 17-26　美的吸油烟机（油烟机）CXW-200-DT550 系列电路图与结构

14. 美的吸油烟机（油烟机）CXW-180-AJ9010-G、CXW-180-DS20 电路图与结构

美的吸油烟机（油烟机）CXW-180-AJ9010-G、CXW-180-DS20 电路图与结构如图 17-27
所示。

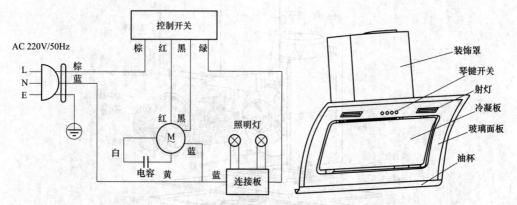

图 17-27　美的吸油烟机（油烟机）CXW-180-AJ9010-G、CXW-180-DS20 电路图与结构

15. 美的吸油烟机（油烟机）CXW-180-DT102 电路图

美的吸油烟机（油烟机）CXW-180-DT102 电路图如图 17-28 所示。

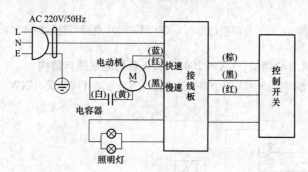

图 17-28　美的吸油烟机（油烟机）CXW-180-DT102 电路图

16. 美的吸油烟机（油烟机）CXW-200-DJ216 系列电路图与结构

美的吸油烟机（油烟机）CXW-200-DJ216、CXW-200-DJ213、CXW-180-AJ9012-G、CXW-
200-DJ103 电路图与结构如图 17-29 所示。

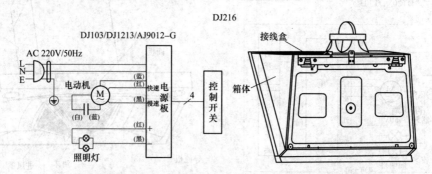

图 17-29　美的吸油烟机（油烟机）CXW-200-DJ216 系列电路图与结构（一）

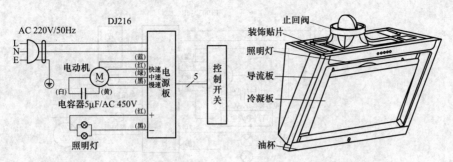

图 17-29　美的吸油烟机（油烟机）CXW-200-DJ216 系列电路图与结构（二）

17. 美的吸油烟机（油烟机）CXW-200-DJ530L 电路图

美的吸油烟机（油烟机）CXW-200-DJ530L 电路图如图 17-30 所示。

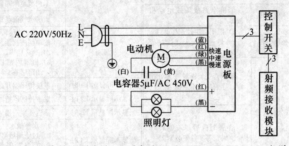

图 17-30　美的吸油烟机（油烟机）CXW-200-DJ530L 电路图

18. 美的吸油烟机（油烟机）CXW-200-DT520R 系列电路图与维修

美的吸油烟机（油烟机）CXW-200-DT520R 系列电路图与维修如图 17-31 所示。

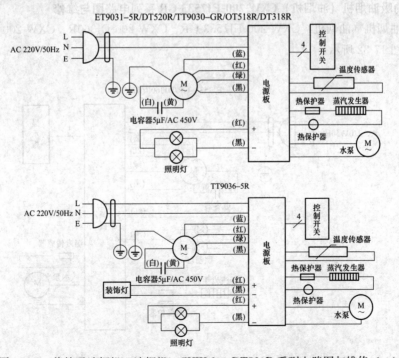

图 17-31　美的吸油烟机（油烟机）CXW-200-DT520R 系列电路图与维修（一）

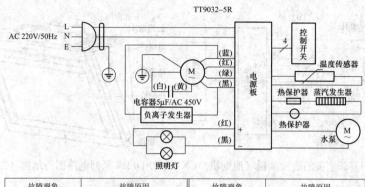

故障现象	故障原因	故障现象	故障原因
照明灯不亮风机不转	电源插头未插入电源插座	排烟效果差	排烟管安装松脱或多处拐弯，导致排气不顺畅
	电源插座无电		
	烟机电路故障		未调节至最高转速
照明灯亮风机不转	烟机电路故障或电动机故障		厨房空气流动快
照明灯不亮风机转	1) 照明灯组件损坏。 2) 灯连接线未连接好或损坏	漏油	1) 安装倾斜，导致油不能顺畅流到油杯里。 2) 油杯已满。 3) 机器内部长期未清洁，油路堵塞
噪声大	排烟管安装松脱或多处拐弯，导致排气不顺畅	当显示屏显示 E1 时	温度传感器开路
		当显示屏显示 E2 时	温度传感器短路
		当显示屏显示 E3 时	蒸汽发生器损坏
	清洁烟机后，未能将叶轮、蜗壳等零件安装紧固	当显示屏显示 E4 时	1) 水杯缺水。 2) 过滤绵堵塞。 3) 蒸汽发生器持续高温

图 17-31　美的吸油烟机（油烟机）CXW-200-DT520R 系列电路图与维修（二）

19. 美的吸油烟机（油烟机）CXW-200-EJ7533-GR 系列电路图与维修

美的吸油烟机（油烟机）CXW-200-EJ7533-GR、CXW-200-DJ360R、CXW-200-DJ352R 电路图与维修如图 17-32 所示。

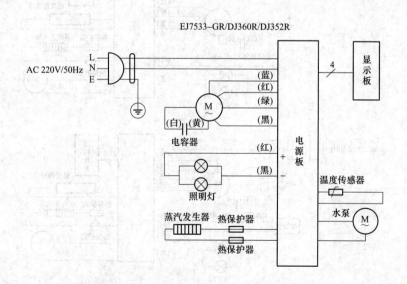

图 17-32　美的吸油烟机（油烟机）CXW-200-EJ7533-GR 系列电路图与维修（一）

故障现象	故障原因	故障现象	故障原因
整机不工作	1）电源插头未插入电源插座。 2）电源插座无电。 3）烟机故障	E1	温度传感器开路
电动机不工作	烟机故障	E2	温度传感器短路
漏油	安装倾斜，导致油不能顺畅流到油杯里油标已满	E3	蒸汽发生器损坏
噪声大	排烟管安装松脱或多处拐弯，导致排气不顺畅清洁烟机后，未能将叶轮，蜗壳等零件安装紧固	E4	1）水箱缺水。 2）过滤棉堵塞。 3）蒸汽发生器持续高温
排烟效果差	1）排烟管安装松脱或多处拐弯，导致排烟不畅。 2）未调节至最高转速。 3）厨房空气流动大		
灯不亮	射灯组件、灯损坏。 灯连线未接好或损坏		

图 17-32　美的吸油烟机（油烟机）CXW-200-EJ7533-GR 系列电路图与维修（二）

20. 美的吸油烟机（油烟机）CXW-220-DT23Q 电路图

美的吸油烟机（油烟机）CXW-220-DT23Q 电路图如图 17-33 所示。

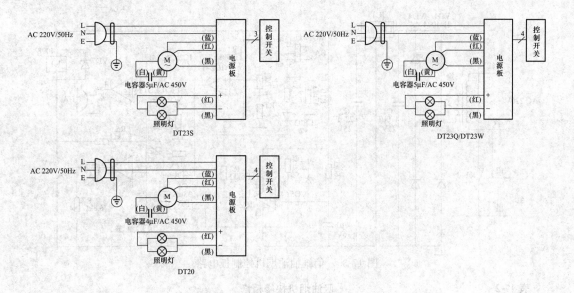

图 17-33　美的吸油烟机（油烟机）CXW-220-DT23Q 电路图

21. 美的吸油烟机（油烟机）CXW-220-DT26S 电路图与结构

美的吸油烟机（油烟机）CXW-220-DT26S 电路图与结构如图 17-34 所示。

22. 信雄抽油烟机控制板电路

信雄抽油烟机控制板电路如图 17-35 所示。

17.2.3　吸油烟机快修精修

吸油烟机快修精修见表 17-2。

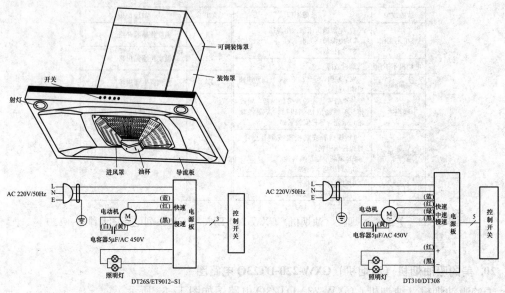

图 17-34 美的吸油烟机（油烟机）CXW-220-DT26S 电路图与结构

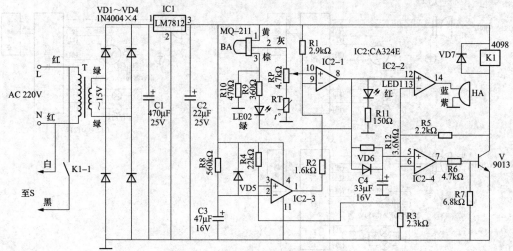

图 17-35 信雄抽油烟机控制板电路

表 17-2　　　　　　　　　　　　　　吸油烟机快修精修

故障现象	故 障 原 因
整机不工作	1）电源插头未插入电源插座。 2）电源插座无电。 3）烟机故障
电动机不工作	烟机故障
漏油	安装倾斜，导致油不能顺畅流到油杯里油杯已满
噪声大	1）排烟管安装松脱或多处拐弯，导致排气不顺畅。 2）清洁烟机后，未能将叶轮、蜗壳等零件安装紧固
排烟效果差	1）排烟管安装松脱或多处拐弯，导致排烟不畅。 2）未调节至最高转速。 3）厨房空气流动大
灯不亮	1）射灯组件，灯损坏。 2）灯连线未接好或损坏

第 18 章

壁挂炉与采暖热水炉

18.1 壁 挂 炉

18.1.1 壁挂炉常见结构

壁挂炉常见结构如图 18-1 所示。

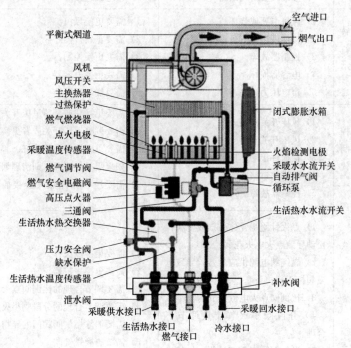

空气进口
平衡式烟道 ——————— 烟气出口
风机
风压开关
主换热器
过热保护 ——————— 闭式膨胀水箱
燃气燃烧器
点火电极
采暖温度传感器 ——————— 火焰检测电极
燃气调节阀 ——————— 采暖水水流开关
燃气安全电磁阀 ——————— 自动排气阀
高压点火器 ——————— 循环泵
三通阀 ——————— 生活热水水流开关
生活热水热交换器
压力安全阀
缺水保护
生活热水温度传感器 ——————— 补水阀
泄水阀
采暖供水接口 ——————— 采暖回水接口
生活热水接口 ——————— 冷水接口
燃气接口

图 18-1 壁挂炉常见结构

18.1.2 壁挂炉快修精修

壁挂炉快修精修见表 18-1。

表 18-1 　　　　　　　　　　　　　　　　壁挂炉快修精修

故障现象	故障原因	故障维修
壁挂炉熄火，主控器报警，显示故障代码为采暖或热水传感器	1）温度传感器短路。 2）温度传感器开路	1）需要检查连接线、温度传感器、控制器等。 2）需要检查线路导线、接插件、温度传感器、控制器等
点着火之后熄火，主控器报警，显示故障代码为意外熄火	1）火焰感应针积碳。 2）火焰感应针连接线接触不良。 3）吸、排气口堵塞或烟道进空气口没有伸长墙外。 4）外面的倒风太大。 5）供应的燃气压力异常，过高或过低。 6）控制器故障。 7）火焰感应针不接触火焰。 8）把进排气管装入了公共烟道。 9）接地线脱落或断路	1）需要清理火焰感应针的积碳。 2）火焰感应针连接线接插良好。 3）需要清理吸、排气口，使吸、排气顺畅。 4）需要改变吸、排气的位置或方向。 5）需要调节燃气压力使之额定供气压力。 6）需要更换控制器。 7）需要把火焰感应针调整到在大火或小火时均能接触火焰的位置。 8）禁止把进排气烟道接入公共烟道，把它移到室外。 9）接地线连接好
风机不运转或运转缓慢，控制器报警，显示屏故障代码显示风机风压	1）风机卡死或烧坏。 2）接插件接触不良。 3）控制器故障。 4）电容器损坏。 5）市电压力过底	1）需要更换风机。 2）需要重新接插好。 3）需要更换控制器。 4）需要更换电容器。 5）需要加装调压器
风机运转正常，控制器不点火，主控制器报警，显示故障代码为风机风压故障	1）风压开关短路。 2）风压开关不闭合。 3）接插件接触不良。 4）吸排气口堵塞。 5）控制器故障	1）需要更换功或调节风压开关。 2）需要调整风压开关或者更换风压开关等。 3）需要重新把接插件接好。 4）如果吸排气不顺，则清理烟道。 5）需要检查脉冲点火器接插件、主控器、接插件等
脉冲点火器正常点火，但点不着火，主控制器报警，显示故障代码为点火失败	1）点火针绝缘瓷体破损或金属针松动导致点火电火花弱。 2）燃气阀电源供应异常，导致电磁阀打不开。 3）比例阀点火电流调节不合理。 4）分段阀小火气流量调节不合理。 5）燃气阀阀门积有异物，使其启动不良。 6）比例阀橡胶鼓膜不良。 7）电磁阀线圈破损（短路或开路）。 8）燃气压力过高或过低。 9）双速风机的高低速线返。 10）点火针的有关参数不正确	1）需要更换点火针。 2）需要更换主控器。 3）需要调节合理的比例阀点火电流。 4）需要调节合理的分段阀小火燃气流量。 5）需要清除燃气阀阀门的异物。 6）需要更换燃气阀。 7）需要更换电磁阀。 8）需要调节燃气压力使之为额定压力。 9）正确接好双速风机的高低线。 10）点火针间距过大或过小则调整为 3～4mm；点火针方向严重偏歪则调整或更换点火针，点火针与燃烧器距离过远则调整合理

故障现象	故 障 原 因	故 障 维 修
生活热水器正常，但不能进入采暖状态	1）分配器被关闭，显示管路缺水故障。 2）壁挂炉及采暖配管内残留有过量的空气。 3）三通阀只是处于热水状态。 4）回水过滤器积有大量异物，阻碍采暖水循环。 5）采暖配管堵塞，采暖水不能循环	1）需要打开分配器。 2）需要排尽空气。 3）需要检查水流量开关、三通阀等。 4）需要清洗过滤器。 5）需要清洗采暖配管
水泵不运转，风机不运转，控制器报警，显示故障代码为管道缺水	1）水泵电源线脱落。 2）水泵因为长时间不用抱死	1）需要更换或者接好导线。 2）水泵抱死，则需要调整。水泵烧坏，则需要更换水泵
水泵不运转，控制器报警，显示故障代码是压力不足	1）管道缺水，压力表显示管道水压不足。 2）压力开关故障。 3）管道系统内有大量的空气	1）管道需要补水。 2）用万用表检测，如果压力开关不接通，则更换压力开关；如果接触不良，则重新接插好；如果线路断路，则更换导线；如果插错端子，则按正确接插。 3）对管道系统进行排气
水泵运转，风机不运转，控制器报警，显示故障代码为管道缺少	1）水泵有空气没有排尽导致水泵空转。 2）采暖系统分配器没有打开或者过滤器堵塞。 3）管道内有空气没有排尽。 4）水流开关故障。 5）压差式机型管道产生的压差不够	1）需要拧开水泵端面一字口铜螺钉，排尽水泵空气，并且重新启动。 2）如果采暖系统分配器没有打开，则打开分配器；如果过滤器堵塞，则拆下过滤器冲洗干净后装好，进行补水排气，并且重新启动。 3）需要排尽空气重新启动。 4）水流开关冲洗、进行补水、排气等处理。 5）在采暖出水口装一个分配器（开关），关小一点分配器即可
水箱溢水	1）自动补水阀有杂物卡住而堵不住自来水，使自来水流入采暖水而溢水。 2）板式换热器内部漏水而造成溢水。 3）采暖系统过大与膨胀水箱不配匹而溢水	1）需要除异物、更换自动补水阀等。 2）需要更换板式换热器。 3）需要安装止回阀、更换容量大的开放式水箱等

18.2　采暖热水炉

18.2.1　采暖热水炉常见结构

采暖热水炉常见结构如图 18-2 所示。

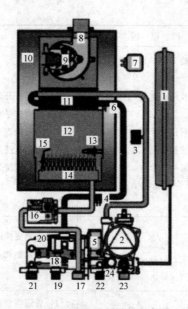

图 18-2 采暖热水炉常见结构

1—膨胀水箱；2—循环泵；3—压力传感器；4—采暖系统温度传感器；5—三通阀；
6—高温限流器；7—风压开关；8—文丘里管；9—风机；10—集气罩；11—铜制热交换器；
12—燃烧室；13—点火针；14—燃烧器；15—火焰感应针；16—燃气调节阀；17—燃气进气；
18—生活热水温度传感器；19—生活热水出口；20—板式热交换器；21—采暖热水出口；
22—生活冷水出口；23—采暖水回水口；24—安全阀

18.2.2 采暖热水炉必查必备

1. 艾欧史密斯 L1PB-G 故障代码与维修

艾欧史密斯 L1PB-G 故障代码与维修见表 18-2。

表 18-2 　　　　　　　　　　艾欧史密斯 L1PB-G 故障代码与维修

故障代码	原 因 分 析
F18	点火不成功或火焰异常熄灭
F21、F23、F23	燃烧室封室内压力故障或风压开关故障
F31、F32、F33	采暖系统压力低于 40kPa 或超过 280kPa 或其他故障
F04	过热保护故障
F61、F62、F63、F64、F65	残火，火焰检测回路故障，气阀故障
F71	一氧化碳超标
F72	一氧化碳报警器故障
F10	燃气阀故障或控制燃气阀的继电器故障
F11	生活热水出水温度检测故障
F12	采暖回水温度检测故障
F13	采暖出水温度检测故障
FA0、FA1	通信故障

常见问题	原　因	解 决 方 法
点火失败	无电压	检查电源连接
	无燃气	检查燃气进气阀门
采暖系统循环压力不正常	膨胀水箱故障	更换膨胀水箱
	系统中存在空气	排出系统中的空气
	燃气采暖热水炉系统故障	检查并更正燃气采暖热水炉安装和水系统的问题
	安全阀有泄漏	更换安全阀
热水流量太小或没有	供水水压不足	安装增压装置
	水过滤器堵塞	拆除和清洁过滤器
	热交换器管道部分或全部堵塞	清洁热交换器内部（除水垢）
	进出水管连接位置颠倒	改变进出水管的位置
压力异常上升	补水阀开启	关闭补水阀，如有损坏，请立即更换
	热交换器内部回路连通	更换热交换器
	膨胀水箱故障	更换膨胀水箱
燃烧器间歇性熄火	水流量不足	检查水压和家里整个热水系统是否存在堵塞
	燃气供气压力不足	调整燃气供气压力
	排烟管堵塞	检查空气进气和烟气排气管道
爆燃	供气问题	检查供气气压
	燃烧器积垢	检查和清洁燃烧器
	点火压力过高	调节点火压力
燃气味道外溢	气体泄漏	用肥皂水或气体探测仪检查燃气管道是否泄漏
	燃烧器积垢	检查和清洁燃烧器
	燃气阀调节过小	检查燃气表具和燃烧器压力
采暖系统不工作	室内温控故障或连接问题	检查室内温控及其连接线路
采暖系统噪声	系统中有空气或水压不足	排空采暖系统中的空气，检查水压是否正确
冬天暖气片不发热	主控开关在夏季模式	设定主控开关到冬季模式
	室内温控器/定时器（可选）故障或设定温度太低	将温控器/定时器设定于较高温度或更换室内温控器
	系统流量不平衡	系统平衡流量

2. 艾欧史密斯 LN1GBQ55/75-FLB、LN1GBQ40/52/75-WTB 电路图

艾欧史密斯 LN1GBQ55/75-FLB、LN1GBQ40/52/75-WTB 电路图如图 18-3 所示。

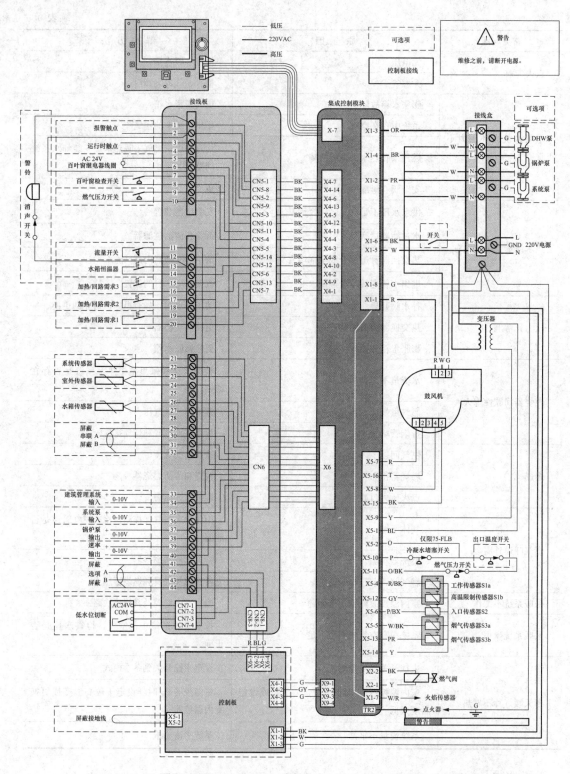

图 18-3　艾欧史密斯 LN1GBQ55/75-FLB、LN1GBQ40/52/75-WTB 电路图

3. 艾欧史密斯 L1PB26、28、33、37-EB1 故障代码

艾欧史密斯 L1PB26、28、33、37-EB1 故障代码见表 18-3。

表 18-3　　　　　　　艾欧史密斯 L1PB26、28、33、37-EB1 故障代码

故障代码	故　障　原　因
F18	点火不成功或火焰异常熄灭
F21、F22、F23	燃烧密封室内压力故障或风压开关故障
F31、F32、F33	采暖系统压力低于 40kPa 或超过 280kPa 或其他故障
F04	过热保护故障
F61、F62、F63、F64、F65	残火，火焰检测回路故障，气阀故障
F71	一氧化碳超标
F72	一氧化碳报警器故障
F10	燃气阀故障或控制燃气阀的继电器故障
F11	生活热水出水温度检测故障
F12	采暖回水温度检测故障
F13	采暖出水温度检测故障

4. 万家乐燃气采暖热水炉常见故障代码

万家乐燃气采暖热水炉常见故障代码见表 18-4。

表 18-4　　　　　　　　万家乐燃气采暖热水炉常见故障代码

故障代码	故障类型	故障原因	故障判断与排查	说明
E0	防结冰报警	传感器检测到温度≤1℃时报该故障	1）用温度计测量环境温度； 2）检查、排除水管路结冰	温度＞1℃后自动恢复
E1	不点火	主控板故障	如果用万用表测量到主控板无 AC 220V 的脉冲点火器的工作电压输出，则需要更换主控板	不可自动恢复
		点火针连接线断路或松动	插好点火针连接线，或者用万用表检查连接线是否正常	
		脉冲点火器故障	如果脉冲点火器工作电压正常、点火针/线正常，但不点火，则需要更换脉冲点火器	
	点火失败	没燃气供给	打开燃气阀上的一次测压口，将 U 形管与测压口连接，目测 U 形管是否有压力差（天然气一般为 2kPa）	
		点火针与火孔位置不当	调整点火针与火孔的距离到 3～4mm，以及将点火针置于火孔正方上	
		电磁阀或比例阀没有开启	根据电磁阀和比例阀检测程序检测	
	中途意外熄火	没燃气供应	打开燃气阀上的一次测压口，将 U 形管与测压口连接，目测 U 形管是否有压力差（天然气一般为 2kPa）	
		主控板故障	排除反馈针、连接线故障后仍不能排除故障时，则需要更换主控板	
		反馈针问题	可以用万用表测量反馈针是否完好	

故障代码	故障类型	故障原因	故障判断与排查	说明
E2	主板故障	主板输出异常	可以用万用表测量主控板上风机和风压开关输出口输出是否正常	15min内故障排除后可自动恢复
	风机故障	风机被卡住	断电状态下,可以用手轻轻转动风机上部的小叶轮	
		风机连接线断路或松动	可以用万用表测量风机线通断	
		风机故障	如果风机有电源供应,但是不转或是转速过低,则需要更换风机	
	风压开关故障	排烟管堵塞	需要检查排烟管,以及清除排烟管堵塞物	
		风压开关接线是否良好	需要检查风压开关连接线,以及用万用表测量风压开关连接线是否正常	
		风压开关故障	可以在风机启动前,用万用表测量主控制板给风压开关的电压有无DC 12V的电压。风机启动后,电压一般为DC 0V。否则,说明风压开关出现故障	
E3	温控器故障	水路堵塞	需要清除水路堵塞物,以及将水泵排气阀和管路排气阀打开排气	不可自动恢复
		水泵不转或异常	需要检查水泵是否被卡住。如果被卡住,来回转动水泵电动机正面螺钉或者需要用万用表测量主控板上水泵连接端子间有无220V电压	
		温控器故障	将万用表置于通断挡,测量温控器两端口,如果处于接通状态,则说明温控器正常。否则,说明温控器异常	
		连接线断路或接头没有接好	检查连接线、接头等是否连好、插好	
E4	洗浴温度传感器故障	温度传感器断路或短路	用万用表测量温度传感器两端子间的电阻值,温度为25℃时电阻一般为10kΩ	故障排除后可自动恢复
		连接线断路或接头没有接好	检查连接线、接头等是否连好、插好	
		温度传感器阻值发生较大漂移	若显示板显示水温与实际水温差别较大,则需更换温度传感器	
		主控板温度检测电路故障	可能需要更换主控板	
E5	温度传感器超温保护故障	水路堵塞	需要清除水路堵塞物	不可自动恢复
		水泵不转或异常	需要检查水泵是否被卡住,以及测量主控板上水泵连接端子有无AC 220V电压	
		主控板温度检测电路故障	用万用表测量主控板上有无DC 5V。如果无,则需要检查或者更换主控板	
		温度传感器阻值发生较大漂移	显示水温与实际水温偏离较大时,需要更换温度传感器	

故障代码	故障类型	故障原因	故障判断与排查	说明
E6	残火或伪火故障	主控板故障	若主控板检火电路故障,则需要更换主控板	不可自动恢复
		比例阀故障	系统关机后,若比例阀没关严,则需要关严比例阀	
		家庭无接地线或接地不良	需要增加接地线	
E7	缺水故障	供暖水压开关故障	板换机:检查水泵启动情况、水压开关;套管机:检查水压开关	15min 内故障排除后可自动恢复
		水压力太低	打开补水阀,将水压充到 0.1 ~ 0.15MPa,关闭补水阀	
		主控板水压信号检测电路故障	测量水压开关是否动作前 DC 17V,动作后 DC 0V	
		水阀顶杆卡死	用尖嘴钳夹住水阀顶杆来回运动几次,以消除卡死现象	
		供暖水压开关连线断开或松动	检查连接线、接头等是否连好、插好	
		管路气体还没排空	将水泵排气阀与管路排气阀打开,启动燃气采暖热水炉排气	
		供暖管路堵塞	需要清除水路堵塞物	
E8	供暖温度传感器故障	温度传感器断路或短路	可以用万用表测量温度传感器的阻值来判断温度传感器是否断路/短路	故障排除后可自动恢复
		温度传感器阻值发生较大漂移	若显示板显示水温与实际水温差别较大,则需要更换温度传感器	
		连接线断路或接头没有接好	检查连接线、接头等是否连好、插好	
		主控板温度检测电路故障	可能需要更换主控板	
E9	EEPROM 故障	EEPROM 芯片损坏	可能需要更换主控板	故障排除后自动恢复
无信号	显示屏没收到主控板信号	主控板故障	用万用表测量主控板有无 DC 5V 电压,如果无,则可能需要更换主控板	
		连接线断路或没有插好	检查连接线、接头等是否连好、插好	
		显示板故障	检查或者更换显示板	

18.2.3　采暖热水炉快修精修

采暖热水炉快修精修见表 18-5。

表 18-5 采暖热水炉快修精修

部件	故障	故障原因	故障维修
水泵	不启动	1）电压太低。 2）外部接线存在松动。 3）水泵内部短路。 4）水泵卡死。 5）主控制器没有 AC 220V 电压输出。 6）连接线断路或接头没有接好	1）需要增加稳压电源。 2）需要插好外部接线。 3）需要更换水泵。 4）需要拆开螺塞转数圈转子后装好。 5）需要更换主控制器。 6）需要更换连接线或接好接头
	有"咔咔"声	1）长时间无水空转。 2）注水时排气阀没有打开放气。 3）叶片断裂。 4）水泵内进入固体杂质	1）需要给供暖系统注水到 0.12MPa。 2）需要打开水泵放气阀放气。 3）需要更换水泵。 4）需要清除固体杂质
风压开关	风压开关打不开	1）文丘里管或胶管积垢堵塞。 2）烟管太长，弯头太多。 3）风机转速不够，风压开关没打开。 4）风压开关损坏（触点不良）	1）需要清除污垢。 2）需要调整整机和烟管安装位置。 3）需要更换风机。 4）需要更换风压开关
电动三通阀	洗浴及供暖不能正常转换	1）电动三通阀连接线断路或松动。 2）电压太低。 3）主控制器无交流 220V 电压输出。 4）电动三通阀的同步电动机不转动	1）接好电动三通阀连接线。 2）需要安装稳压电源。 3）需要更换主控制器。 4）需要更换电动三通阀电动机
水流传感器	打开洗浴水后，不能进入洗浴状态	1）水压太低。 2）水流传感器损坏。 3）主控制器水流检测电路故障。 4）进水阀磁铁被卡死。 5）水流传感器连接线断路或松动	1）需要增加加压泵。 2）需要更换水流传感器。 3）需要更换主控制器。 4）需要清洗进水阀磁铁。 5）需要插好水流传感器连接线
脉冲点火器	启动点火没脉冲	1）脉冲点火器得不到交流 220V 供电。 2）脉冲点火器损坏。 3）点火线断路或松动	1）需要更换主控制器。 2）需要更换脉冲点火器。 3）需要插好点火针线
风机	水泵启动，风机不启动	1）补水不足。 2）排烟管内有异物将其堵塞。 3）水泵转速不够水压开关打不开。 4）连接线松动。 5）风机损坏，内部断路或短路，或接线松动，单给其供电，风机不工作。 6）主控制器无电压交流 220V 输出	1）给供暖系统补水到 0.12MPa。 2）需要清除排烟管内异物。 3）需要更换水泵。 4）需要插好连接线。 5）需要更换风机。 6）需要更换主控制器
	振动声音大	1）风机固定螺钉松动。 2）风机转轴偏心。 3）烟管风机连接松动致烟管振动	1）需要拧紧固定螺钉。 2）需要更换风机。 3）需要连接好烟管与风机
温控器	过热保护经常动作	1）温控器连接线断路或松动。 2）主控制器的温控器插座与主控制板连接松动。 3）温控器损坏。 4）主换热器流量太小，结垢	1）需要插好温控器连接线。 2）需要焊好主控制器上的温控器插座。 3）需要更换温控器。 4）需要对主换热器进行清洗除垢
温度探头	显示温度值跳变或不能检测实际水温	1）温度探头阻值偏移。 2）主控制器温度检测电路故障。 3）温度探头断路或短路。 4）温度探头表面结水垢或有异物	1）需要更换温度探头。 2）需要更换主控制器。 3）需要更换温度探头。 4）需要清除水垢与异物

第 19 章

电暖器、暖风机与油汀

19.1 电暖器、暖风机

19.1.1 电暖器、暖风机的常见结构

电暖器有多种类型。有的立式结构电暖器既能转向取暖又能摇摆送暖，整机主要由外壳、护网、机座、石英电热管、反射板、摇摆装置等组成。一些电暖器、暖风机的常见结构如图 19-1 所示。

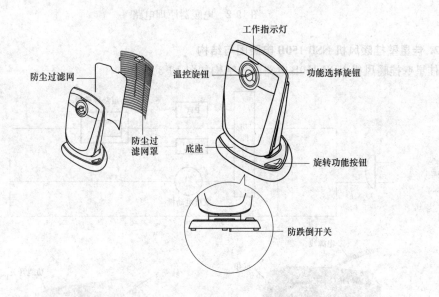

图 19-1　电暖器、暖风机的常见结构

19.1.2 电暖器、暖风机维修必查必备

1. 电暖器原理电路

电暖器原理电路如图 19-2 所示。

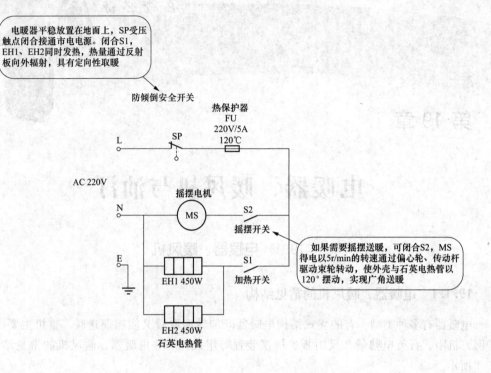

电暖器平稳放置在地面上，SP受压触点闭合接通市电电源。闭合S1，EH1、EH2同时发热，热量通过反射板向外辐射，具有定向性取暖

防倾倒安全开关

热保护器
FU
220V/5A
120℃

L

SP

AC 220V

N

摇摆电机

MS

S2
摇摆开关

如果需要摇摆送暖，可闭合S2，MS得电以5r/min的转速通过偏心轮、传动杆驱动束轮转动，使外壳与石英电热管以120°摆动，实现广角送暖

E

EH1 450W

S1
加热开关

EH2 450W

石英电热管

图 19-2　电暖器原理电路

2. 佳星壁挂暖风机 NSB-150B 电路图与结构

佳星壁挂暖风机 NSB-150B 电路图与结构如图 19-3 所示。

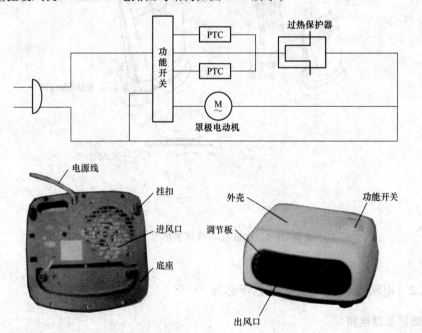

功能开关

PTC

PTC

过热保护器

M
~
罩极电动机

电源线

挂扣

进风口

底座

外壳

调节板

功能开关

出风口

图 19-3　佳星壁挂暖风机 NSB-150B 电气图与结构

3. 电暖器（暖风机）NDK18-15G1 电气图与结构

电暖器（暖风机）NDK18-15G1 电气图与结构如图 19-4 所示。

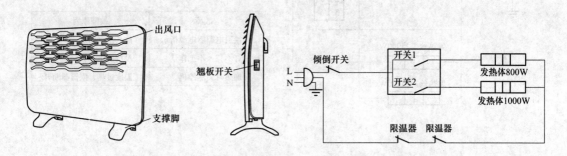

图 19-4 电暖器（暖风机）NDK18-15G1 电路图与结构

4. NSP-120 型遥控式电暖器电路图

NSP-120 型遥控式电暖器电路图如图 19-5 所示。

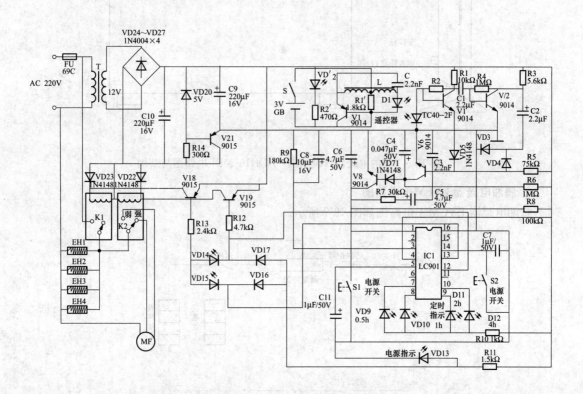

图 19-5 NSP-120 型遥控式电暖器电路图

5. 美的电暖器（暖风机）NDK16-10F1 电路图与结构

美的电暖器（暖风机）NDK16-10F1 电路图与结构如图 19-6 所示。

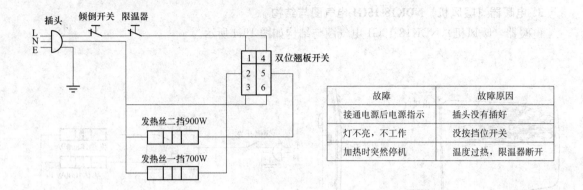

故障	故障原因
接通电源后电源指示	插头没有插好
灯不亮，不工作	没按挡位开关
加热时突然停机	温度过热，限温器断开

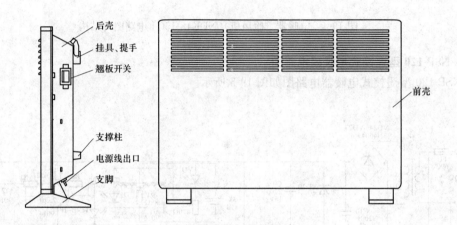

图 19-6 美的电暖器（暖风机）NDK16-10F1 电路图与结构

6. 腾湘电暖器 LYCM-1 电路图

腾湘电暖器 LYCM-1 电路图如图 19-7 所示。

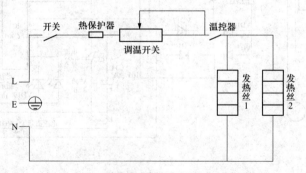

图 19-7 腾湘电暖器 LYCM-1 电路图

7. 达阳取暖器 DY 系列电路图

腾湘电暖器 LYCM-1 电路图如图 19-8 所示。

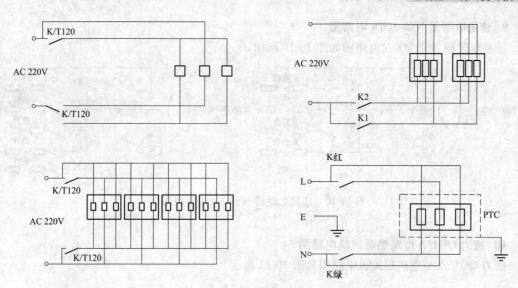

图 19-8　腾湘电暖器 LYCM-1 电路图

8. 海信电暖器 DND20B1、DND15B1 电路图与结构

海信电暖器 DND20B1、DND15B1 电路图与结构如图 19-9 所示。

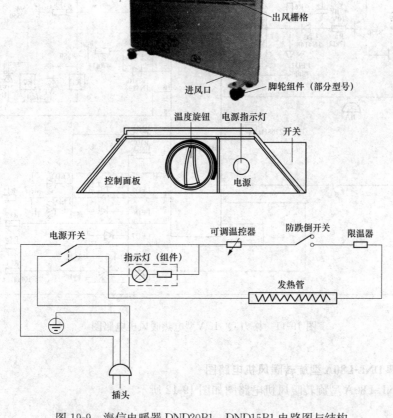

图 19-9　海信电暖器 DND20B1、DND15B1 电路图与结构

9. 佳星取暖器 NSB-200A 电路图

佳星取暖器 NSB-200A 电路图如图 19-10 所示。

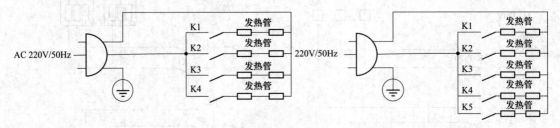

图 19-10　佳星取暖器 NSB-200A 电路图

10. 格力 QG15A 型电热暖风机电路图

格力 QG15A 型电热暖风机电路图如图 19-11 所示。

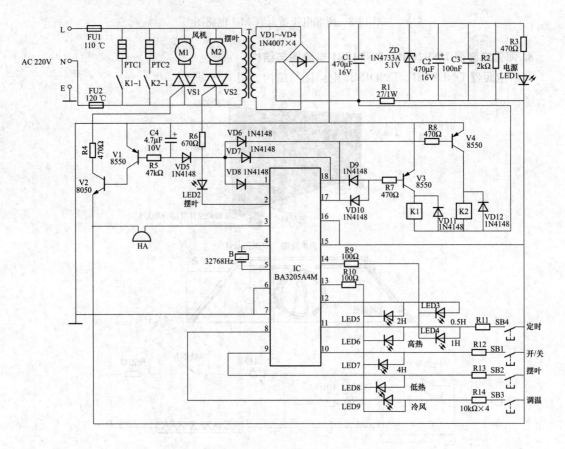

图 19-11　格力 QG15A 型电热暖风机电路图

11. 胜愿牌 DNL-L80A 型旋转暖风机电路图

胜愿牌 DNL-L80A 型旋转暖风机电路图如图 19-12 所示。

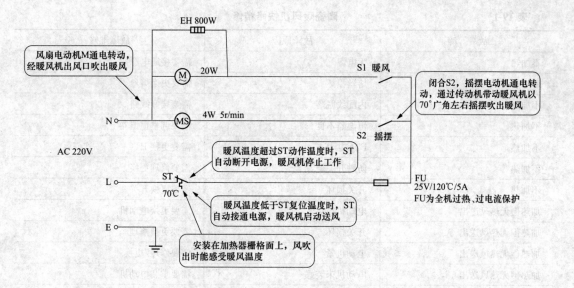

图 19-12 胜愿牌 DNL-L80A 型旋转暖风机电路图

12. 宝威牌 BW-16A 型多功能暖风机电路图

宝威牌 BW-16A 型多功能暖风机电路图如图 19-13 所示。

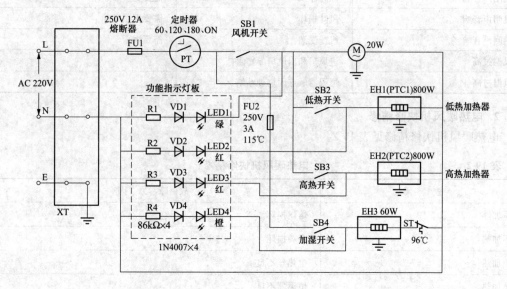

图 19-13 宝威牌 BW-16A 型多功能暖风机电路图

19.1.3 电暖器快修精修

1. 陶瓷暖风机快修精修见表 19-1。

表 19-1   陶瓷暖风机快修精修

故　　　障	故障原因	故障维修
不加热	无电源	需要接通电源
不加热	熔丝损坏	需要更换熔丝
不加热	内配线脱落	需要接好线路
不加热	恒温器不良	需要调整恒温器
不加热	PTC 损坏	需要更换 PTC
不加热	防跌开关烧毁	需要修理更换
不加热	开关损坏	需要更换开关
加热但无热风送出	电动机损坏	需要更换电动机
加热但无热风送出	开关损坏	需要更换修理
加热但无热风送出	电动机紧	需要修理/更换
加热但无热风送出	电动机未装好	需要重装电动机
加热但无热风送出	内配线故障	
加热但无热风送出	异物卡住风叶	需要清理异物
加热但无热风送出	风叶变形	需要校正或更换
跳闸声音响	熔丝和加热体短路	需要隔开修理更换
跳闸声音响	加热体损坏	需要更换加热体
跳闸声音响	风叶损坏	需要更换风叶
跳闸声音响	机蕊受潮	需要烘干
风温过高	进风口和出风口异物阻挡	
风温过高	恒温器触点因烧烛粘结	

2. 电热暖风机快修精修

电热暖风机快修精修见表 19-2。

表 19-2   电热暖风机快修精修

故　　　障	故　障　原　因
不加热	熔丝损坏
不加热	开关损坏
不加热	电热丝不良
不加热	恒温器不良
声音异常	风叶破损
声音异常	电动机损坏
声音异常	有异物

3. 石英管电暖器快修精修

石英管电暖器快修精修见表 19-3。

表 19-3   石英管电暖器快修精修

故　　障	故障原因	故障维修
不加热	石英管或卤素管损坏	需要更换/连接电热丝
不加热	调温开关损坏	需要更换/修理调温开关
不加热	防跌开关烧毁	需要修理/更换防跌开关
不加热	恒温器不良	需要调整恒温器
不加热	无电源	需要接通电源
不加热	内配线脱落	需要接好线路
不加热	定时器坏（卤素管电暖器系列）	需要更换定时器

4. 指卤素管电暖器快修精修

指卤素管电暖器快修精修见表 19-4。

表 19-4   指卤素管电暖器快修精修

故　　障	故障原因	故障维修
不能摇头	同步电动机损坏	需要更换同步电动机
不能摇头	连杆转动机构故障	需要调换损坏配件
不能摇头	异物阻挡	需要清除异物
不能摇头	同步电动机连接线断	需要重接线路
漏电	工作环境湿度太大	需要接地可靠
漏电	机内进水	需要吹干
漏电	机内导线松脱或绝缘层过热破损	需要接好导线
漏电	绝缘导线碰壳	需要套绝缘套管
没有高低挡（指卤素管电暖器）	挡位开关损坏	需要更换挡位开关
没有高低挡（指卤素管电暖器）	内配线脱落	需要重接内配线
没有高低挡（指卤素管电暖器）	整流桥损坏	需要更换整流桥
没有高低挡（指卤素管电暖器）	未接整流桥	需要重接整流桥
热量不均匀	电压波动大	等待电压正常
热量不均匀	插头、插座功能开关接触不良	需要清除触片或更换
热量不均匀	电热丝触点氧化	需要擦除氧化层
热量不均匀	跌倒开关接触不良	需要更换跌倒开关
热量不足	电压偏低	等待电压正常
热量不足	反射板积尘	需要定时清洁
热量不足	功能开关接触不良	需要修理或更换
热量不足	一管电热丝断	需要更换电热丝
过热、致使石英管或卤素管使用寿命偏短	地区电压偏高	需要电压太高应停止使用
过热、致使石英管或卤素管使用寿命偏短	工作在不平稳平台	需要放置平稳
过热、致使石英管或卤素管使用寿命偏短	使用中不慎，遭受猛烈振动或碰撞	通电使用时避免搬动

19.2 油 汀

19.2.2 油汀常见结构

油汀常见结构如图 19-14 所示。

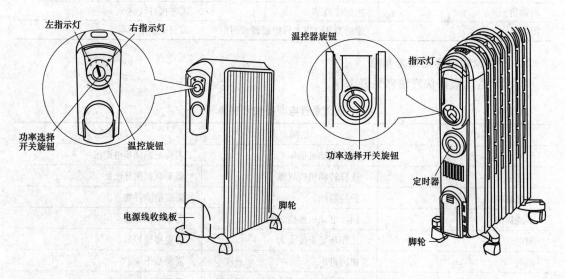

图 19-14 油汀常见结构

19.2.3 油汀必查必备

1. 先锋 CY33XX-13C 电路图与结构

先锋 CY33XX-13C 电路图与结构如图 19-15 所示。

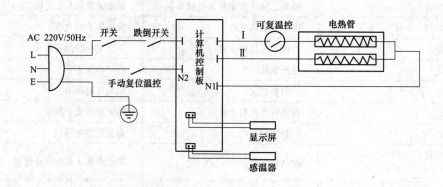

图 19-15 先锋 CY33XX-13C 电路图与结构（一）

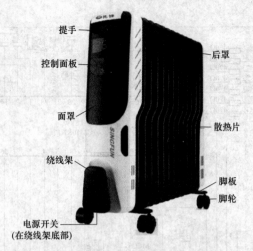

图 19-15　先锋 CY33XX-13C 电路图与结构（二）

2. TSI-8320TF-9 型微计算机电油汀电路图

　　有的微计算机电油汀包括电源电路、时钟电路、复位电路、显示电路、按键输入电路、提示音电路、油汀加热器驱动电路、暖风驱动电路、温度检测电路等。TSI-8320TF-9 型微计算机电油汀电路图如图 19-16 所示。

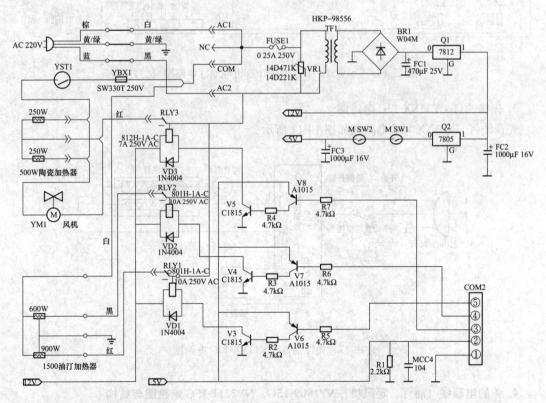

图 19-16　TSI-8320TF-9 型微计算机电油汀电路图（一）

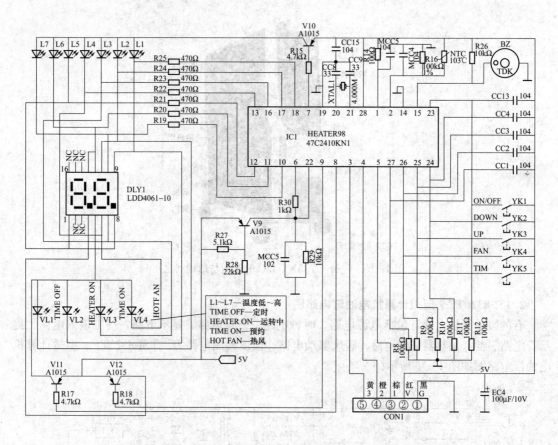

图 19-16 TSI-8320TF-9 型微计算机电油汀电路图（二）

3. 先锋油汀 CY33XX-13C 电路图

先锋油汀 CY33XX-13C 电路图如图 19-17 所示。

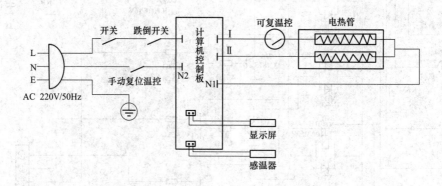

图 19-17 先锋油汀 CY33XX-13C 电路图

4. 美的电暖器（油汀、暖风机）NY1809-15G、NY2211-15G 电路图与结构

美的电暖器（油汀、暖风机）NY1809-15G、NY2211-15G 电路图与结构如图 19-18 所示。

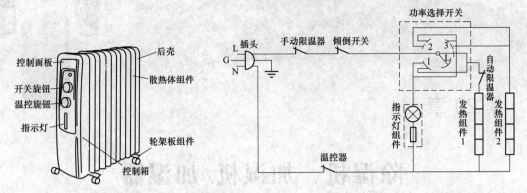

图 19-18   美的电暖器（油汀、暖风机）NY1809-15G、NY2211-15G 电路图与结构

19.2.4   油汀快修精修

油汀快修精修见表 19-5。

表 19-5   油汀快修精修

故　障	故　障　原　因
指示灯不亮，电热片不热	插座插头接触不良
指示灯不亮，电热片不热	电源接头松脱或断开
指示灯不亮，电热片不热	超温熔丝断
指示灯不亮，电热片不热	恒温器接触不良
指示灯不亮，电热片不热	定时器损坏
指示灯不亮，电热片发热	限流电阻烧
指示灯不亮，电热片发热	氖炮损坏
指示灯不亮，电热片发热	指示灯电路连接线断
指示灯亮，电热片不热	电热管引线接头松脱或短线
指示灯亮，电热片不热	电热片内部电热丝断
漏电	线头松脱或者碰线
漏电	电源线绝缘层破损
漏电	机体进水或者环境过分潮湿
不发热	电源插座异常
不发热	跌倒开关、挡位开关、定时器、碳纤维管等可能异常
取暖器不摇头	电源插座、电源线、跌倒开关、功率开关、定时器、同步电动机等可能异常
整机不工作	插座、控制部件、温控器、碳纤维管等可能异常
摇头有噪声	电压过低、摇头时电动机轴与连接处摩擦等原因引起的
只吹凉风故障	PTC 发热体不工作、电源接触不良好、线路不畅通、熔断器断开、开关线路板不正常等原因引起的
热量出不来故障	电动机不工作、电容击穿或断开、开关线路板功能不正常等原因引起的
一会儿吹热风，一会儿吹冷风	温控器没装好、温控器表面变形不平整、滤网脏阻塞、过风量少等原因引起的

第 20 章

除湿机、加湿机/加湿器

20.1 除 湿 机

20.1.1 除湿机的常见结构

除湿机是一种可以从周围环境中除去水分的一种电器。其包括电动制冷系统、空气循环装置、排水装置等。

除湿的类型见表 20-1。

表 20-1 除湿的类型

类　型	特　点
舒适性除湿	降低空间湿度以满足使用者的要求的除湿
工艺性除湿	降低空间湿度至一个对于加工、储存货物或材料或可使建筑物干燥到一个必要水平的除湿
热循环除湿	就是将从空间带走的潜热和显热及压缩机热量一起重新用于其他用途而不作为废热排出的除湿

除湿机的常见结构如图 20-1 所示。

20.1.2 除湿机的维修必查必备

1. 奇美除湿机 RHM-C1200T 电气图

奇美除湿机 RHM-C1200T 电气图如图 20-2 所示。

2. 川井 DH-168 除湿机电路图

川井 DH-168 除湿机电路图如图 20-3 所示。

3. 日立牌除湿机 RD-2099L 电路图

日立牌除湿机 RD-2099L 电路图如图 20-4 所示。

4. 日立牌除湿机 RD-1288L 电路图

日立牌除湿机 RD-1288L 电路图如图 20-5 所示。

5. 三菱 MJ-E150VX-C1 除湿机故障代码

三菱 MJ-E150VX-C1 除湿机故障代码见表 20-2。

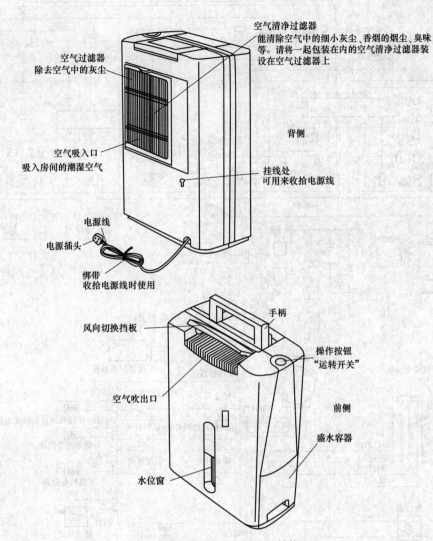

空气清净过滤器
能清除空气中的细小灰尘、香烟的烟尘、臭味等。请将一起包装在内的空气清净过滤器装设在空气过滤器上

空气过滤器
除去空气中的灰尘

背侧

空气吸入口
吸入房间的潮湿空气

挂线处
可用来收拾电源线

电源线

电源插头

绑带
收拾电源线时使用

手柄

风向切换挡板

操作按钮
"运转开关"

空气吹出口

前侧

盛水容器

水位窗

图 20-1　除湿机的常见结构

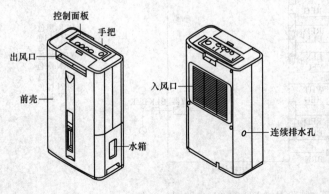

控制面板

手把

出风口

前壳

水箱

入风口

连续排水孔

现　象	检　查
按电源入键仍不运转	1）水箱是否放置正确。 2）水箱内的水是否满了。 3）电源插头是否插入插座。 4）屋内无熔丝开关或熔丝断掉。 5）是否停电
除湿量少	1）前置空气过滤网是否阻塞。 2）出风口、入风口是否阻塞。 3）室内温度、湿度是否过低
湿度不易降下	1）室内空间是否太大。 2）门、窗的开关次数是否过多。 3）屋内是否有产生水蒸气的物品
噪声太大时	1）除湿机是否放置不当引起噪声。 2）地板是否不平
风吹不出来	1）是否过滤网阻塞。 2）是否为除霜中

图 20-2　奇美除湿机 RHM-C1200T 电路图

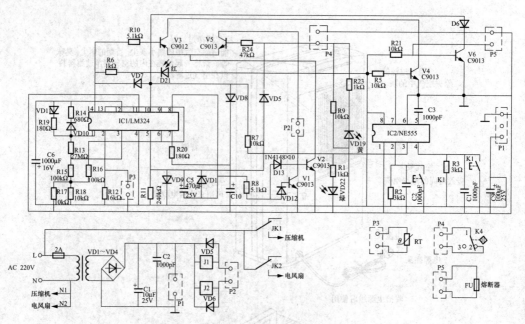

图 20-3 川井 DH-168 除湿机电路图

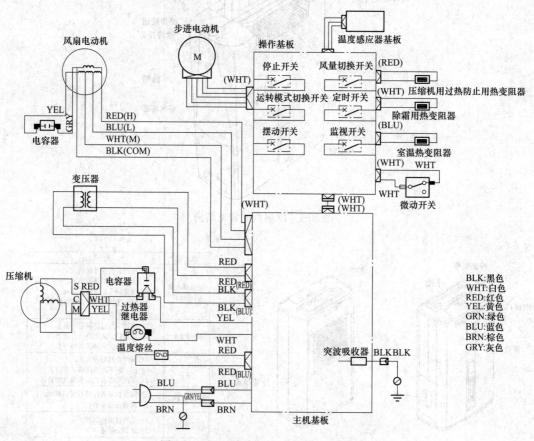

图 20-4 日立牌除湿机 RD-2099L 电路图

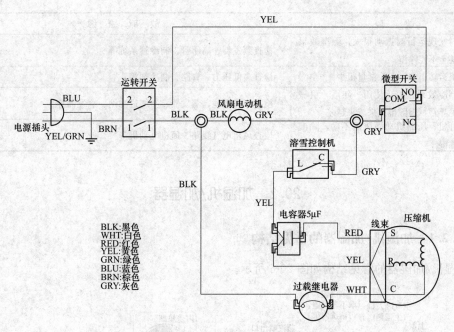

图 20-5　日立牌除湿机 RD-1288L 电路图

表 20-2　　　　　　　　　　　三菱 MJ-E150VX-C1 除湿机故障代码

故障代码	故障原因与维修
R2	电源插头、电源插座、电源电路等异常
P4	出风口、空气过滤网异常
R1、R6、E0、E8	故障，需要维修

20.1.3　除湿机快修精修

除湿机快修精修见表 20-3。

表 20-3　　　　　　　　　　　除湿机快修精修

故　　　障	故　障　原　因
底部会漏水	可能是机器放置位置不平造成除湿水溢出、脚轮变形、水箱除湿水满、机器排水口堵塞、机器水箱破损等
不除湿	可能是机体内部冷媒泄漏、机器工作环境温湿度太低、进风过滤网与蒸发表面积尘过多、机器设定湿度高于环境湿度等
有通电但是不工作	可能是水箱放置不到位、水箱浮标未装好等
不运转（没有风），停止运转	电源插头、电源电路、出风口和吸气口被盖住、空气过滤网堵塞等
用了较长时间，再用时压缩机不能启动	检查电源电压、工作电流等

211

续表

故　障	故　障　原　因
工作时发现运行时振动很大，除湿效果变差，甚至不能除湿	检查蒸发器、高压管、制冷管系统等
除湿机运转正常，但除湿量很少	检查高低压力、管路、制冷剂等
开始制冷效果很好，使用一年后，机械运转未见异常，但除湿效果越来越差	检查工作环境、蒸发器、空气过滤网、蒸发器等
上电开机，压缩机动而风机不动，除湿机不能除湿	检查风机电气线路、风机电动机等

20.2　加湿机/加湿器

20.2.1　加湿机/加湿器的常见结构

加湿机/加湿器的常见结构如图 20-6 所示。

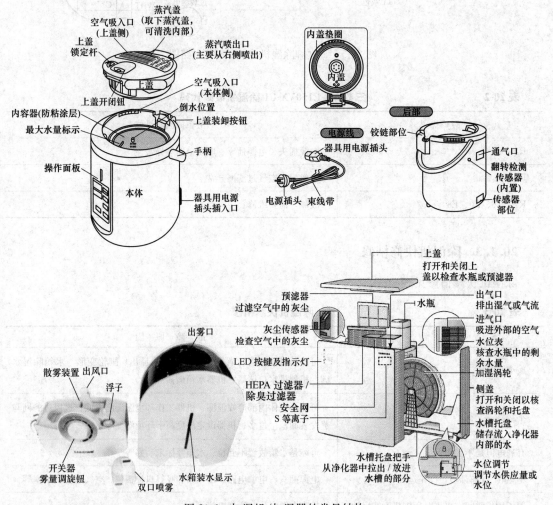

图 20-6　加湿机/加湿器的常见结构

20.2.2　加湿机/加湿器必查必备

1. 龙的加湿器 NK-915 电路图与结构

龙的加湿器 NK-915 电路图与结构如图 20-7 所示。

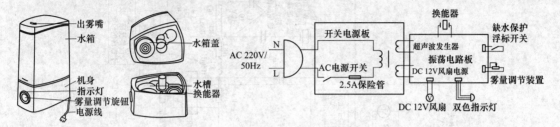

图 20-7　龙的加湿器 NK-915 电路图与结构图

2. 双狐加湿器 JS35A 维修与结构

双狐加湿器 JS35A 维修与结构如图 20-8 所示。

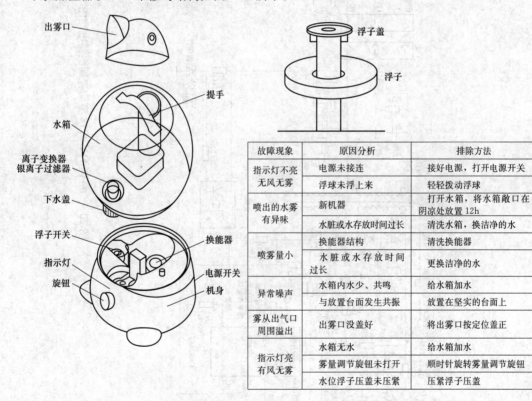

故障现象	原因分析	排除方法
指示灯不亮 无风无雾	电源未接连	接好电源, 打开电源开关
	浮球未浮上来	轻轻拨动浮球
喷出的水雾 有异味	新机器	打开水箱, 将水箱敞口在 阴凉处放置 12h
	水脏或水存放时间过长	清洗水箱, 换洁净的水
喷雾量小	换能器结构	清洗换能器
	水脏或水存放时间 过长	更换洁净的水
异常噪声	水箱内水少、共鸣	给水箱加水
	与放置台面发生共振	放置在坚实的台面上
雾从出气口 周围溢出	出雾口没盖好	将出雾口按定位盖正
指示灯亮 有风无雾	水箱无水	给水箱加水
	雾量调节旋钮未打开	顺时针旋转雾量调节旋钮
	水位浮子压盖未压紧	压紧浮子压盖

图 20-8　双狐加湿器 JS35A 维修与结构

3. 格顿 HY-4218 型陶瓷加湿器电路图

格顿 HY-4218 型陶瓷加湿器电路图如图 20-9 所示。

20.2.3　加湿机/加湿器快修精修

加湿机/加湿器快修精修见表 20-4。

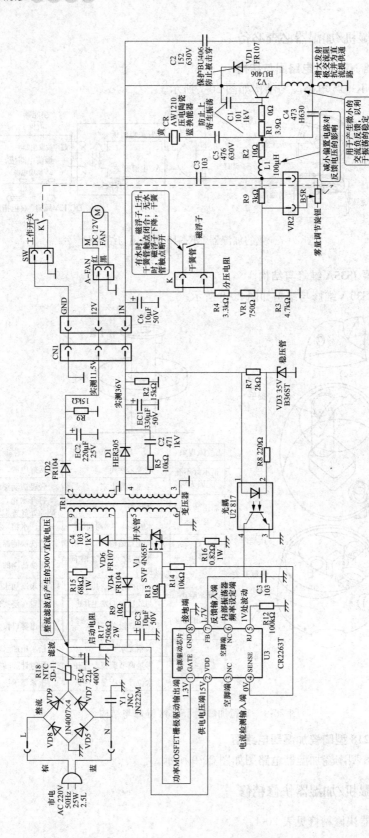

图 20-9　格顿 HY-4218 型陶瓷加湿器电路图

214

表 20-4 加湿机/加湿器快修精修

故　　障	故障原因	故障维修
不转	电源无电、熔丝烧	检查电路正常后更换熔丝
不转	电源线或电动机连接线接触不良	检查连接处，更换损坏的
不转	电源开关接触不良	调整或更换电源开关
不转	电动机电刷磨损	更换电动机电刷
不转	电动机轴承磨损	更换电动机轴承
不转	电动机定子或电动机绕组断路	更换电动机定子或电动机
电动机转，但不吸尘	吸尘袋尘埃已满	清理吸尘袋
电动机转，但不吸尘	软管、吸嘴、吸尘袋连接处被异物堵塞	清理异物
电动机转，但不吸尘	软管、伸缩管及吸嘴间没连接好	重接连接
漏电	电动机绝缘层破	修复电动机绝缘层
漏电	机体受潮	除潮
漏电	带电部分与机体部分接触	修复
喷出的雾有异味	新机器	打开水箱将水箱敞口在阴凉处放 12h
喷出的雾有异味	水箱内不干净	清洗水箱更换一箱水
使用中烫手	软管、伸缩管或吸尘袋接触处破损	更换
使用中烫手	吸尘袋尘土已满	清理
使用中烫手	软管与吸尘处连接不好	更换
使用中烫手	风叶被异物卡住	清理
使用中烫手	电动机绕组短路	更换
雾量小	换能片结垢	清洁换能片
雾量小	水脏或存水时间太长	更换清洁的水
吸尘无力	电压偏低	检查电压
吸尘无力	电动机固定不好	重新固定
吸尘无力	软管、吸嘴、吸尘袋严重堵塞	清理
吸尘无力	电动机内部短路	更换电动机
吸尘无力	开关接触不良	修复或更换开关
指示灯不亮、无风、无雾	电源插头没有插好	插好电源插头
指示灯不亮、无风、无雾	电源开关没有打开	打开电源开关
指示灯亮、无风、无雾	水槽内水位过高	将水槽内水倒出一些，拧紧水箱盖
指示灯亮、有风、无雾	水箱无水	给水箱加满水
指示灯亮、有风、无雾	自动恒湿旋钮没有打开	顺时针自动恒湿旋钮
指示灯亮、有风、无雾	水位浮子压盖没有压紧	压紧浮子压盖

第 21 章

空气净化器与空气清新器

21.1 空气净化器（空气清新器）的常见结构

有的空气净化器是利用叶轮在电动机带动下，使空气由入口进入后，再经过滤网过滤、负离子发生器强电场的作用下使少量氧气分子电离成氧离子，从而起到杀灭空气中的细菌、病毒的作用；然后经过高压集尘器吸掉空气中的微小尘埃，再经过活性炭网除掉异味，最后从出口出来的空气就是清新的空气。

有的空气清新器主要由外壳、侧板、进气口、过滤网、过滤栅格、罩极电动机、离心式排风机、负氧离子发生器、出气口、控制板等组成。空气净化器（空气清新器）的常见结构如图21-1 所示。

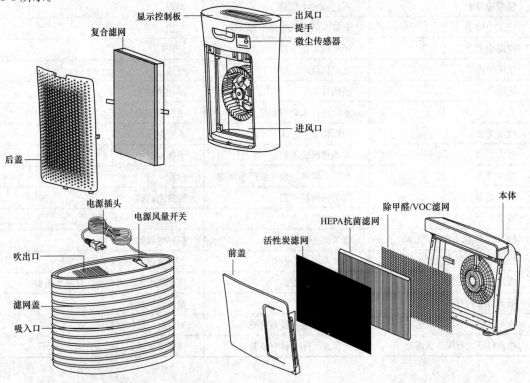

图 21-1 空气净化器（空气清新器）的常见结构（一）

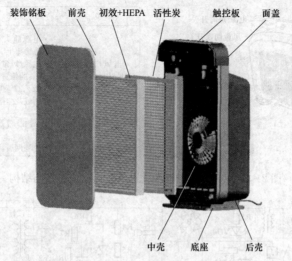

装饰铭板　前壳　初效+HEPA　活性炭　触控板　面盖

中壳　底座　后壳

图 21-1　空气净化器（空气清新器）的常见结构（二）

21.2　空气净化器（空气清新器）必查必备

1. 空气净化器（空气清新器）电路

空气净化器（空气清新器）电路如图 21-2 所示。

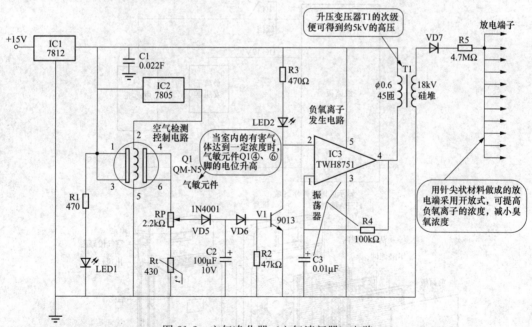

图 21-2　空气净化器（空气清新器）电路

2. 双鸟香薰空气净化机 AC-4316 电路图与结构

双鸟香薰空气净化机 AC-4316 电路图与结构如图 21-3 所示。

3. WKJ-A 空气净化器电路图

WKJ-A 空气净化器电路图如图 21-4 所示。

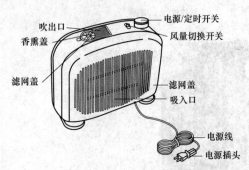

现象	原因	排除方法
出风口没有风吹出	·电源插头没有插在电源插座上。 ·电源/风量关没有在［0］的位置上。 ·吸入口及吹出口有脏污或灰尘附着	·将电源插头插好。 ·将电源/定时开关切换至［连续］或是定时的位置。 ·将吸入口与吹出口清扫
无法去除异味以及空气中的脏污	·过滤网没有装盖好。 ·过滤网脏污	·将过滤网装置好。 ·更换过滤网

图 21-3　双鸟香薰空气净化机 AC-4316 电路图与结构

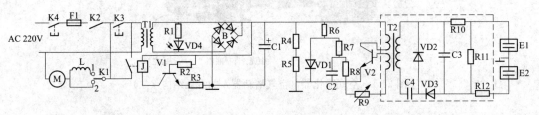

图 21-4　WKJ-A 空气净化器电路图

4. 康佳空气净化器 KQ-JH12 电路图与结构

康佳空气净化器 KQ-JH12 电路图与结构如图 21-5 所示。

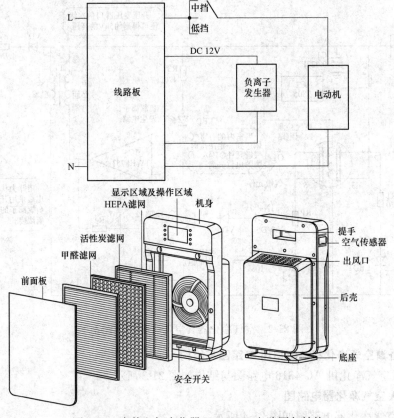

图 21-5　康佳空气净化器 KQ-JH12 电路图与结构

5. 格兰仕 QD4L-20-1 空气清新器电路图

格兰仕 QD4L-20-1 空气清新器电路图如图 21-6 所示。

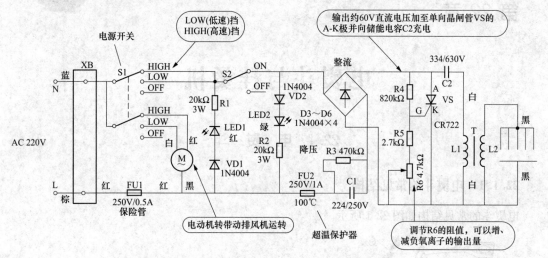

图 21-6　格兰仕 QD4L-20-1 空气清新器电路图

21.3　空气净化器（空气清新器）快修精修

空气净化器（空气清新器）快修精修见表 21-1。

表 21-1　　　　　　　　空气净化器（空气清新器）快修精修

故　　障	故　障　维　修
产生的湿气很少	使用了井水/泉水、水瓶中的水结冰或湿度太低等原因引起
产生异味	长时间未清洁设备、使用了陈水、预滤器脏等原因引起
除烟、除臭效果差	滤网组件正反面安装错、滤网组件使用寿命已到、进风口被异物堵住等原因引起
除异味不佳	需要更换活性碳网
带加湿功能的空气净化器完全不工作	电源、供电情况、插头、电源插座、上盖异常等原因引起
电动机不转	线路板连接的导线两端有脱落，应重新插接或焊接，以及熔丝熔断、电源导线与线路板间的接插件接触不良、电动机损坏等原因引起
风量太小	需要检查过滤网、集尘盒是否该清洗
负离子发生器与高压集尘盒上无高压	开关坏、继电器坏、高压包已损坏、负离子发生器及集尘盒安装状态不对等原因引起
机器不运行	电源线、电源异常等原因引起
有微风但是没有生成湿气	检查是否调至加湿模式、蒸汽是否正常

第22章

电熨斗与挂烫机

22.1 电 熨 斗

22.1.1 电熨斗的常见结构

电熨斗的常见结构如图22-1所示。

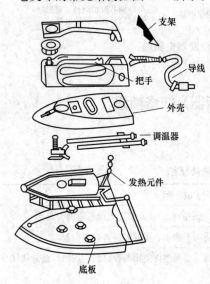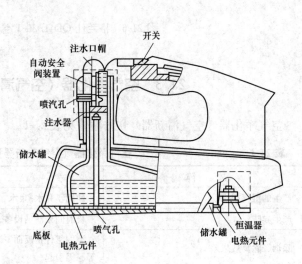

图22-1 电熨斗的常见结构

22.1.2 电熨斗快修精修

电熨斗快修精修见表22-1。

表22-1 电熨斗快修精修

故 障	故障原因	故障维修
不出蒸汽或蒸汽量过少	水箱内装的水过少	需要加水
不出蒸汽或蒸汽量过少	蒸汽量旋钮处于关闭或打开太少	蒸汽量需要调高
不出蒸汽或蒸汽量过少	底板的出汽孔堵塞	需要疏通出汽孔

故　　障	故障原因	故障维修
不出蒸汽或蒸汽量过少	水路堵塞	需要查水路
不能喷汽喷雾	管道、汽孔堵塞	可以用大头针或细金属丝清理疏通，以及用50%的醋溶液清理内部水垢
不喷水	喷水按钮不弹起	需要更换喷水按钮
不喷水	润滑不好	需要上润滑油
不喷水	弹力不够	可以拉长
不喷水	泵体内小硅胶球丢失	需要加上小球
不喷水	导水管断裂或脱落	需要调换导水管
不喷水	喷水口堵	需要疏通开
不喷水	按钮硅胶圈老化	需要更换按钮硅胶圈
布料烫伤、烫焦	调温旋钮把温度调得过高	需要根据调温旋钮上的标称来调节温度
布料烫伤、烫焦	调温器不准	需要校温
底板不发热	调温旋钮处于关的位置	调需要节调温旋钮
底板不发热	熔断器断路	需要更换熔断器
底板不发热	调温器损坏	需要更换调温器
底板不发热	底板内电热丝断路	需要更换底板
恒温器失灵	恒温器无法调节	需要更换恒温器
恒温器失灵	恒温触点被电弧击伤（绝缘）	需要处理触点
漏电	电源受潮	需要吹干
漏电	电源绝缘层破损	需要更换电线
漏电	电源插头焦化	需要更换电线
漏电	火线接头松脱与外壳相碰	需要重接接头
漏电	电热丝击穿	需要更换电热盘
漏电	内部漏水	需要吹干
漏水	调温过低	调需要温旋钮调高温度
漏水	调温器损坏/失灵	需要调温器更换/校温
漏水	蒸汽量调得过大	蒸汽旋钮调低蒸汽量
漏水	底板上部密封不良	需要用硅橡胶重新密封或更换底板
漏水	底板与隔热板之间密封圈损坏	需要更换密封圈损坏
漏水	调温器温度太低、装水过多、水箱损坏	需要调高调温器断电温度、倒出一些水、更换损坏的部件等相应处理
漏水	水箱出水口处不密封	需要加点油给出水口处，让密封塞润滑，把温度调的过低等相应处理
漏水	硅胶帽小孔过大或硅胶帽损坏	需要更换硅胶帽
漏水	底板扩散剂失灵	需要换底板
漏水	隔热基座组裂	需要换隔基

续表

故　　障	故障原因	故障维修
漏水	恒温器坏	需要调节恒温器管角/更换恒温器
没强汽或强汽不强	水箱没水	需要加水
没强汽或强汽不强	底板温度过低	需要调高温度或延长加热时间
没强汽或强汽不强	短时内多次使用此功能	需要稍等片刻，可能能够重新使用
没强汽或强汽不强	强汽导管开裂、脱落、折弯	需要更换导管或重装软弯
喷出的是水而不是雾	温度太低	需要待高于100℃时再使用
时热时不热	插头插座接触不良	需要修磨校正
时热时不热	恒温器接触不良	需要更换恒温器
时热时不热	电源内部折断	需要重接
时热时不热	线路接触不良	需要处理线路接触情况
时热时不热	电热盘引线松脱	需要重焊电热盘引线
无喷雾或喷雾不良	水位太低	需要加水
无喷雾或喷雾不良	喷雾头被小颗粒杂物堵塞	需要更换喷雾头
无蒸汽或蒸汽小	硅胶帽堵	需要把硅胶帽小孔通开
无蒸汽或蒸汽小	蒸汽轴调节失灵	需要蒸汽轴断
无蒸汽或蒸汽小	蒸汽轴调节失灵	需要清洗旋钮
无蒸汽或蒸汽小	蒸汽轴调节失灵	需要更换手把盖
无蒸汽或蒸汽小	底盘被水碱堵	需要通开
无蒸汽或蒸汽小	底盘被水碱堵	需要更换底板
熨斗不会产生蒸汽	蒸汽位置设为0	需要设置蒸汽位置
熨斗不会产生蒸汽	蒸汽位置设为0	需要设置蒸汽位置
熨烫期间有薄片和杂质从底板漏出	硬水会在底板内形成水垢	使用除水垢功能，直到所有薄片和杂质均已处理掉
在熨烫期间，底盘冒出小薄片和杂质	硬水在底盘内侧形成小薄片	使用除钙功能，直到所有小薄片和杂质皆完全除去为止
指示灯不亮，也不加热	电源是否接通	需要接通电源
指示灯不亮，也不加热	内配线脱落	需要重新接好
指示灯不亮，也不加热	恒温器烧坏或接触不良	需要更换恒温器或擦净恒温器触点
指示灯不亮，也不加热	限流电阻坏	需要更换限流电阻
指示灯不亮，也不加热	PC电路烧	需要修复或更换PC板
指示灯不亮，也不加热	继电器坏	需要更换继电器
指示灯不亮，也不加热	熔丝烧	需要更换保险丝

22.2 挂烫机（熨烫机）

22.2.1 挂烫机（熨烫机）的常见结构

挂烫机有关结构如图 22-2 所示。

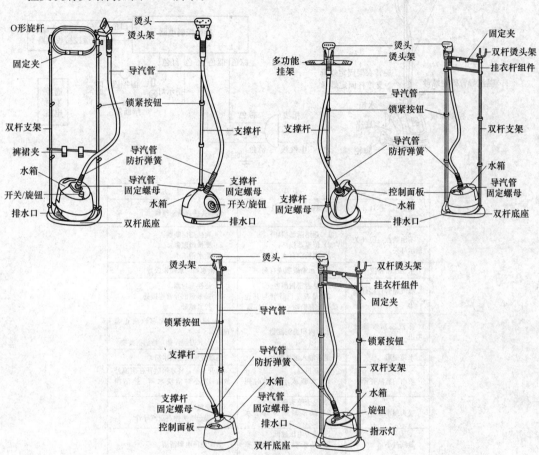

图 22-2　挂烫机有关结构

22.2.2 挂烫机（熨烫机）维修必查必备

1. 龙的 NK-390 电路图、结构与维修

龙的 NK-390 电路图、结构与维修如图 22-3 所示。

2. 龙的 NK-395 电路图与结构

龙的 NK-395 电路图与结构如图 22-4 所示。

3. 龙的 NK-397 电路图

龙的 NK-397 电路图如图 22-5 所示。

4. 美的挂烫机电路图

美的挂烫机电路图如图 22-6 所示。

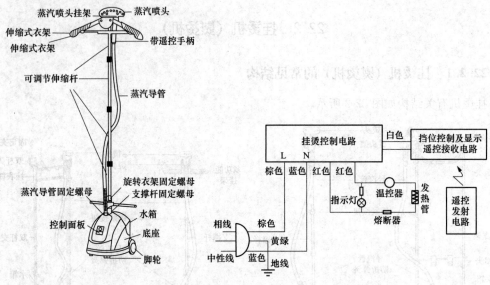

现象	原因	处理方法
完全不工作且开关指示灯不亮	电源插头是否插上开关是否烧坏	将插头插进插座维修
不出蒸汽，但开关指示灯亮	1) 热熔断器损坏。 2) 恒温器损坏。 3) 水箱没有水	1) 更换热熔断器。 2) 更换恒温器。 3) 给水箱加水
水往水槽外流	是否水箱破裂或有洞	更换水箱 水箱未放好
蒸汽导管连接处漏气水	1) 是否密封圈老化。 2) 是否蒸汽导管与其接头处有松动，螺母没拧紧	1) 更换密封圈。 2) 插紧蒸汽导管连接处。 3) 拧紧螺母
蒸汽断断续续地喷出	水箱内积聚沉淀物	1) 短时间间歇出蒸汽属正常现象。 2) 若长时间停顿，清洁沉淀物
水箱变形	是否加入滚烫开水	继续使用或更换水箱
喷出的蒸汽有异味	1) 新机器。 2) 水脏或水存放时间过长	打开水箱，将冰箱敞开在阴凉处放置12小时清洗水箱，换洁净的水
喷头漏水	1) 是否喷头破裂。 2) 操作时喷头低于水平线	1) 更换喷头。 2) 提起喷头伸直蒸汽导管
蒸汽过小	1) 是否电压过低。 2) 是否被水污垢堵塞管道	装配稳压电源清洁

图 22-3 龙的 NK-390 电路图、结构与维修

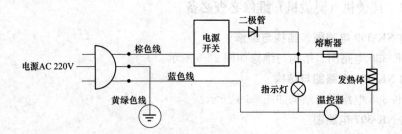

图 22-4 龙的 NK-395 电路图与结构

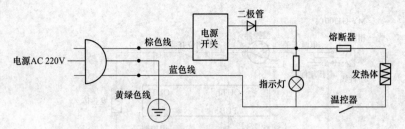

图 22-5 龙的 NK-397 电路图

MY-GD15C3/MY-GD15C4/MY-GD15C5/MY-GD15C6
MY-GD15C7

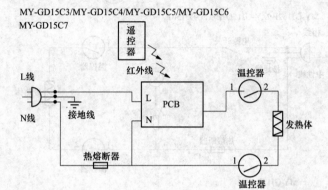

MY-GD15C1/MY-GD15C2

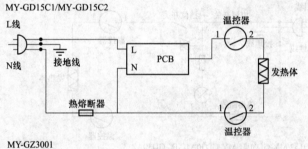

MY-GZ3001

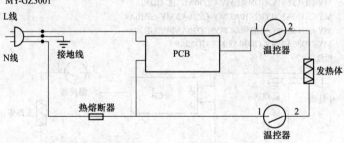

MY-GJ15B2/MY-GJ15B3/MY-GJ15B4

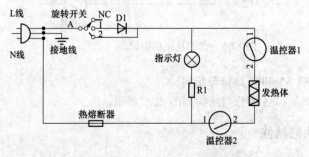

图 22-6 美的挂烫机电路图（一）

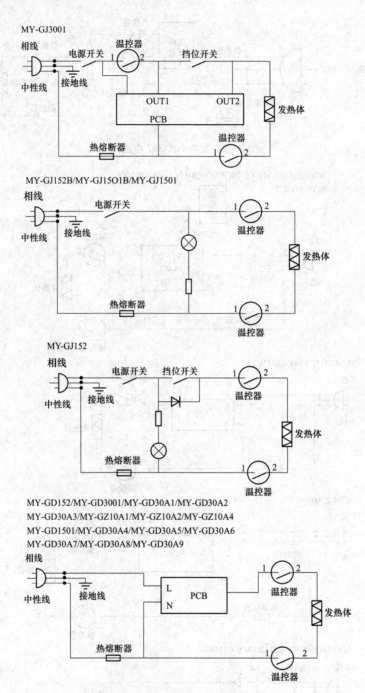

图 22-6 美的挂烫机电路图（二）

5. 双鸟便携式熨烫机 SA-4084 维修与结构

双鸟便携式熨烫机 SA-4084 维修与结构如图 22-7 所示。

22.2.3 挂烫机快修精修

挂烫机快修精修见表 22-2。

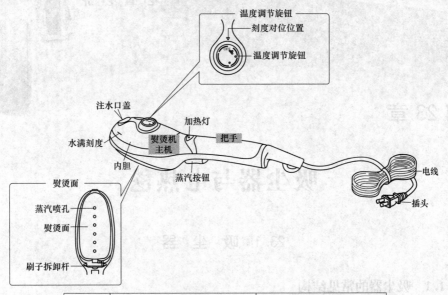

现象	可能原因	排除方法
温度升 不起来	插头松脱	把插头插好
	没根据衣物材料设定适当的温度	设定适当的温度
	温度调节旋钮在"OFF"挡	根据衣物材料选用温度
蒸汽不出来 或出来很少	内胆里有垃圾	把垃圾清除,使用干净的自来水
	按蒸汽按钮三四下都不出来	继续按蒸汽按钮10~20下
	温度调节旋钮没在"高"挡	把温度调节旋钮设在"高"挡
	蒸汽喷孔积聚有垃圾或水垢	用牙签等清除喷孔的积聚物
漏水、热水 滴下	在低温状态下按下了蒸汽按钮	把温度调节旋钮设在"高"挡
	通电后马上开始使用	等到加热灯熄灭为止再开始使用
	每次按蒸汽按钮的时间间隔少于2s	每次按蒸汽按钮的时间 间隔请保持在2~5s
衣物糊了	没根据衣物材料设定温度	根据衣物材料设定适当温度,或 在衣物上垫一块布
	温度从"高"变"低"时,加热灯会 亮,可能不是等灯熄灭后再使用的	等灯熄灭后再使用
	用蒸汽熨烫"高"以外的纤维时,有 垫一块布在衣物上吗	垫一块布在衣物上

图 22-7　双鸟便携式熨烫机 SA-4084 维修与结构

表 22-2　　　　　　　　　　　　　　　　**挂烫机快修精修**

现　　象	原　　因	排除方法
开机后不能工作	电源插头异常	检查电源插头
	熔丝烧断	更换熔丝
	电路故障	检查、维修
开机后产品工作,但没有蒸汽出	水箱没水或水太少	给水箱加水
	内部蒸汽通道弯折或脱开	检查、维修
	发热盘损坏	检查、维修
烫头滴水	蒸汽冷凝	属于正常现象
	发热盘损坏	检查、维修
	放置在较高的台面上	需要将电器放置在地面上
工作时,有"咕噜"声音	导汽管处于 U 形状态时,有蒸汽 凝结在导汽管内	使用时,提起烫头垂直直拉直导汽管, 以及抖动烫头几下
	放置在较高的台面上	需要将电器放置在地面上
除烫头处外,其他部位有出汽现象	密封件损坏	检查、维修

第23章

吸尘器与电热毯

23.1 吸 尘 器

23.1.1 吸尘器的常见结构

吸尘器的常见结构如图23-1所示。

23.1.2 吸尘器维修必查必备

1. 美的吸尘器 VC12C1-VV 电路图与结构

美的吸尘器 VC12C1-VV 电路图与结构如图23-2所示。

2. 美的吸尘器 VC12X2-FR 电路图与结构

美的吸尘器 VC12X2-FR 电路图与结构如图23-3所示。

3. 美的吸尘器 VT02W-09B 电路图与结构

美的吸尘器 VT02W-09B 电路图与结构如图23-4所示。

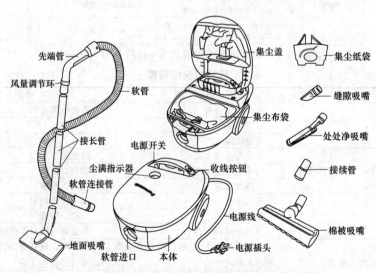

图 23-1　吸尘器的常见结构（一）

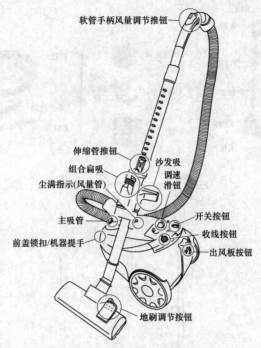

图 23-1　吸尘器的常见结构（二）

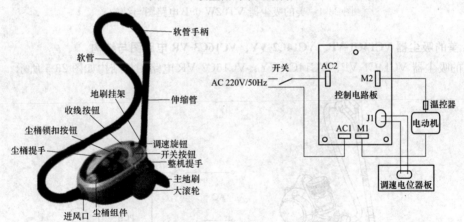

图 23-2　美的吸尘器 VC12C1-VV 电路图与结构

图 23-3　美的吸尘器 VC12X2-FR 电路图与结构

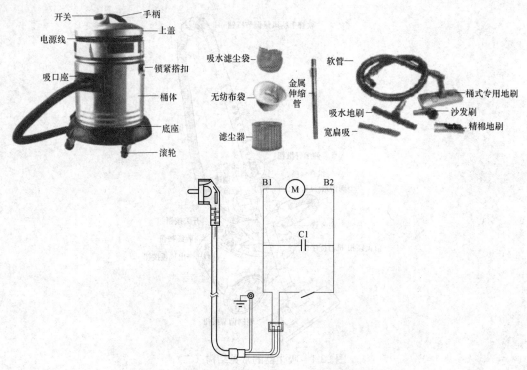

图 23-4　美的吸尘器 VT02W-09B 电路图与结构

4. 美的吸尘器 VC14C1-VP、VC14C2-VY、VC16C3-VR 电路图与结构

美的吸尘器 VC14C1-VP、VC14C2-VY、VC16C3-VR 电路图与结构如图 23-5 所示。

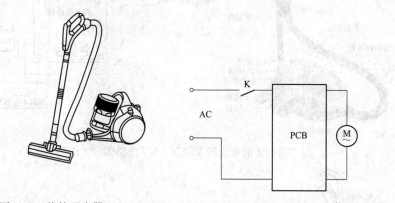

图 23-5　美的吸尘器 VC14C1-VP、VC14C2-VY、VC16C3-VR 电路图与结构

5. 美的吸尘器 SC861/SC861A/SC863 电路图与结构

美的吸尘器 SC861/SC861A/SC863 电路图与结构如图 23-6 所示。

6. 美的吸尘器 T3-L101B/T3-101B 电路图与结构

美的吸尘器 T3-L101B/T3-101B 电路图与结构如图 23-7 所示。

7. 惠而浦 WVC-HT1402K、WVC-HT1601K 吸尘器电路图与结构

惠而浦 WVC-HT1402K、WVC-HT1601K 吸尘器电路图与结构如图 23-8 所示。

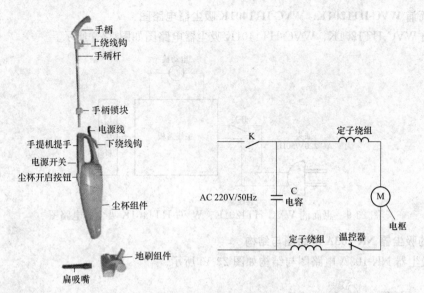

图 23-6　美的吸尘器 SC861/SC861A/SC863 电路图与结构

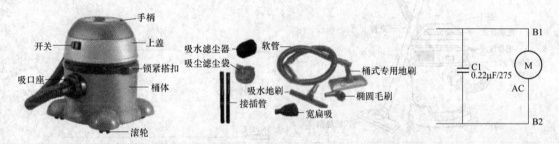

图 23-7　美的吸尘器 T3-L101B/T3-101B 电路图与结构

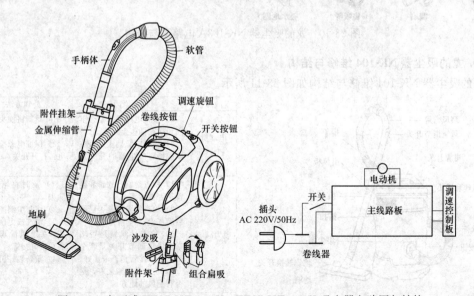

图 23-8　惠而浦 WVC-HT1402K、WVC-HT1601K 吸尘器电路图与结构

8. 惠而浦 WVC-HT1201K、WVC-HT1401K 吸尘器电路图

惠而浦 WVC-HT1201K、WVC-HT1401K 吸尘器电路图如图 23-9 所示。

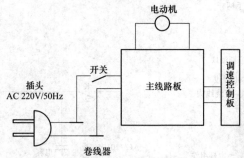

图 23-9 惠而浦 WVC-HT1201K、WVC-HT1401K 吸尘器电路图

9. 龙的吸尘器 NK-103A 电路图与结构

龙的吸尘器 NK-103A 电路图与结构如图 23-10 所示。

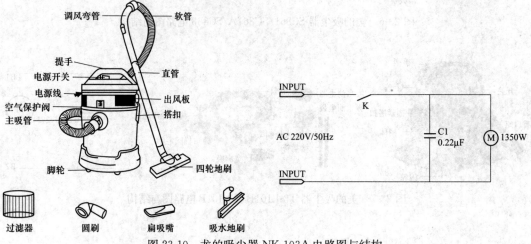

图 23-10 龙的吸尘器 NK-103A 电路图与结构

10. 龙的吸尘器 NK-104 维修与结构

龙的吸尘器 NK-104 维修与结构如图 23-11 所示。

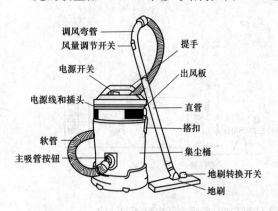

故障	可能原因	处理方法
电动机不转	1）检查电源插头是否牢固地插在插座上。 2）检查电源插座是否有电或检查吸尘器的开关是否打开	1）重新将插头插入插座。 2）保证电源插座有电，打开开关
吸力减弱	1）检查地刷、软管和接管是否被堵塞。 2）检查集尘桶是否已经装满灰尘。 3）检查过滤袋是否堵塞，风量调节开关是否全部关上，接管是否未接好。 4）机头是否未装好，是否有漏风的地方。	1）及时将堵塞物除去。 2）将灰尘倒掉。 3）清洗或更换过滤袋，关上风量调节开关，接好接管。 4）重新装好机头

图 23-11 龙的吸尘器 NK-104 维修与结构

11. 龙的吸尘器 NK-162A 维修与结构

龙的吸尘器 NK-162A 维修与结构如图 23-12 所示。

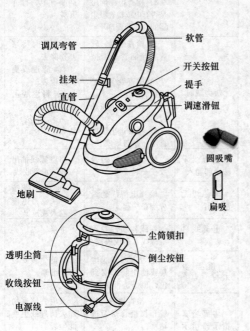

故障	可能原因	处理方法
电 动 机 不转	1）检查电源插头是否牢固地插在插座上。 2）检查电源插座是否有电或检查吸尘器电源开关是否打开	1）重新将插头插入插座。 2）保证电源插座有电，打开开关
吸力减弱	1）检查地刷、软管和直管是否被堵塞。 2）检查滤尘袋是否积满灰尘。 3）检查过滤网是否堵塞。 4）检查调风弯管处的风量调节开关是否处于打开状态	1）及时将堵塞物除去。 2）清理或更换滤尘袋。 3）清洗或更换过滤网。 4）将风量调节开关合上
电源线无法全部卷入	机体内电源线相互堆叠阻碍卷线	将电源线抽出一段，更新收线
电源线无法拉出	电源线可能缠绕在一起	压下收线按钮，往复将电源线卷入或拉出
电源线自收	电源线可能缠绕在一起	压下收线按钮，往复将电源线卷入或拉出
不能调速	调速电位器失控	维修
过滤器外罩装不上	是否安装过滤器，是否过滤器未安装到位	将过滤器安装好

图 23-12　龙的吸尘器 NK-162A 维修与结构

12. 龙的吸尘器 NK-172 电路图与结构

龙的吸尘器 NK-172 电路图与结构如图 23-13 所示。

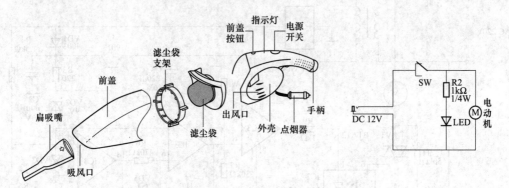

图 23-13　龙的吸尘器 NK-172 电路图与结构

13. 龙的吸尘器 NK-177 维修、电路图与结构

龙的吸尘器 NK-177 维修、电路图与结构如图 23-14 所示。

14. 旋风 ZW100-929 型卧式吸尘器电路图

旋风 ZW100-929 型卧式吸尘器电路图如图 23-15 所示。

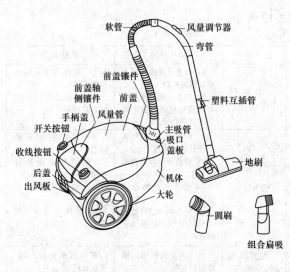

故障	可能原因	处理方法
电机不转	1）检查电源插头是否牢固地插在插座上。 2）检查电源插座是否有电或检查吸尘器的电源是否打开	1）重新将插头插入插座。 2）保证电源插座有电、打开开关
吸力减弱	1）检查地刷、软管或互插管是否被堵塞。 2）检查吸尘袋是否积满灰尘。 3）检查吸尘腔是否盖好。 4）检查进出风口百洁布是否堵塞	1）及时将堵塞物除去。 2）清理或更换滤尘袋。 3）将尘腔上盖正常合上。 4）清洗百洁布
电源线无法全部卷入	检查电源线是否绞在一起	将电源线抽出一段，重新收线
电源线无法抽出	检查电源线是否缠绕在一起	压下收线按钮，反复将电源线卷入或拉出
电源线自动收线	卷线器惯性卷入电源线，造成失控	维修
顶盖盖不上	是否未安装滤尘袋或滤尘袋未安到位，顶盖是否变形	将滤尘袋安装好，维修
尘满堵塞指示器指示浮标红色	1）检查地刷、软管和长接管是否被堵塞。 2）检查滤尘袋是否积满尘	及时将堵塞物除去清理或更换滤尘袋

图 23-14　龙的吸尘器 NK-177 维修、电路图与结构

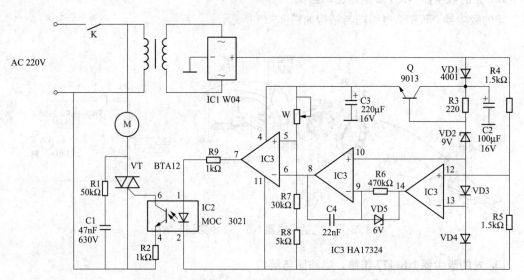

图 23-15　旋风 ZW100-929 型卧式吸尘器电路图

15. 春花 ZW80-936 吸尘器电路图

春花 ZW80-936 吸尘器电路图如图 23-16 所示。

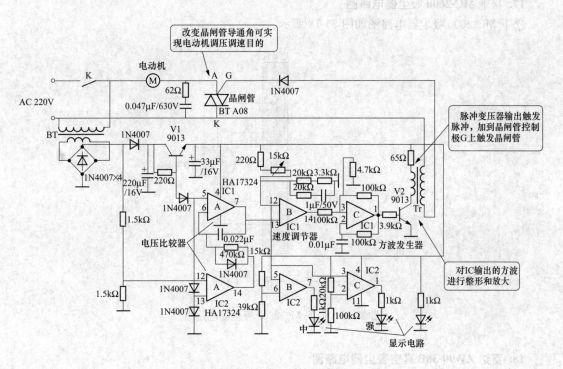

图 23-16 春花 ZW80-936 吸尘器电路图

16. 声宝 WC-651D 吸尘器电路图

声宝 WC-651D 吸尘器电路图如图 23-17 所示。

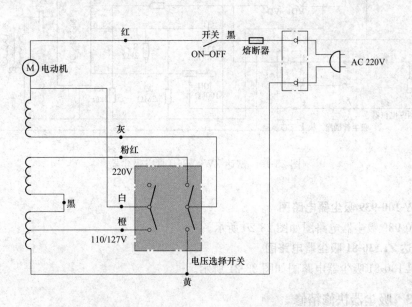

图 23-17 声宝 WC-651D 吸尘器电路图

17. 松下 MC-2600 吸尘器电路图

松下 MC-2600 吸尘器电路图如图 23-18 所示。

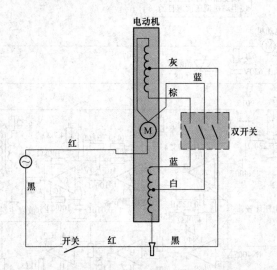

图 23-18　松下 MC-2600 吸尘器电路图

18. 富达 ZW90-36B 真空吸尘器电路图

富达 ZW90-36B 真空吸尘器电路图如图 23-19 所示。

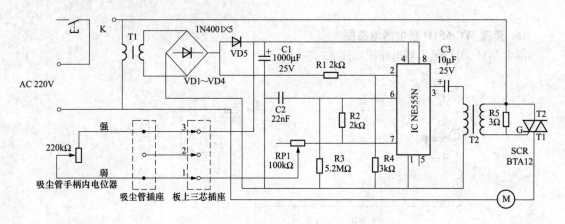

图 23-19　富达 ZW90-36B 真空吸尘器

19. ZW-100-939 吸尘器电路图

ZW-100-939 吸尘器电路图如图 23-20 所示。

20. 富达 ZL130-81 吸尘器电路图

富达 ZL130-81 吸尘器电路图如图 23-21 所示。

23.1.3　吸尘器快修精修

吸尘器快修精修见表 23-1。

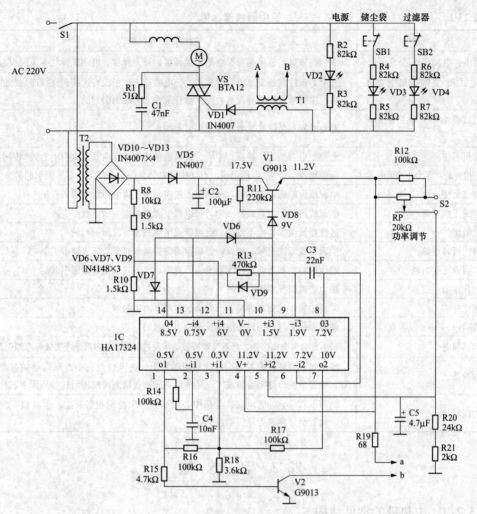

图 23-20 ZW-100-939 吸尘器电路图

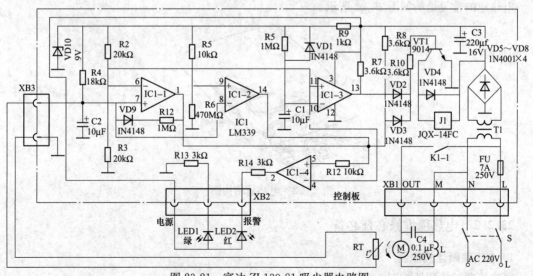

图 23-21 富达 ZL130-81 吸尘器电路图

表 23-1　　　　　　　　　　　　　　**吸尘器快修精修**

故　　　障	故障原因与维修
不通电，电动机不转	手柄与整机安装不配合、电路接线异常、开关异常、电动机异常等原因引起的
充电式吸尘器，充电器不充电	充电器未连接到交流电源插座上、充电器输出端子没有连接到支撑座底部的接线孔内、手持吸尘器部分没有装配到推杆部件上等原因引起的
充电式吸尘器充电后使用时间过短	充电时间不足、电池老化等原因引起的
电动机不转	电源、电源插头、插座、尘满、进风通道堵塞、充电式吸尘器电池等原因引起的
电动机转动，吸力小或无吸力	风道堵塞、尘袋/尘桶尘满、电动机没安装到位、内部漏气等原因引起的
电源线无法拉出	电源线可能缠绕在一起，压下收线按钮，往复将电源线卷入或拉出
电源线无法全部卷入	电源线可能偏向卷线器一面，可以将电源线抽出一段后重新卷入
灰尘溢出	过滤器及网罩装配不到位、过滤器或网罩破损等原因引起的
机器运行时过热	尘满导致无法出风、带保护器装置的保护器未打开散气等原因引起的
捐线器卡死或自动收缩	卷线器制动器磨损、卷线器安装不到位、电源线跑位等原因引起的
排气孔排出	集尘袋破裂等原因引起的
喷灰尘	漏装尘袋、过滤海绵漏装、布满灰尘等原因引起的
软管啸叫、尖叫	软管主吸管与手柄体方向装反等原因引起的
吸尘器漏电	带电部分与金属碰触、严重受潮或被雨水浸过、电动机内部绝缘失效等原因引起的
吸力减低	滤尘袋或尘杯积满灰尘、过滤片积满灰尘、进风口或后盖出风口处的过滤片异常、软管或吸口处附着垃圾、电动地刷进风通道堵塞或滚刷堵转等原因引起的
吸力减弱	地面刷软管金伸管堵塞、尘桶中心过滤器出风滤网积满灰尘、尘桶没有安装到位、软管组件异常等原因引起的

23.2　电　热　毯

23.2.1　电热毯的常见结构

电热毯的常见结构如图 23-22 所示。

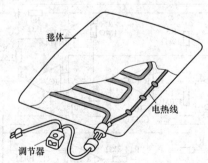

图 23-22　电热毯结构图

23.2.2　电热毯维修必查必备

1. 电热毯断丝检测器

电热毯断丝检测器如图 23-23 所示。

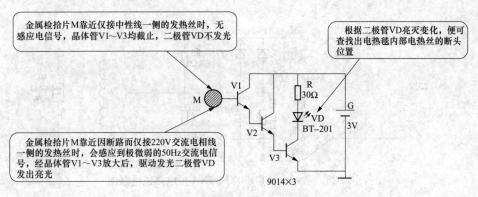

金属检拾片M靠近仅接中性线一侧的发热丝时，无感应电信号，晶体管V1～V3均截止，二极管VD不发光

根据二极管VD亮灭变化，便可查找出电热毯内部电热丝的断头位置

金属检拾片M靠近因断路而仅接220V交流电相线一侧的发热丝时，会感应到极微弱的50Hz交流电信号，经晶体管V1～V3放大后，驱动发光二极管VD发出亮光

图 23-23　电热毯断丝检测器

2. 双人双控式自动恒温、无级调节电热毯电路图

双人双控式自动恒温、无级调节电热毯电路图如图 23-24 所示。

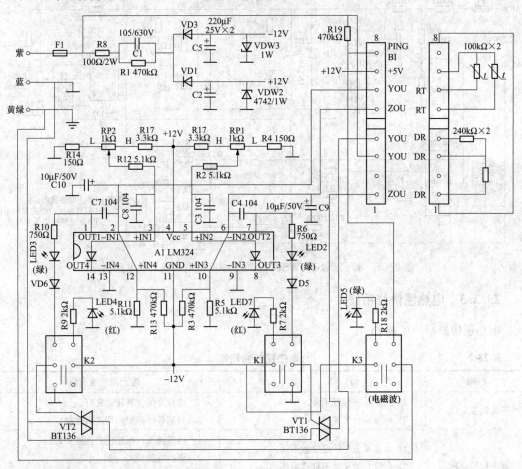

图 23-24　双人双控式自动恒温、无级调节电热毯电路图

3. 彩虹牌 TT-150X70-5XA 型电热毯电路图

彩虹牌 TT-150X70-5XA 型电热毯电路图如图 23-25 所示。

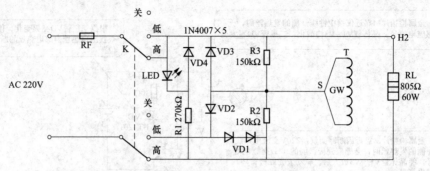

图 23-25　彩虹牌 TT-150X70-5XA 型电热毯电路图

4. 韩国产 SNOWSUN-MOT1000 型电热毯电路图

韩国产 SNOWSUN-MOT1000 型电热毯电路图如图 23-26 所示。

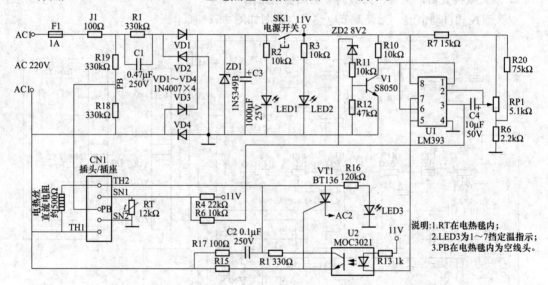

图 23-26　韩国产 SNOWSUN-MOT1000 型电热毯自动电路图

23.2.3　电热毯快修精修

电热毯快修精修见表 23-2。

表 23-2　　　　　　　　　　　　　电热毯快修精修

故　障	故　障　原　因	故　障　维　修
不能调温	1) 调温开关接触不良。 2) 调温部分失灵	1) 检查开关使其接触良好。 2) 根据具体调温原理进行检修
通电后不发热	1) 电源插头与插座接触不好。 2) 电源开关接触不良或损坏。 3) 电热丝断路	1) 修理插头,插座使其接触良好。 2) 更换电源开关。 3) 仔细找出断路处,然后缠结焊好,并且做好绝缘处理
漏电	1) 电热线绝缘层破损。 2) 过分潮湿	1) 找出破损处,并且用绝缘材料重新包好。 2) 用电吹风热风或太阳光晒干再使用

第24章

饮水机与净水器

24.1 饮 水 机

24.1.1 饮水机的常见结构

饮水机主要是由注水座、指示灯、水龙头、接水盒、保鲜柜、电源线等组成。有的饮水机的电路由加热电路、臭氧消毒电路、制冷电路等组成。加热电路主要由加热开关、加热器、温控器、过热保护器、指示灯等组成。臭氧消毒电路主要由定时器、单向晶闸管、电容、臭氧管、指示灯等组成。制冷电路主要包括电源电路、制冷温度控制电路、稳压控制电路、软启动电路等。

饮水机的常见结构如图24-1所示。

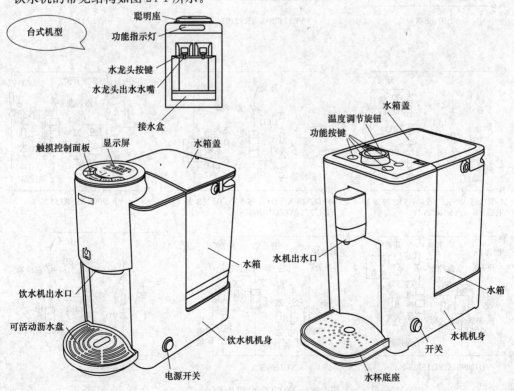

图24-1 饮水机的常见结构

24.1.2 饮水机维修必查必备

1. 美的饮水机电路图

美的饮水机电路图如图 24-2 所示。

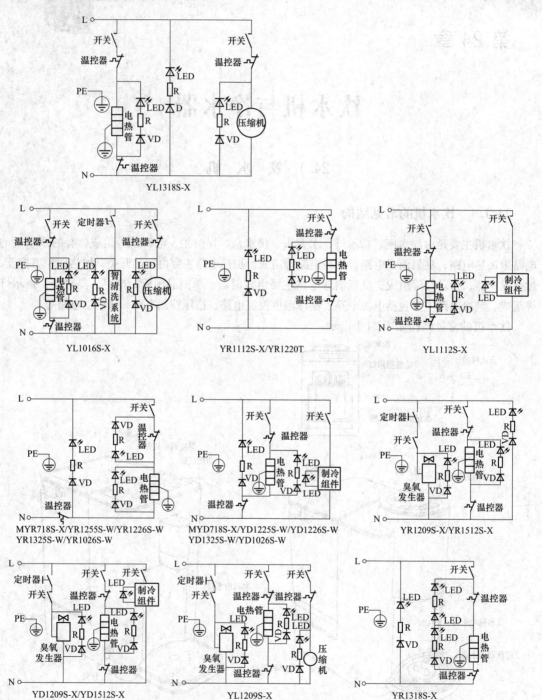

图 24-2 美的饮水机电路图（一）

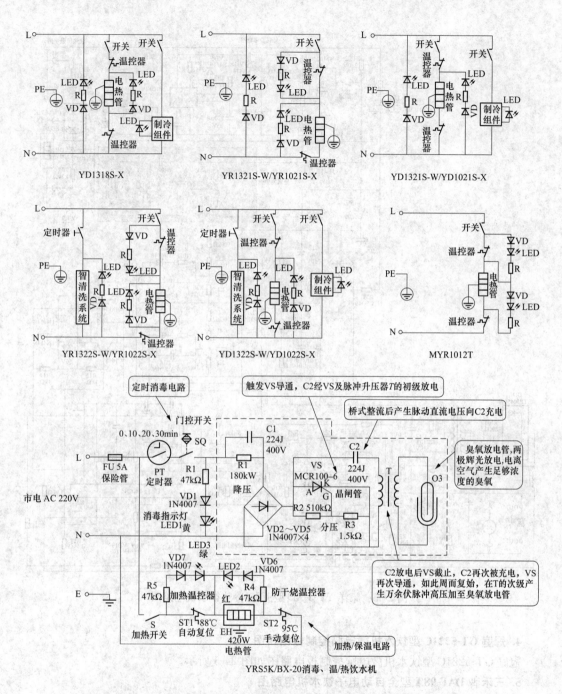

图 24-2　美的饮水机电路图（二）

2. 康洋 YT-5-XD 型消毒/冷热饮水机电路图

康洋 YT-5-XD 型消毒/冷热饮水机电路图如图 24-3 所示。

3. 佳意 YSX-GX/安鹏 YLR0，7m5L 消毒柜冷饮机电路图

佳意 YSX-GX/安鹏 YLR0，7m5L 消毒柜冷饮机电路图如图 24-4 所示。

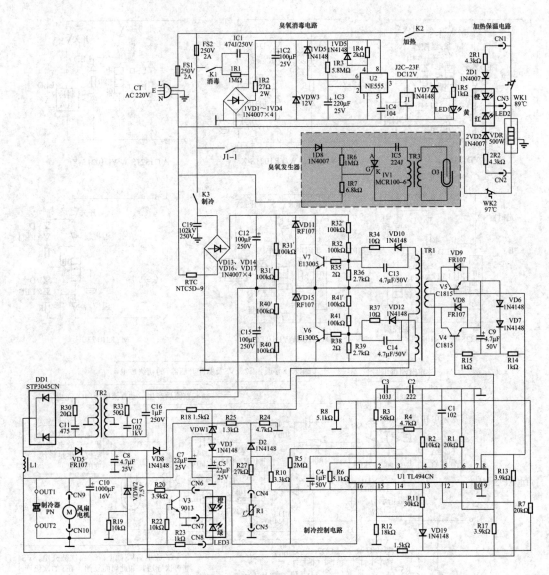

图 24-3 康洋 YT-5-XD 型消毒/冷热饮水机电路图

4. 冠庭 GT-5221C 型饮水机微电脑控制板电路图

冠庭 GT-5221C 型饮水机微电脑控制板电路图如图 24-5 所示。

5. 三禾牌 DAF-98A 型全自动电子饮水机电路图

三禾牌 DAF-98A 型全自动电子饮水机电路图如图 24-6 所示。

6. 新濠 FY-12A 冷热饮水机电路图

新濠 FY-12A 冷热饮水机电路图如图 24-7 所示。

24.1.3 饮水机快修精修

饮水机快修精修见表 24-1。

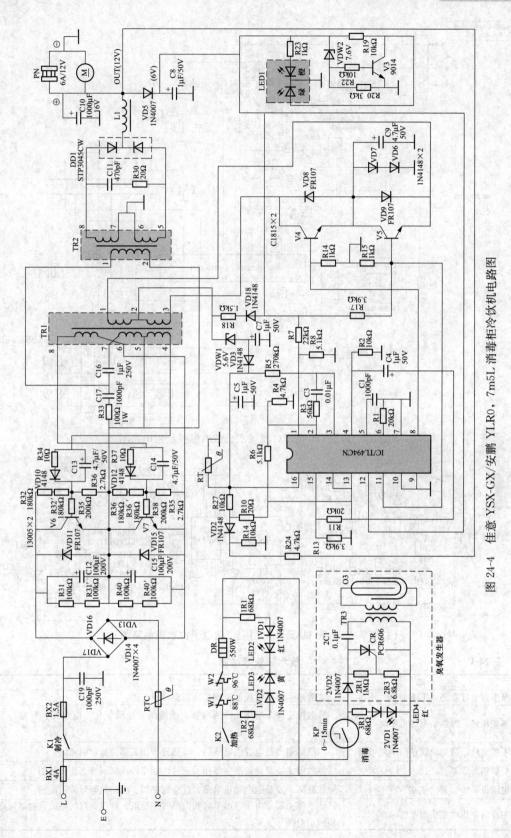

图 24-4 佳章 YSX-GX/安鹏 YLR0，7m5L 消毒柜冷饮机电路图

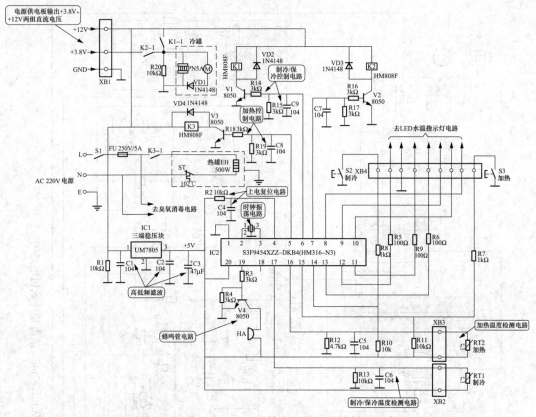

图 24-5 冠庭 GT-5221C 型饮水机微电脑控制板电路图

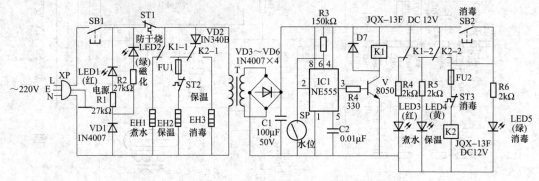

图 24-6 三禾牌 DAF-98A 型全自动电子饮水机电路图

表 24-1 饮水机快修精修

故　障	故 障 维 修
保温指示灯常亮，不能加热	该故障主要是温控器等相关部位异常引起的
不能加热，加热指示灯也不亮	该故障主要是电热元件两端接、插端子有松动氧化、电热元件异常等引起的
不能加热，且加热红色指示灯不亮	该故障主要是电源供电线路、电热管等相关部位异常引起的
臭氧消毒效果差	该故障主要是臭氧发生器相关元件性能变坏或臭氧管老化引起的
电动机不转，有"咕咕"声	该故障主要是电动机电路、过载保护器、压缩机等异常引起的
工作时，热水龙头出水慢	该故障主要是由于进水单向阀内部阀芯受阻、排气管有污垢或异物堵塞等原因引起的

故 障	故 障 维 修
加温保温动作频繁	该故障一般是温控器异常等相关部位引起的
开机后压缩机工作，但不能制冷	该故障主要是制冷剂泄漏引起的
热水水温较低	该故障主要是温控器等相关部位异常引起的
水龙头漏水	该故障主要是水龙头上端盖处漏水、水龙头嘴处滴水、水龙头与前面板连接处有水漏出等原因引起的
通电后，按水龙头不出水	该故障可能是水瓶无饮用水、进排水管道堵塞、水龙头活塞轴卡口开裂等原因引起的
通电后，按下加热开关，不工作	该故障主要是供电电路、温度熔断器等相关部位异常引起的
制冷指示灯不亮，不制冷	该故障可能发生在制冷温控器电路等相关部位

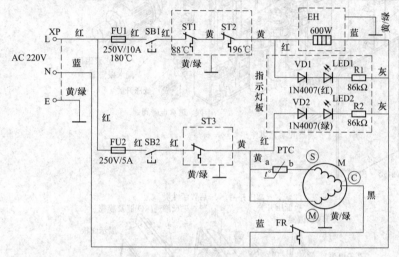

图 24-7　新濠 FY-12A 冷热饮水机电气路图

24.2　净水器（软水机、直饮水机）

24.2.1　净水器（软水机、直饮水机）的常见结构

净水器（软水机、直饮水机）的常见结构如图 24-8 所示。

软水机、直饮水机相关部件作用及更换周期见表 24-2。

表 24-2　　　　　　　　软水机、直饮水机相关部件作用及更换周期

名称	作 用	建议更换周期
PP 棉	去除水中泥沙、水藻、红虫、胶体等大体积的杂质	3～6 个月
RO 膜（逆渗透膜）	去除水中分子以外 99％以上的杂质，出水为纯净水	12～24 个月
后置活性碳	去除余氯、三氯甲烷等消毒副产物，以及重金属离子，可抑制细菌生长，并改善口感	6～12 个月
活性炭	去除余氯、三氯甲烷等消毒副产物，以及小分子有机物和重金属等有害物质，改善水的口感	9～12 个月
精密活性碳	进一步吸附水中的余氯、三氯甲烷等消毒副产物	9～12 个月
中空纤维超滤膜	去除细菌、病毒以及有机物，胶体等大于 0.01μm 杂质	18～24 个月

　　注　以上更换周期仅供参考，具体更换时间与用水量和地区水质有关。

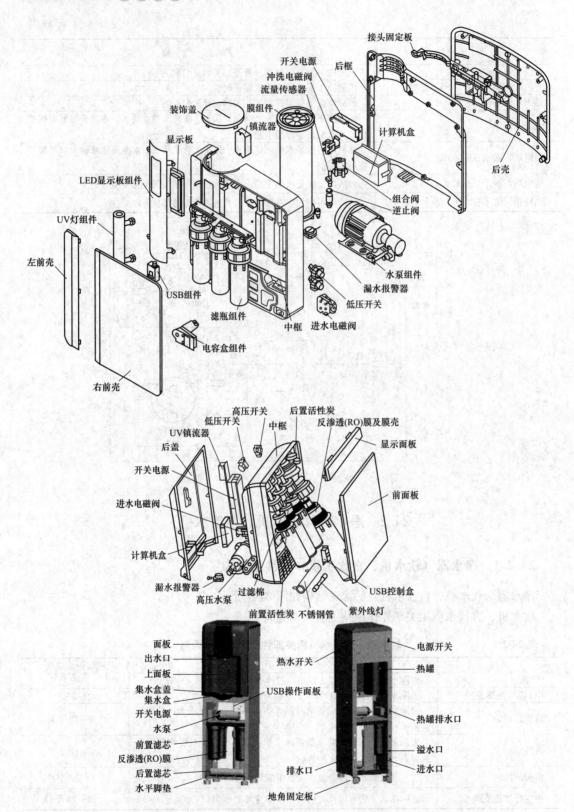

图 24-8　净水器（软水机、直饮水机）的常见结构

24.2.2　净水器（软水机、直饮水机）维修必查必备

1. 艾欧史密斯 RSE-10/18AR1 软水机电路图与故障代码

艾欧史密斯 RSE-10/18AR1 软水机电路图与故障代码如图 24-9 所示。

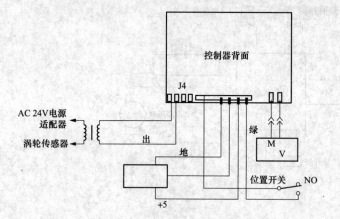

故障代码	故障含义	故障代码	故障含义
Err01	导线束或开关连接	Err02	阀门故障
Err03	限位开关	Err04	电动机故障
Err05	定时器（PWA）		

图 24-9　艾欧史密斯 RSE-10/18AR1 软水机电路图与故障代码

2. 艾欧史密斯 AR1300-F1 电路图

艾欧史密斯 AR1300-F1 电路图如图 24-10 所示。

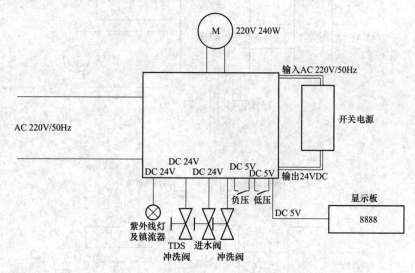

图 24-10　艾欧史密斯 AR1300-F1 电路图

3. 艾欧史密斯 AR50-H1、AR75-H1、AR600-H1 电路图

艾欧史密斯 AR50-H1、AR75-H1、AR600-H1 电路图如图 24-11 所示。

4. 艾欧史密斯 AR50-T1、AR50-L1 电路图与结构

艾欧史密斯 AR50-T1、AR50-L1 电路图与结构如图 24-12 所示。

5. 艾欧史密斯 AR600-A1 电路图与结构

艾欧史密斯 AR600-A1 电路图与结构如图 24-13 所示。

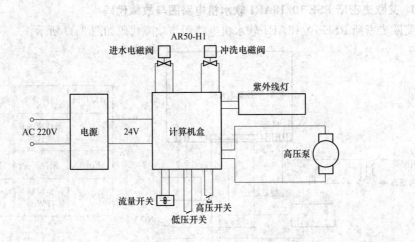

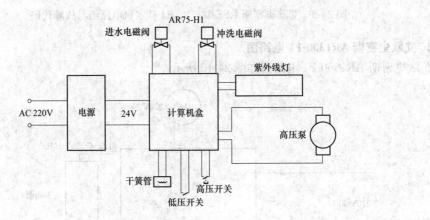

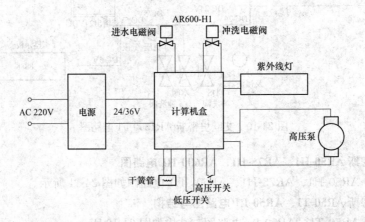

图 24-11　艾欧史密斯 AR50-H1、AR75-H1、AR600-H1 电路图

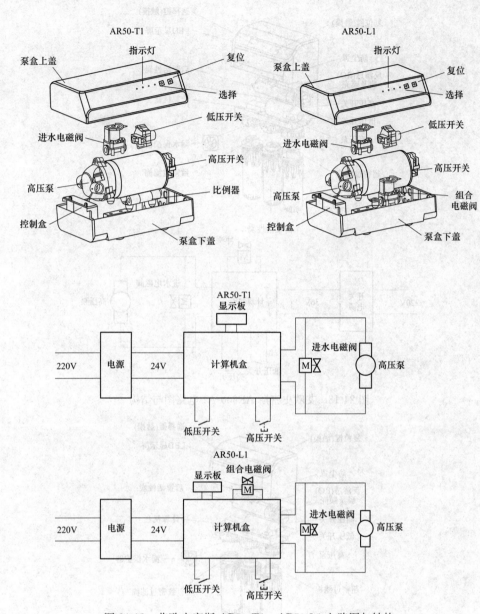

图 24-12　艾欧史密斯 AR50-T1、AR50-L1 电路图与结构

6. 艾欧史密斯 AR400-A1 电路图与结构

艾欧史密斯 AR400-A1 电路图与结构如图 24-14 所示。

7. 艾欧史密斯 AR50-D1、AR75-D1 电路图与结构

艾欧史密斯 AR50-D1、AR75-D1 电路图与结构如图 24-15 所示。

8. 艾欧史密斯 ACWP-15AE1、ACWP-20AE1 结构与故障代码

艾欧史密斯 ACWP-15AE1、ACWP-20AE1 结构与故障代码如图 24-16 所示。

9. 艾欧史密斯 AR1000-F1、AR1300-F1 电路图与结构

艾欧史密斯 AR1000-F1、AR1300-F1 电路图与结构如图 24-17 所示。

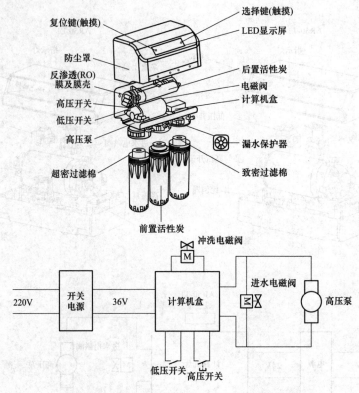

图 24-13 艾欧史密斯 AR600-A1 电路图与结构

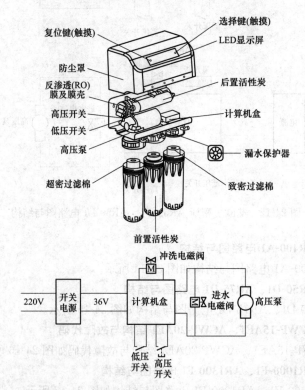

图 24-14 艾欧史密斯 AR400-A1 电路图与结构

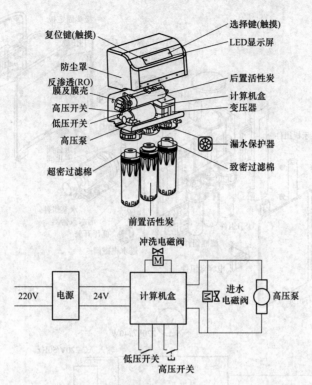

图 24-15 艾欧史密斯 AR50-D1、AR75-D1 电路图与结构

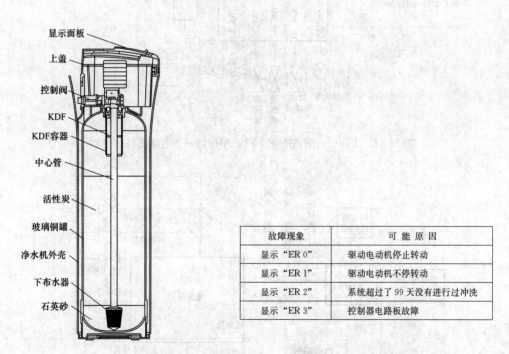

故障现象	可能原因
显示 "ER 0"	驱动电动机停止转动
显示 "ER 1"	驱动电动机不停转动
显示 "ER 2"	系统超过了 99 天没有进行过冲洗
显示 "ER 3"	控制器电路板故障

图 24-16 艾欧史密斯 ACWP-15AE1、ACWP-20AE1 结构与故障代码

10. 艾欧史密斯 AR75-E1 电路图

艾欧史密斯 AR75-E1 电路图如图 24-18 所示。

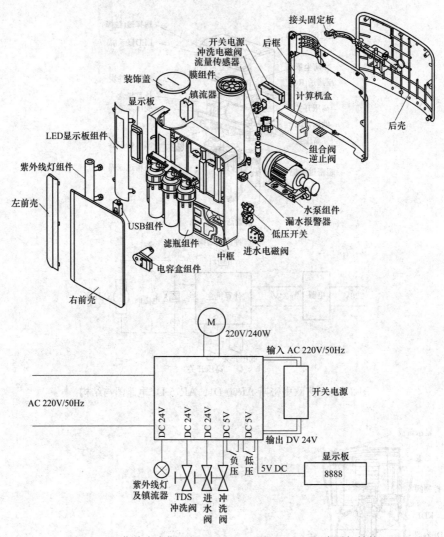

图 24-17 艾欧史密斯 AR1000-F1、AR1300-F1 电路图与结构

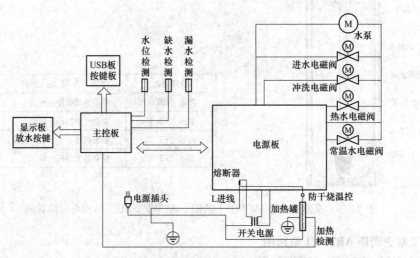

图 24-18 艾欧史密斯 AR75-E1 电路图

11. 艾欧史密斯 AR75-G1 电路图与结构

艾欧史密斯 AR75-G1 电路图与结构如图 24-19 所示。

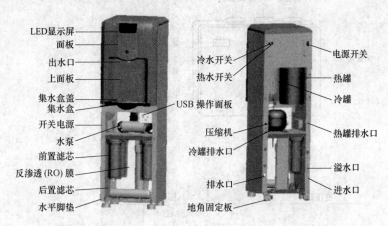

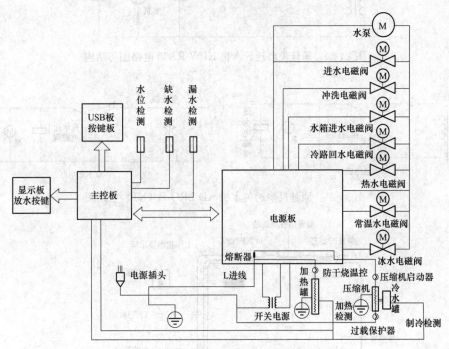

图 24-19 艾欧史密斯 AR75-G1 电路图与结构

12. 康佳反渗透纯水机 KPW-RA03 电路图与结构

康佳反渗透纯水机 KPW-RA03 电路图与结构如图 24-20 所示。

13. 康佳反渗透纯水机 KD-BRO-B（XT）电路图

康佳反渗透纯水机 KD-BRO-B（XT）电路图如图 24-21 所示。

14. 康佳反渗透纯水机 KD-BRO-B（PG）电路图与结构

康佳反渗透纯水机 KD-BRO-B（PG）电路图与结构如图 24-22 所示。

15. 康佳净水器 KD-BRO-B（CX）电路图

康佳净水器 KD-BRO-B（CX）电路图如图 24-23 所示。

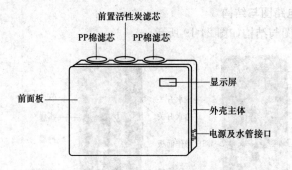

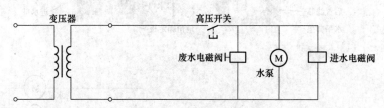

图 24-20　康佳反渗透纯水机 KPW-RA03 电路图与结构

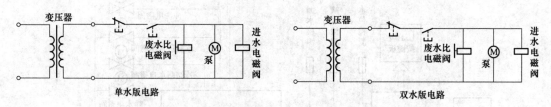

单水版电路　　　　　　　　双水版电路

图 24-21　康佳反渗透纯水机 KD-BRO-B（XT）电路图

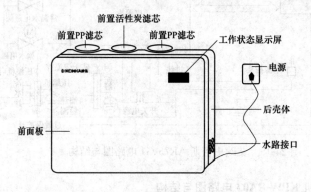

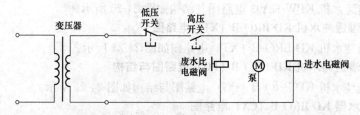

图 24-22　康佳反渗透纯水机 KD-BRO-B（PG）电路图与结构

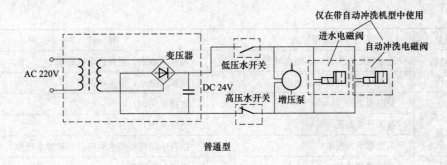

普通型

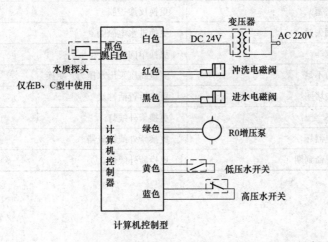

计算机控制型

图 24-23　康佳净水器 KD-BRO-B（CX）电路图

24.2.3　净水器（软水机、直饮水机）快修精修

净水器（软水机、直饮水机）快修精修见表 24-3。

表 24-3　　　　　　　　　　　净水器（软水机、直饮水机）快修精修

故障现象	故障原因	排　除　方　法
机器不启动	电源没有接通	检查电源或电源插头
	原水压力小或停水	检查原水压力
	低压开关失灵，不能接通电源	接通原水后测量其电阻，更换
	离压开关不能复位	泄掉压力后测量其电阻，更换
	开关电源烧坏	测量其输出电压，更换
	计算机盒无输出电压	测量其输出电压，更换
高压泵正常工作但无法造水	高压泵失压	测量水泵出水压力，更换
	进水电磁阀无法进水（纯水浓水均无）	更换进水电磁阀
	前置滤芯堵塞	观察其纯水与浓水，更换前置滤芯
	单向阀堵塞	更换单向阀
	反渗透膜堵塞	更换反渗透膜
	计算机盒有故障不能关闭冲洗电磁阀	测量冲洗电磁阀是否有输入电压，更换计算机盒

故障现象	故障原因	排 除 方 法
机器停机但 浓水不停	进水电磁阀失灵，不能有效断水	观察其浓水，更换进水电磁阀
	单向阀泄压（浓水流量小）	观察其浓水，更换单向阀
水满后机器 反复起跳	单向阀泄压	更换单向阀
	高压开关失灵	更换高压开关
	系统有泄压现象	检查单向阀后纯水管路是否有渗水现象
机器纯水流量 小或不出水	前置滤芯堵塞	更换前置滤芯
	反渗透膜堵塞	更换反渗透膜
	进水电磁阀失效	更换进水电磁阀
	单向阀堵塞	更换单向阀
	高压泵压力不足	测量高压泵出水压力，更换
	后置活性炭堵塞	更换后置活性炭
紫外线灯不亮	紫外线灯坏	更换紫外线灯
	紫外线镇流器坏	更换紫外线镇流器
	紫外线灯寿命到期	更换紫外线灯

第 25 章

换气扇与干手器

25.1 换 气 扇

25.1.1 换气扇的常见结构

目前，家用换气扇可以分为百叶窗式换气扇、窗玻璃安装式换气扇（橱窗式）、天花板换气扇、自由进气型换气扇（管道式）、全导管型换气扇系列等。不同的换气扇具体结构有所差异。天花板管道式换气扇的结构如图 25-1 所示。

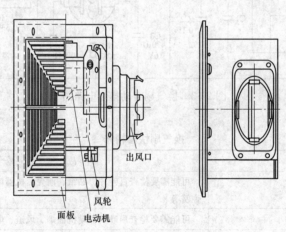

图 25-1 天花板管道式换气扇的结构

25.1.2 换气扇维修必查必备

1. 换气扇简易气控电路图

换气扇简易气控电路图如图 25-2 所示。

2. 换气扇自动排烟电路图

换气扇自动排烟电路图如图 25-3 所示。

25.1.3 换气扇快修精修

换气扇快修精修见表 25-1。

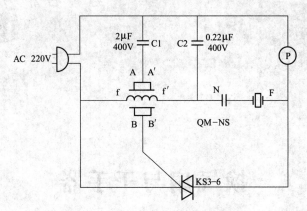

图 25-2　换气扇简易气控电路图

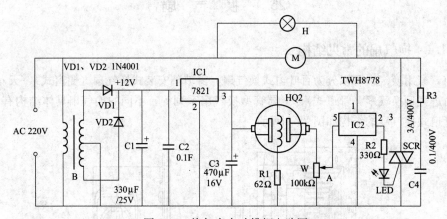

图 25-3　换气扇自动排烟电路图

表 25-1	换气扇快修精修
故　　障	故 障 维 修
通电后百叶窗却打不开	可能需要检查百叶片、贴纸、前壳、机器内部推导开关螺钉柱、百叶弹簧等
换气扇安装好后排风量却小	可能需要检查扇叶、电动机油烟、风道、电压等
杂声比较大	可能需要检查安装孔的太小、扇叶、机座、包装卡纸等

25.2　干　手　器

25.2.1　干手器的常见结构

干手器的常见结构如图 25-4 所示。

25.2.2　干手器维修必查必备

1. 干手器电路图

干手器电路图如图 25-5 所示。

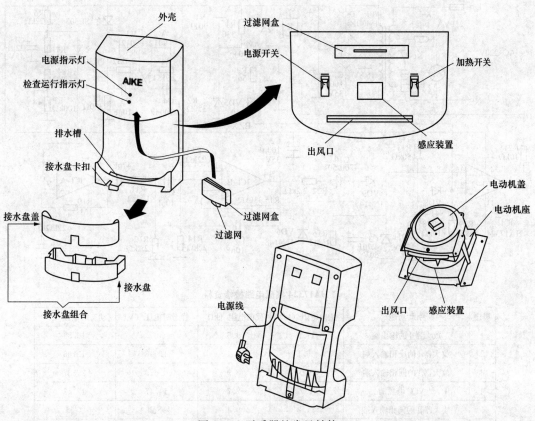

图 25-4　干手器的常见结构

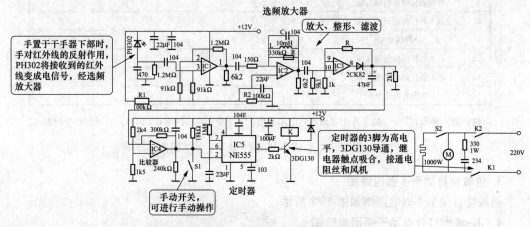

图 25-5　干手器电路图

2. 欧莱特 SBS-15 型干手器电路图

欧莱特 SBS-15 型干手器电路图如图 25-6 所示。

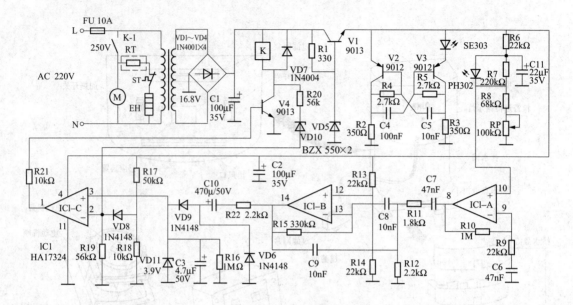

图 25-6 欧莱特 SBS-15 型干手器电路图

HA17324 集成电路检修资料

脚序	引脚功能	正向电阻（kΩ）	反向电阻（kΩ）	静态时电压（V）	动态时电压（V）
1	放大器 I 的输出端	17.5	9.5	0	10.89
2	放大器 I 的反相输入端	35.1	9.4	1.548	1.165
3	放大器 I 的同相输入端	300	8.9	0.679	2.587
4	+VCC 电源端	7.7	7.7	14.47	12.43
5	放大器 II 的同相输入端	14.2	9.4	空脚	空脚
6	放大器 II 的反相输入端	34.2	9.9	空脚	空脚
7	放大器 II 的输出端	44	9.6	空脚	空脚
8	放大器 III 的输出端	42.5	9.6	4.665	3.995
9	放大器 III 的反相输入端	∞	10.1	4.774	4.035
10	放大器 III 的同相输入端	21.9	9.9	4.679	3.995
11	GND 接地端	0	0	0	0
12	放大器 IV 的同相输入端	13.2	9.1	7.187	6.115
13	放大器 IV 的反相输入端	500	10.2	7.193	6.115
14	放大器 IV 的输出端	41.1	9.5	7.178	6.135

注 电压采用 DT9205 数字万用表测得，电阻采用 MF47 型万用表的 Rx1k 挡测得，可供维修时参考。

3. 格威特自动干手器电路图

格威特自动干手器电路图如图 25-7 所示。

4. GK-08 型红外自动干手器电路图

GK-08 型红外自动干手器电路图如图 25-8 所示。

25.2.3 干手器快修精修

干手器快修精修见表 25-2。

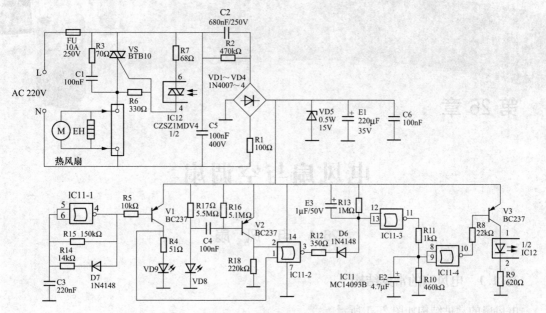

图 25-7　格威特自动干手器电路图

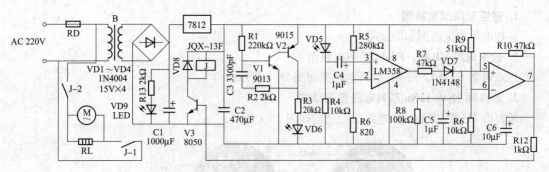

图 25-8　GK-08 型红外自动干手器电路图

表 25-2　　　　　　　　　　　　　　　干手器快修精修

故　　障	故　障　维　修
电源电路	可能需要检测保险管、稳压电路、电源变压器等
风扇不转	可能需要检查风扇、电源及控制电路、加热器、电动机启动电容、电刷、整流子、轴承等
干手器不工作	可能需要检测电源电路、振荡及红外信号发射电路、同步接收电路、检波整形电路等
仅有冷风排出	可能需要检查加热回路等
没有热风排出	可能需要检测风扇电动机、启动电容、保险管等
通电后指示灯亮，但伸手后无热风吹出	可能需要检查继电器、运放、稳压块、电源电压、光电转换、振荡电路等

第 26 章

电风扇与空调扇

26.1 电 风 扇

26.1.1 电风扇的常见结构

电风扇的常见结构如图 26-1 所示。

26.1.2 电风扇维修必查必备

1. 遥控电风扇电路图

遥控电风扇电路图如图 26-2 所示。

2. 远东电扇 FT-40、FS-40 系列电路图

远东电扇 FT-40、FS-40 系列电路图如图 26-3 所示。

3. 乐宾顺 FS40-12Na 系列电路图与结构

乐宾顺 FS40-12Na 系列电路图与结构如图 26-4 所示。

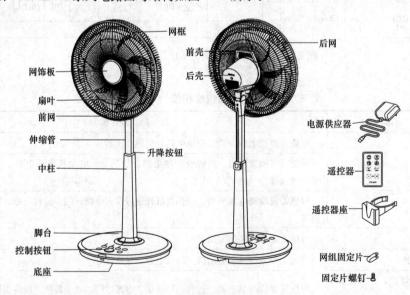

图 26-1　电风扇的常见结构（一）

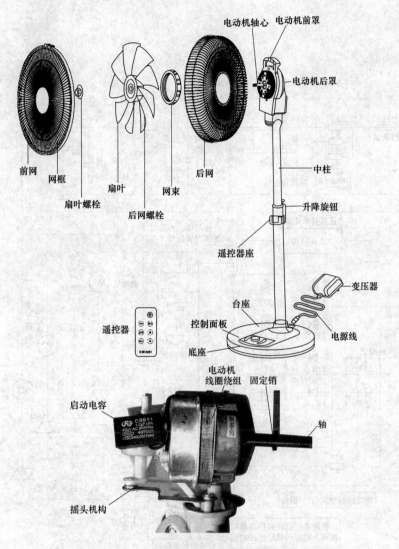

图 26-1 电风扇的常见结构（二）

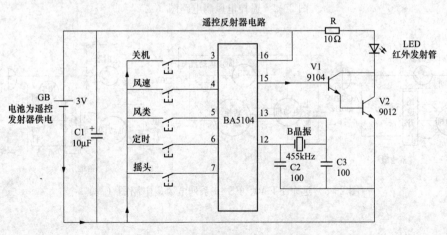

图 26-2 遥控电风扇电路图（一）

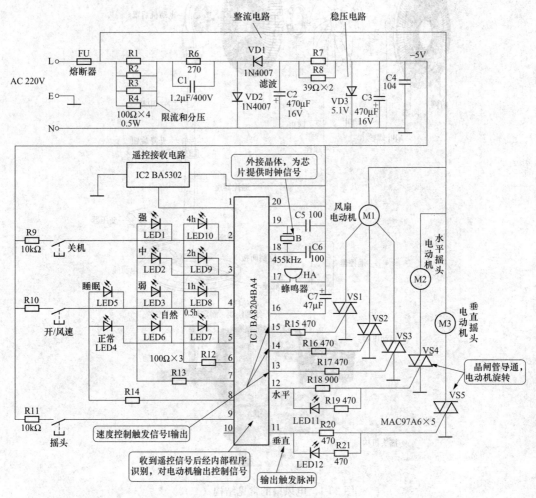

图 26-2　遥控电风扇电路图（二）

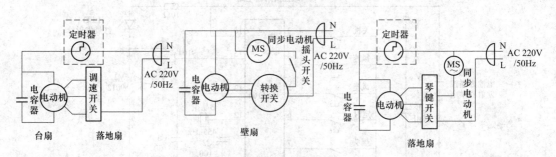

图 26-3　远东 FT-40、FS-40 系列电风扇电路图（一）

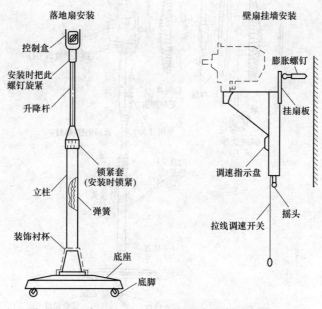

图26-3 远东 FT-40、FS-40 系列电风扇电路图（二）

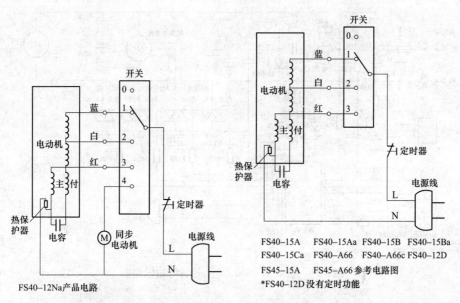

FS40-12Na产品电路

FS40-15A　FS40-15Aa　FS40-15B　FS40-15Ba
FS40-15Ca　FS40-A66　FS40-A66c　FS40-12D
FS45-15A　FS45-A66 参考电路图
*FS40-12D 没有定时功能

图26-4 乐宾顺 FS40-12Na 系列电风扇电路图与结构（一）

4. 美的 KYS30-A2 遥控转叶扇电路图

美的 KYS30-A2 遥控转叶扇电路图如图 26-5 所示。

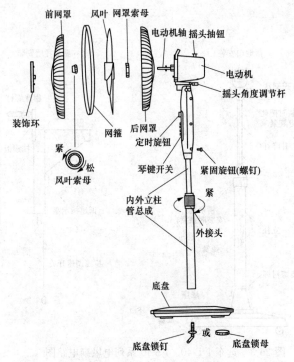

图 26-4 乐宾顺 FS40-12Na 系列电路图与结构（二）

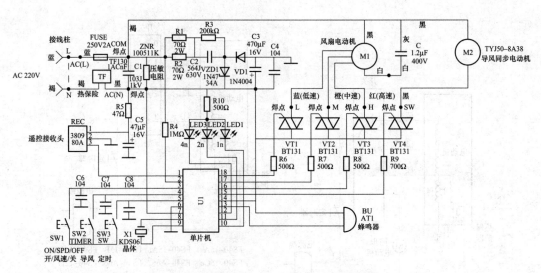

图 26-5 美的 KYS30-A2 遥控转叶扇电路图

5. 龙的电风扇 FS-502 结构与维修

龙的电风扇 FS-502 结构与维修如图 26-6 所示。

6. 龙的电风扇 FS-4001 结构与维修

龙的电风扇 FS-4001 结构与维修如图 26-7 所示。

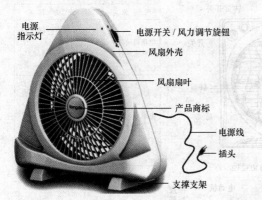

電源指示灯
电源开关 / 风力调节旋钮
风扇外壳
风扇扇叶
产品商标
电源线
插头
支撑支架

故障	可能原因	处理方法
扇叶不转	1）检查电源线是否损坏。检查电动机是否损坏。检查电子板是否损坏。 2）检查电源线是否插紧，检查是否有异物卡死	1）维修。 2）重新插电源线清除异物
噪声异常	1）检查是否有异物卡死。 2）检查是否有安装不良	1）清除异物。 2）安装好

图 26-6　龙的电风扇 FS-502 结构与维修

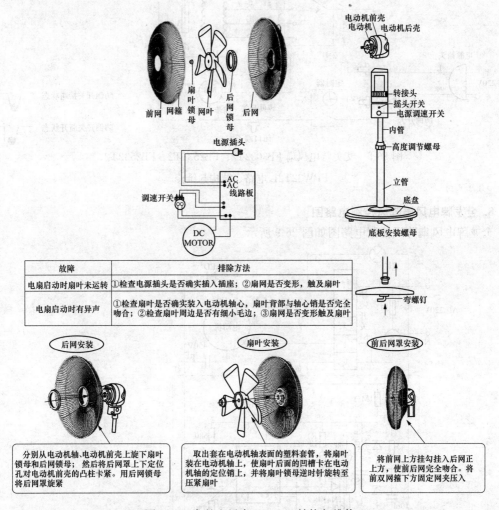

前网　网箍　扇叶锁母　网网　后网锁母　后网

电动机前壳
电动机
电动机后壳

转接头
摇头开关
电源调速开关
内管
高度调节螺母
立管
底盘
底板安装螺母

电源插头
AC AC 线路板
调速开关
DC MOTOR

弯螺钉

故障	排除方法
电扇启动时扇叶未运转	①检查电源插头是否确实插入插座；②扇网是否变形，触及扇叶
电扇启动时有异声	①检查扇叶是否确实装入电动机轴心，扇叶背部与轴心销是否完全吻合；②检查扇叶周边是否有细小毛边；③扇网是否变形触及扇叶

后网安装
分别从电动机轴、电动机前壳上旋下扇叶锁母和后网锁母；然后将后网罩上下定位孔对电动机前壳的凸柱卡紧。用后网锁母将后网罩旋紧

扇叶安装
取出套在电动机轴表面的塑料套管，将扇叶装在电动机轴上，使扇叶后面的凹槽卡在电动机轴的定位销上，并将扇叶锁母逆时针旋转至压紧扇叶

前后网罩安装
将前网上方挂勾挂入后网正上方，使前后网完全吻合。将前双网箍下方固定网夹压入

图 26-7　龙的电风扇 FS-4001 结构与维修

7. 艾美特电风扇 FB3032T2、FB2531T2、FB2532T2、FBW32T2L 电路、结构与维修

艾美特电风扇 FB3032T2、FB2531T2、FB2532T2、FBW32T2L 电路、结构与维修如图 26-8 所示。

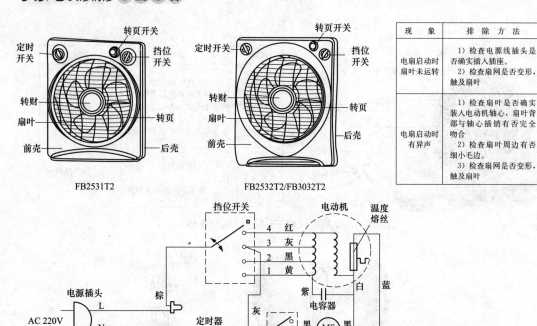

现　象	排　除　方　法
电扇启动时扇叶未运转	1）检查电源线插头是否确实插入插座； 2）检查扇网是否变形，触及扇叶
电扇启动时有异声	1）检查扇叶是否确实装入电动机轴心，扇叶背部与轴心插销有否完全吻合； 2）检查扇叶周边有否细小毛边； 3）检查扇网是否变形，触及扇叶

图 26-8　艾美特电风扇 FB3032T2、FB2531T2、FB2532T2、

FBW32T2L 电路、结构与维修

8. 金龙牌电风扇阵风控制电路图

金龙牌电风扇阵风控制电路图如图 26-9 所示。

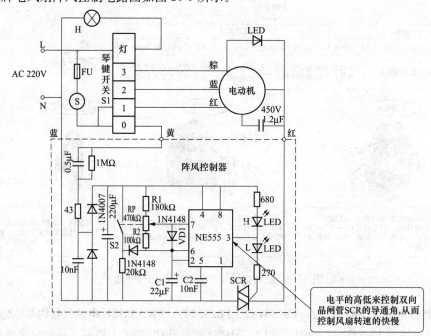

图 26-9　金龙牌电风扇阵风控制电路图

9. 华生 FS80-40 落地扇电路图

华生 FS80-40 落地扇电路图如图 26-10 所示。

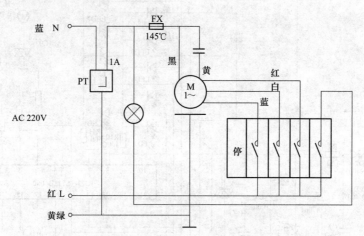

图 26-10　华生 FS80-40 落地扇电路图

10. 长凤牌 FS-40 型落地扇电路图

长凤牌 FS-40 型落地扇电路图如图 26-11 所示。

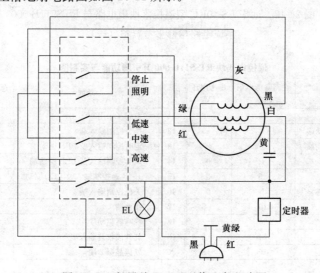

图 26-11　长凤牌 FS-40 型落地扇电路图

11. 远华 FS-40KC 型遥控落地扇电路与 RTS511B-000 集成电路检修参考资料

远华 FS-40KC 型遥控落地扇电路与 RTS511B-000 集成电路检修参考资料如图 26-12 所示。

12. 长城转页扇 KYT11-30 电路图

长城转页扇 KYT11-30 电路图如图 26-13 所示。

13. 龙城 84CG 电风扇电路图

龙城 84CG 电风扇电路图如图 26-14 所示。

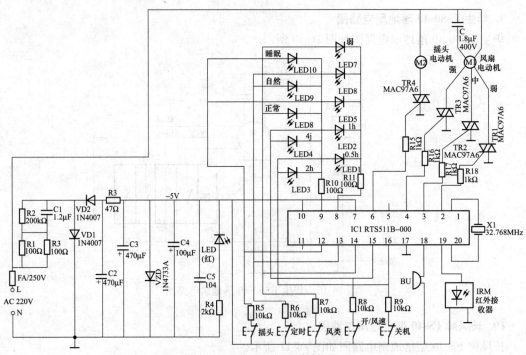

图 26-12　远华 FS-40KC 型遥控落地扇电路与 RTS511B-000
集成电路检修参考资料（一）

遥控译码块 RTS511B-000 其引脚功能与实测值

序号	功能	在路参考电阻（kΩ）	参考电压（V）	序号	功能	在路参考电阻（kΩ）	参考电压（V）
1	外接晶振 1 端	26	−2	11	空脚（未用）	26	0
2	弱风速输出驱动端	1	−5	12	摇头控制输入端	26	−1.5
3	中风速输出驱动端	1	−5	13	定时控制输入及 LED 驱动端	26	−1.5
4	强风速输出驱动端	1	0	14	风类控制输入及 LED 驱动端	26	−1.5
5	空脚（未用）	26	0	15	开/风速控制输入及 LED 驱动	26	−1.5
6	摇头输出驱动端	1	0	16	关机控制输入端	26	−1.5
7	电源负端	10	−5	17	接地端	0	0
8	LED 公共端	24	−2	18	峰鸣器驱动端	10	−5
9	LED 公共端	24	−2	19	红外接收器输入端	14	0
10	电源负端	10	−5	20	外接晶振 2 端	28	0.5

图 26-12　远华 FS-40KC 型遥控落地扇电路与 RTS511B-000
集成电路检修参考资料（二）

14. 长城 FS22-40 遥控电风扇电路图

长城 FS22-40 遥控电风扇电路图如图 26-15 所示。

15. 格力 FSA-35B 遥控电风扇电路图

格力 FSA-35B 遥控电风扇电路图如图 26-16 所示。

16. 美的电风扇 FS40-11B 电路图与结构

美的电风扇 FS40-11B 电路图与结构如图 26-17 所示。

17. 先锋 FS40-14HR 落地扇电路图与结构

先锋 FS40-14HR 落地扇电路图与结构如图 26-18 所示。

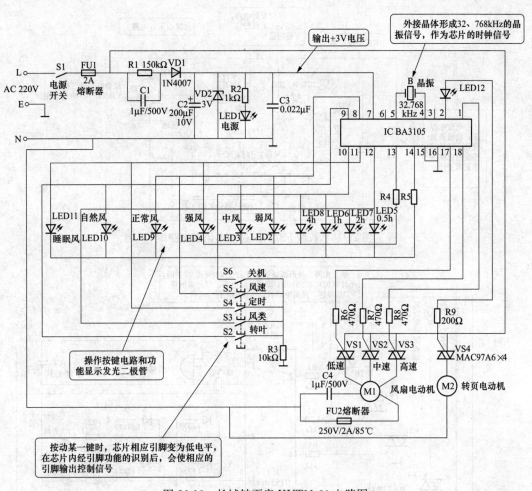

图 26-13 长城转页扇 KYT11-30 电路图

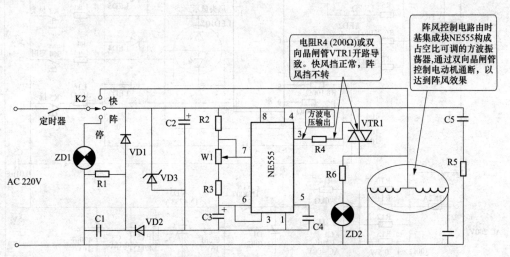

图 26-14 龙城 84CG 电风扇电路图

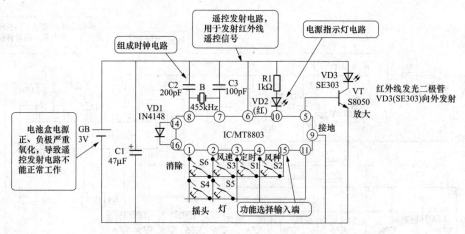

图 26-15　长城 FS22-40 遥控电风扇电路图

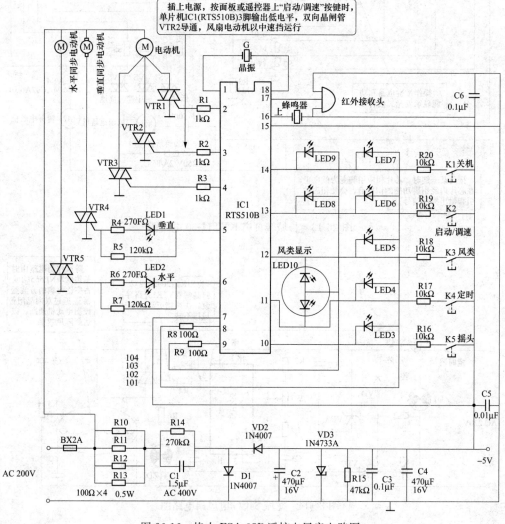

图 26-16　格力 FSA-35B 遥控电风扇电路图

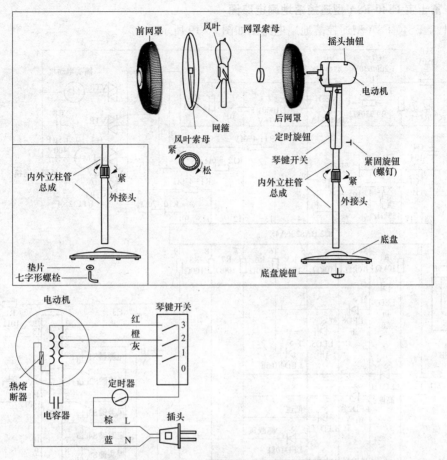

图 26-17 美的电风扇 FS40-11B 电路图与结构

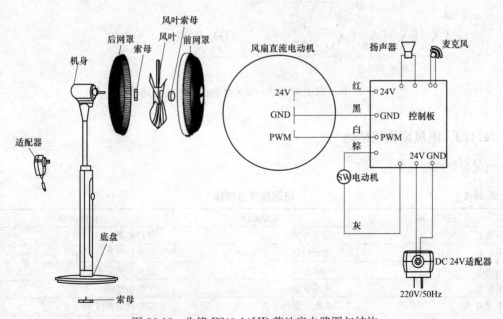

图 26-18 先锋 FS40-14HR 落地扇电路图与结构

18. 富士宝 FS40-E8A 型遥控落地扇电路图

富士宝 FS40-E8A 型遥控落地扇电路图如图 26-19 所示。

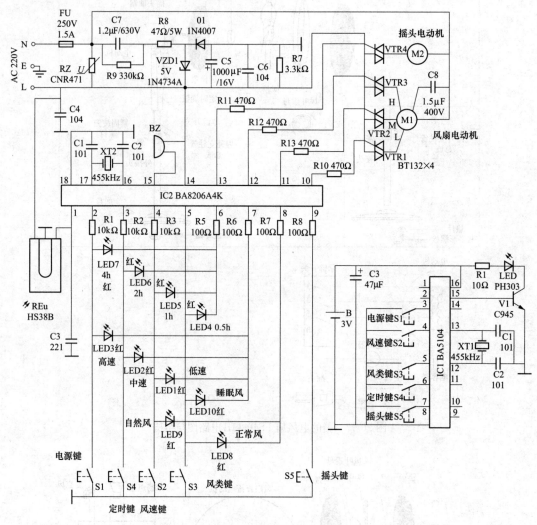

图 26-19　富士宝 FS40-E8A 型遥控落地扇电路图

26.1.3　电风扇快修精修

电风扇快修精修见表 26-1。

表 26-1　　　　　　　　　　　　　　　　　　**电风扇快修精修**

故　　障	故障原因	故障维修
不通电	没有电源	接好电源
不通电	熔丝烧坏	更换熔丝
不通电	开关损坏	更换开关
不通电	电路板烧坏	更换电路板
不通电	内配线脱落开焊	需要接好配线
不通电	定时器损坏	更换定时器

故　　障	故障原因	故障维修
不通电	电源线没有插好、插座不良、停电	需要重新确定电源，以及检查电源插座是否接触良好
导向轮不转	开关损坏	更换开关
导向轮不转	导风轮固定轴损坏	更换导风轮固定轴
导向轮不转	同步电动机损坏	更换电动机
导向轮不转	安装位置不符	需要调整好
风扇安装好后，触摸功能不起作用（限于有该功能的机型）	后网罩安装不正确，与感应顶针接触不良	需要重装一遍
风扇不转	不通电	检查电源
风扇不转	电动机损坏	更换电动机
风扇不转	电动机轴太脏	需要擦拭、加润滑油
风扇不转	计算机板熔丝烧坏	更换熔丝
风扇不转	启动电容器损坏	更换电容器
风扇不转	电动机内熔丝损坏	更换熔丝
风扇不转	主芯片损坏	更换主芯片
风扇不转	电动机紧	修理电动机
风扇不转	熔丝损坏	更换熔丝（在机头套管里）
风扇不转	定时器损坏	更换定时器
风扇不转	开关损坏	修理/更换开关
风扇运转时会"咔哒"、"咔哒"响	风叶锁紧螺钉没有拧紧造成风叶动转间隙过大而产生撞击	需要重装风叶，并且注意锁紧螺钉要拧紧
脚踏功能不能开机或无法关机（限于有该功能的机型）	风扇底座安装不平或螺钉没有拧紧，造成脚踏实开关接插件接触不好	需要重装一遍
通电不转，只有拨动风扇叶才能够动	电容器失效	需要更换电容器
通电不转，只有拨动风扇叶才能够动	负绕组与电容接触不良	需要重接
无法摇头	控制摇头组损坏	修理/更换
在使用中有异声	风扇叶损坏	更换风扇叶
在使用中有异声	电动机轴太脏	擦拭、加润滑油
在使用中有异声	电动机轴、轴套磨损	更换电动机轴、轴套
在使用中有异声	风叶碰网罩	需要调整
转速慢	电源电压偏低	需要调整电压到要求范围
转速慢	电动机短路	需要修复或调换
转速慢	电容器损坏	更换电容器
转速慢	轴承缺油	需要注油

26.2 空 调 扇

26.2.1 空调扇常见结构

空调扇常见结构如图 26-20 所示。

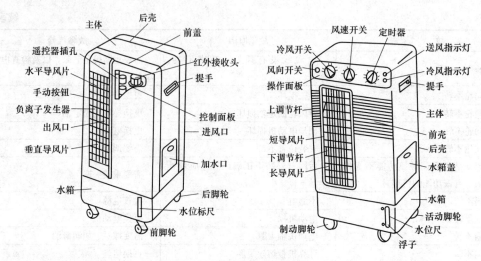

图 26-20 空调扇常见结构

26.2.2 空调扇维修必查必备

1. 先锋 LRG04-14ER 冷暖空调扇电路图

先锋 LRG04-14ER 冷暖空调扇电路图如图 26-21 所示。

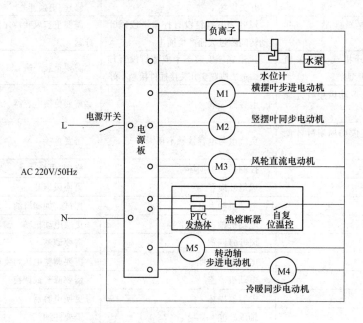

图 26-21 先锋 LRG04-14ER 冷暖空调扇电路图

2. 富士宝 FB-1000 遥控空调扇电路图

富士宝 FB-1000 遥控空调扇电路图如图 26-22 所示。

3. 格力牌 DF168 型冷暖空调扇电路图

格力牌 DF168 型冷暖空调扇电路图如图 26-23 所示。

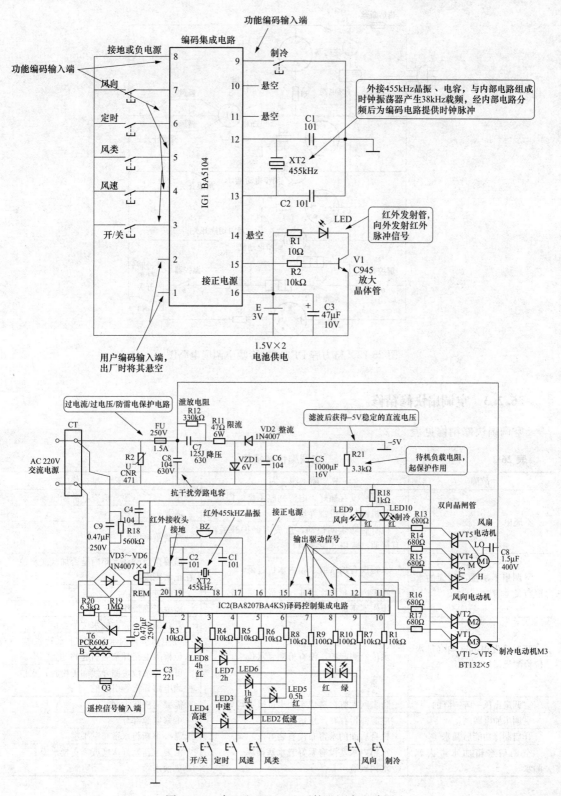

图 26-22 富士宝 FB-1000 遥控空调扇电路图

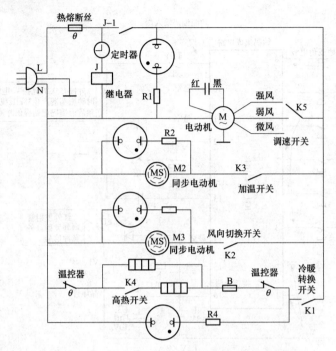

图 26-23　格力牌 DF168 型冷暖空调扇电路图

26.2.3　空调扇快修精修

空调扇快修精修见表 26-2。

表 26-2　　　　　　　　　　　　　　空调扇快修精修

故　障	故　障　原　因	故　障　维　修
不通电	电源线没有插好、电源插座不良、停电	重新确定电源，检查电源插座等
	开机键与关机键弄反	需要正确操作
	机身后防尘网松动，造成内保护开关没有接通（限塔式空调扇）	需要重新装配
空调扇不加湿，后面的水帘布是干的	水箱没有加水或水箱内水位过低	需要重新确认水箱内是否加水或水位在正常刻度内
	水箱内水泵异物堵住，造成无法动转	需要进行清洁
	操作不正确	需要正确操作
开制冷发出 bibi 响（带水位检测机型）	水位检测起控、没有检测到水位	需要确认水箱内的水位是否正常
		可能是水箱内水泵连接上水管脱落、水位检测电路异常等引起的
		可能是水位检测导线端子松脱、水位检测电路异常等引起的
空调扇出风一阵一阵的	防尘网太脏，造成空调扇进风不均匀	需要清洗防尘网
空调扇插电跳闸	电源部份存在严重短路	维修电源部分
开启制冷功能后漏水	机身后面的水帘布没有装好	需要重新将水帘布贴平整
空调扇水箱加水进去就漏水	水箱内水塞没有塞好或水塞损坏	需要重新塞好水塞或需更换水塞
	水箱破裂	更换水箱

第 27 章

台灯与吹风机

27.1 台 灯

27.1.1 台灯的常见结构

台灯的常见结构如图 27-1 所示。

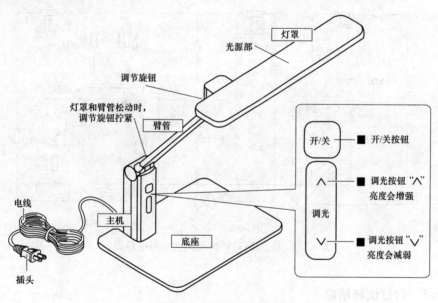

图 27-1　台灯的常见结构

27.1.2 台灯维修必查必备

1. 惠视康牌 11W 护眼台灯电路图

惠视康牌 11W 护眼台灯电路图如图 27-2 所示。

2. 良亮 MT-9828 型调光台灯电路图

良亮 MT-9828 型调光台灯电路图如图 27-3 所示。

3. 良亮牌 MT969 触摸调光台灯电路图

良亮牌 MT969 触摸调光台灯电路图如图 27-4 所示。

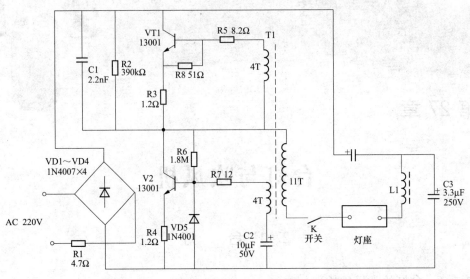

图 27-2　惠视康牌 11W 护眼台灯电路图

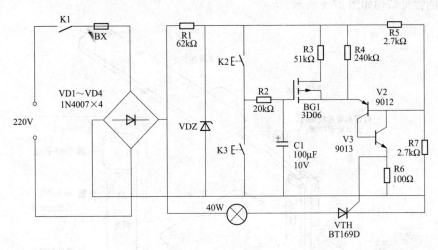

图 27-3　良亮 MT-9828 型调光台灯电路图

27.1.3　台灯快修精修

台灯快修精修见表 27-1。

表 27-1　　　　　　　　　　　　　　　台灯快修精修

故　障	故　障　维　修
调光台灯可调亮度范围减小	可能需要检查亮度调整电位器、双向晶闸管、双向二极管、充放电电容等
调光台灯不能调亮	可能需要检查开关、调光控制电路等
插上电源后灯不亮	可能需要检查灯泡损、安全开关、双向晶闸管、双向二极管等

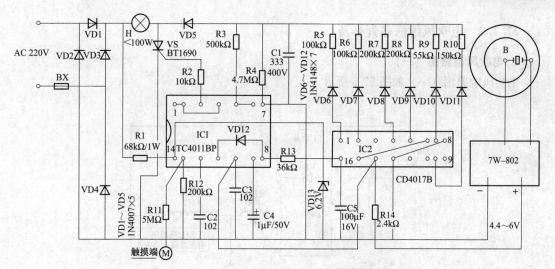

图 27-4 良亮牌 MT969 触摸调光台灯电路图

27.2 电 吹 风

27.2.1 电吹风的常见结构

电吹风的常见结构如图 27-5 所示。

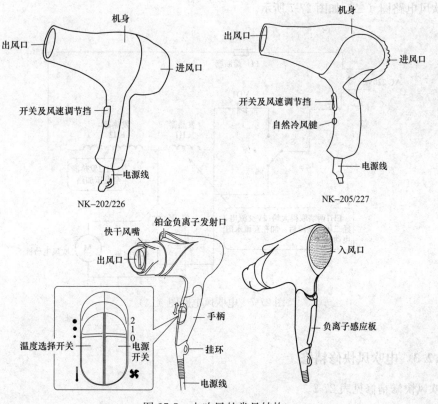

图 27-5 电吹风的常见结构

283

27.2.2 电吹风维修必查必备

1. 电吹风电路图（一）

电吹风电路图（一）如图 27-6 所示。

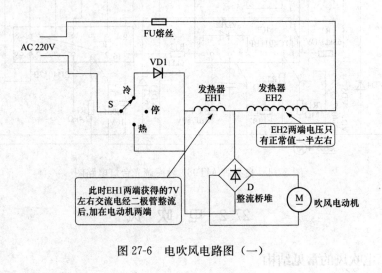

图 27-6　电吹风电路图（一）

2. 电吹风电路图（二）

电吹风电路图（二）如图 27-7 所示。

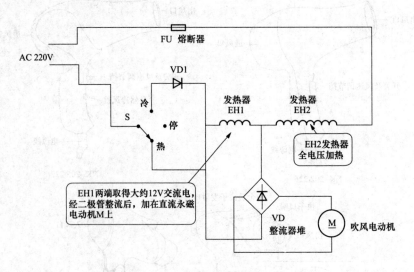

图 27-7　电吹风电路图（二）

27.2.3 电吹风快修精修

电吹风快修精修见表 27-2。

表 27-2   电吹风快修精修

故　　　障	故障原因	故障维修
本体烧变形	电热丝发红	调节电热丝或更换
本体烧变形	电动机损坏	更换电动机
本体烧变形	风叶损坏	更换风叶
不通电	无电源	接通电源
不通电	开关接触不良	擦拭开关
不通电	开关烧坏	更换开关
不通电	内配线开焊	重新接好
不通电	熔丝烧坏	更换熔丝
不通电	恒温器接触不良	需要调整恒温触
不同极性导电部件间距离小于 2mm	绕制发热架时操作不当	需要调整不同极性部件距离 2mm 以上即可
吹风不发热	加热丝断	接好或更换加热丝
吹风启动后有明显异常声音，并且没有合理的风速	操作不当致风叶安装不牢固 风叶老化开裂	需要更换风叶
发热不吹风	风扇叶损坏	更换风扇叶
发热不吹风	整流二极管开焊	重新焊好
发热不吹风	整流二极管烧坏	更换整流二极管
发热不吹风	电动机烧坏	更换电动机
发热不吹风	电动机轴承严重磨损	更换电动机轴承
开关动作有卡滞、空程等导致手感不佳的现象	装配不当导致开关盖安装不到位、装配不当导致开关引脚阻碍拨块	需要调整电源线使不阻隔开关和手柄配合、加热引脚后调整到不阻碍位置
开机后有明显使人不舒适的振动	装配不良	调整电动机组件的装配
冷风开关作用力大、不能作用	装配不当导致冷风开关安装不到位	拆机，需要重新安装
螺旋形发热丝各环间距离不等，严重到影响散热	绕制发热架时操作不当	需要手动调整复原，如果不可，则需要更换发热架
声音、功率都正常，但是没有风从出风口吹出来	二极管反向、发热架与电动机连接位置颠倒	需要调整到正确位置
通电、开关关断状态，功率与一挡相同	异物或焊接不良导致开关零位和其他位置短接	需要清除短接位置
通电、开关置于开通状态，发热但是电动机没有动作	连接线断路或接近断路、开关组件端子间断路	需要修复断路位置
通电、开关置于开通状态，工作产生的声音明显大于正常状况	电动机正负极反向、连接线与发热丝短接	需要更正电动机极向、清除短接位置
通电、开关置于开通状态，功率表指示功率为 0	电源线连接处断路、连接线连接不可靠、发热架有断路	需要修复断路位置、发热架不可修复则需要更换
虚焊、漏焊、冷焊、假焊、连接线断股、非钩焊	可能是操作不当引起的	需要清除不良焊接
运转中有刮碰、啸叫等非规律性的声音	电动机不良、装配不良	更换电动机、检查调整电动机组件各零件轴心对正情况
只有高速无低速（只有一个挡位）	开关二极管烧坏	更换二极管
转速过高	加热丝断	重新接好或更换
自然光下可见发热丝过热变红现象	装配导致风向错误、装配导致电动机不符、发热架绕制太紧	需要二极管方向改正、调整电动机组件轴心一致、更换发热架

第 28 章

剃须刀与头发护理电器

28.1 剃 须 刀

28.1.1 剃须刀的常见结构

剃须刀的常见结构如图 28-1 所示。

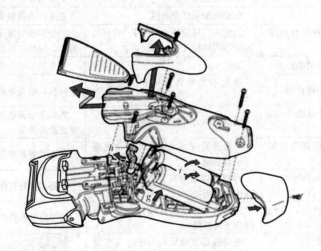

图 28-1　剃须刀的常见结构

28.1.2 剃须刀维修必查必备

1. 飞利浦 HS-955 型电动剃须刀电路图

飞利浦 HS-955 型电动剃须刀电路图如图 28-2 所示。

2. 飞科 X9719 型剃须刀电路图

飞科 X9719 型剃须刀电路图如图 28-3 所示。

3. 超人 SA9（Rscx9）剃须刀电路图

超人 SA9（Rscx9）剃须刀电路图如图 28-4 所示。

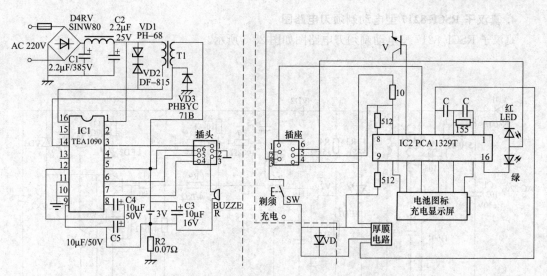

图 28-2　飞利浦 HS-955 型电动剃须刀电路图

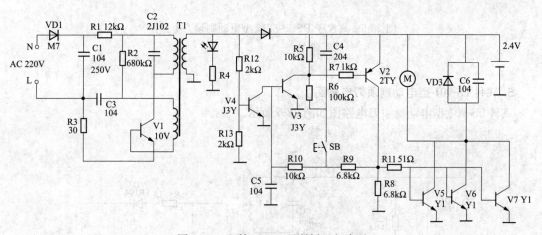

图 28-3　飞科 X9719 型剃须刀电路图

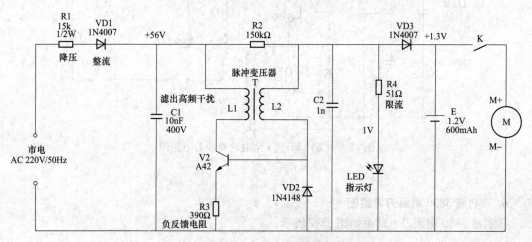

图 28-4　超人 SA9（Rscx9）剃须刀电路图

4. 真汉子 RSCF-8217 型电动剃须刀电路图

真汉子 RSCF-8217 型电动剃须刀电路图如图 28-5 所示。

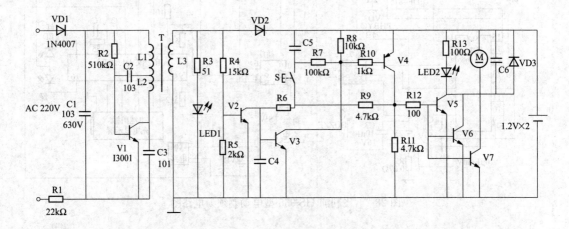

图 28-5　真汉子 RSCF-8217 型电动剃须刀电路图

5. 飞科 FS-901 型电动剃须刀电路图

飞科 FS-901 型电动剃须刀电路图如图 28-6 所示。

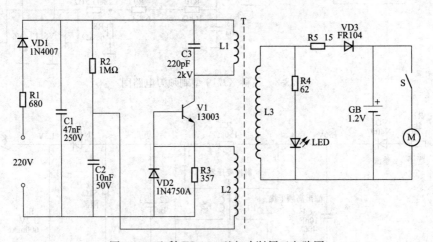

图 28-6　飞科 FS-901 型电动剃须刀电路图

6. 飞利浦 3830 剃须刀电路图

飞利浦 3830 剃须刀电路图如图 28-7 所示。

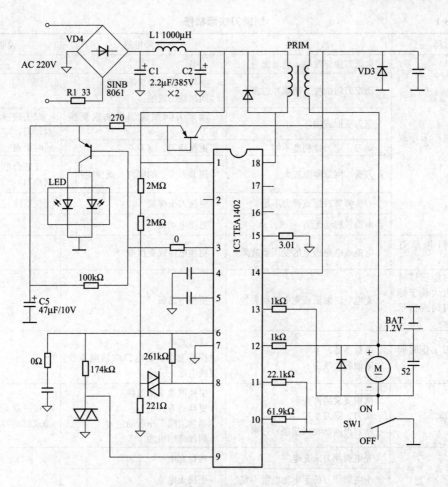

TEA1402 各脚非在路参考电阻值/(kΩ)

测量状态/引脚号	1	2	3	4	5	6	7	8	9	10	11	12	13	14	15	16	17	18
红笔接 7 脚	∞	∞	∞	75	13	195	0	∞	8.4	∞	∞	∞	∞	∞	∞	∞	∞	∞
黑笔接 7 脚	5.5	∞	6	6	5.5	4	0	5.9	5.9	5.9	5.9	5.5	5.5	21.5	6	∞	∞	4.2

注　500 型万用表 R×1 挡。

TEA1402 各脚参考直流电压值 (V)

测量状态/引脚号	1	3	4	5	6	7	8	9	10	11	12	13	14	15	18
LED 亮	320	始: 6 末: 7.6	1.7	0.7	10	0	始: 1.6 末: 1.4	始: 2.6 末: 1.4	1.2	0.7	1.5	0.9	始: 1.6 末: 1.5	0.025	320
LED 灭	320	2.8	0.025	0.04	10	0	1.7	2	1.2	0.5	1.4	0.9	1.4	0	320

注　500 型万用表测得，黑笔接 7 脚。

图 28-7　飞利浦 3830 剃须刀电路图

28.1.3　剃须刀快修精修

剃须刀快修精修见表 28-1。

表 28-1　　　　　　　　　　　　剃须刀快修精修

故障	故障原因	故障维修	说明
胡须剃不干净或夹胡须	剃须刀快要没电，转动无力	充电	—
	动定刀间杂物（胡须）过多	杂物清除干净后动定刀间加缝纫机油	—
	定刀变形或损坏	动定刀间加缝纫机油或更换定刀	双头或三头转动式剃须刀，定动刀需要同时更换
	动刀、定刀锋利度不够	更换动刀、定刀	
	刀头、网罩间隙过大	调节刀头上的螺钉，减少间隙	仅适合单头旋转式剃须刀
	刀头弹簧过短或弹力不足	更换刀头弹簧	仅适往复式剃须刀
	电动机转动无力	更换电动机	
充电时指示灯不亮	电池或电路板上的变压器故障	更换电池或变压器	—
充电时指示灯转换时间大大长于标准充电时间或指示灯不转换	充电电流偏低或充电转换失控	更换电路板	—
剃须刀工作时间过短	电量不足　电池容量减少	进行充电　反复充电、放电以激活电池或更换电池	—
定刀转动	网罩支架组件变形　动刀、定刀变形　动定刀间杂物（胡须）过多	更换网罩支架组件　更换动刀、定刀　杂物清除干净后动定刀间加缝纫机油	仅适双头或三头转动式剃须刀
不工作	充电剃须刀未充电	进行充电	充电剃须刀长期不用，必须每3个月放充循环一次（完全放电、完全充电各一次），以免缩短剃须刀使用寿命
	干电剃须刀的干电池电量不足	更换干电池	
	动定刀间杂物（胡须）过多	杂物清除干净后动定刀间加缝纫机油	
	充电电池过充或过放或自然衰减	更换电池	
	剃须刀长期放置不用	干电池：从剃须刀取出，防止电池漏液损坏剃须刀。充电电池：长期不用前，充足电，并在干燥处存放	
	电动机损坏	更换电动机	
	开关接触不良（氧化、金属件变形）或损坏	用砂纸去除氧化层或更换开关	

28.2　头发护理电器

28.2.1　头发护理电器的常见结构

头发护理电器有直发器（电夹板）、卷发器、修剪器、电推剪等，常用头发护理电器的结构如图 28-8 所示。

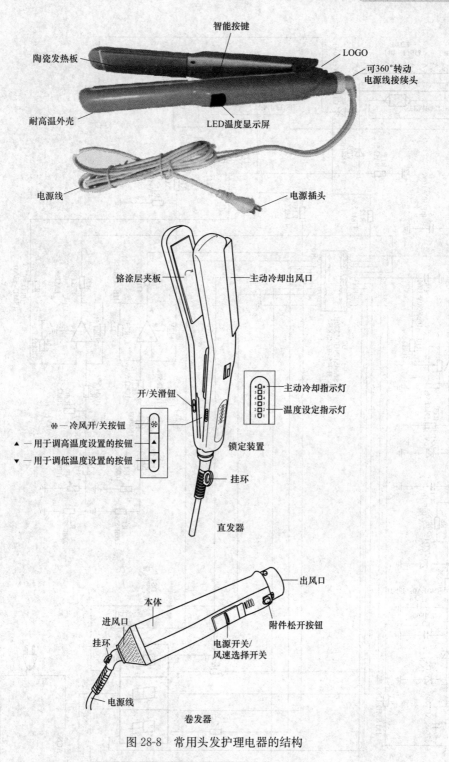

图 28-8　常用头发护理电器的结构

28.2.2　头发护理电器维修必查必备

数码直发器电路图如图 28-9 所示。

291

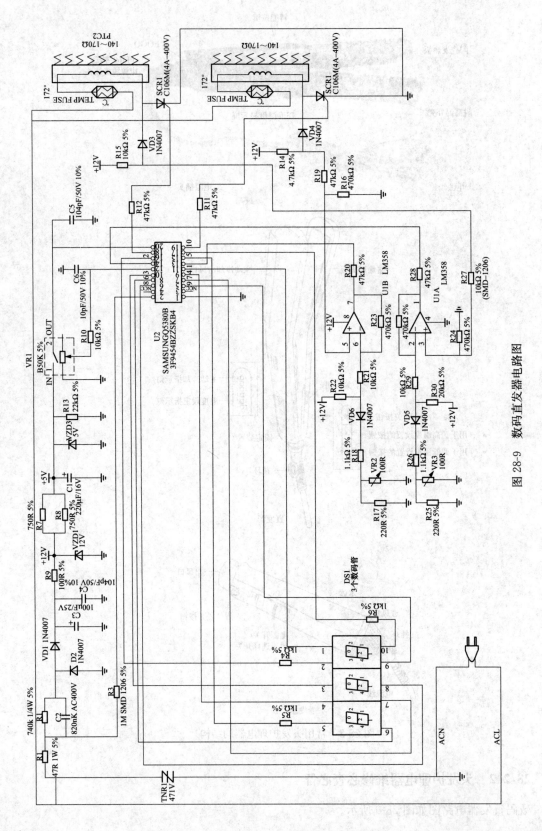

图 28-9　数码直发器电路图

28.2.3 头发护理电器快修精修

1. 交流式电推剪快修精修

交流式电推剪快修精修见表 28-2。

表 28-2 交流式电推剪快修精修

故障	故障原因	故障维修	说明
噪声过大	动定刀摩擦过大	动定刀间加缝纫机油	1）调节螺钉过紧，会引起噪声过大且不能剪发；调节螺钉过松，会引起电推剪动力不足。调节方法：顺时针旋转拧进调节螺钉。当听到噪声时，慢慢逆时针退出调节螺钉到噪声没有为止，此时电推剪动力好，刀头剪发效果。
	调节螺钉拧得过紧	退出调节螺钉	
电推剪在工作但刀头剪发效果不好或不能剪发	线圈太靠中间	线圈往边上移动并牢固二螺钉	
	动定刀摩擦过大	动定刀间加缝纫机油	
	调节螺钉拧得过松	拧进调节螺钉	
	动定刀磨损、动定刀受到撞击（如掉在地上）	更换动定刀	
	动定刀间隙过大（由于动定刀磨损）	松开摆杆螺钉，按下摆杆的上头，重新拧紧螺钉	2）该方法谨慎使用（先排除其他可能）
	摆杆的钢片断裂	更换摆杆	
	线圈太靠边	线圈往中间移动并牢固二螺钉	该方法谨慎使用（先排除其他可能）
电推剪不工作	线路断开或开关损坏线圈烧掉	接通线路或更换开关更换线圈	有的线圈参考阻值为 600Ω 左右

2. 毛球修剪器快修精修

毛球修剪器快修精修见表 28-3。

表 28-3 毛球修剪器快修精修

故 障	故障原因	故障维修
不工作	定刀（外刀网）没有转紧	顺时针转紧，使保护开关接通
	毛屑引起保护开关接触不良	拆下动定刀，多按几下保护开关的按钮
	保护开关的定触片变形引起保护开关断开	弯曲定触片，使定、动触片压力接触

第 29 章

足浴盆与按摩器

29.1 足 浴 盆

29.1.1 足浴盆的常见结构

足浴盆的常见结构如图 29-1 所示。

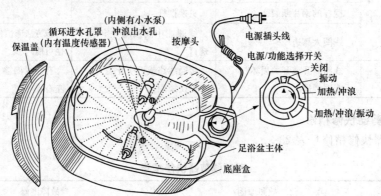

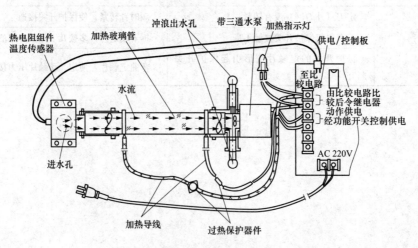

图 29-1 足浴盆的常见结构

29.1.2　足浴盆维修必查必备

1. 足浴盆电路图

足浴盆电路图如图 29-2 所示。

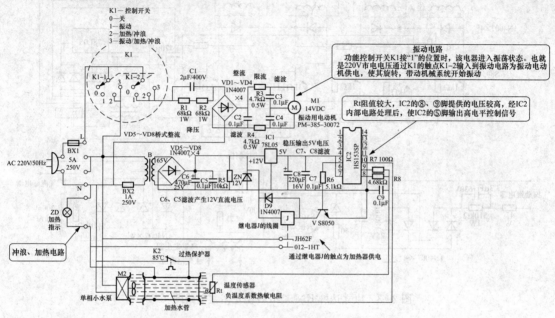

图 29-2　足浴盆电气图

2. 康立达牌 KN-02ABG 型足浴盆电路图

康立达牌 KN-02ABG 型足浴盆电路图如图 29-3 所示。

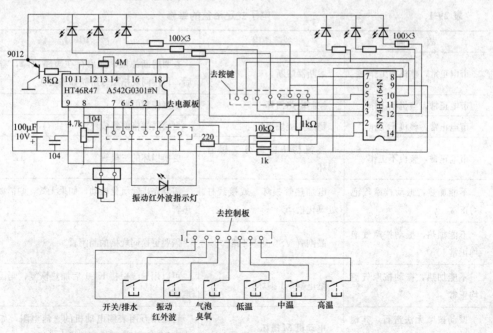

图 29-3　康立达牌 KN-02ABG 型足浴盆电路图（一）

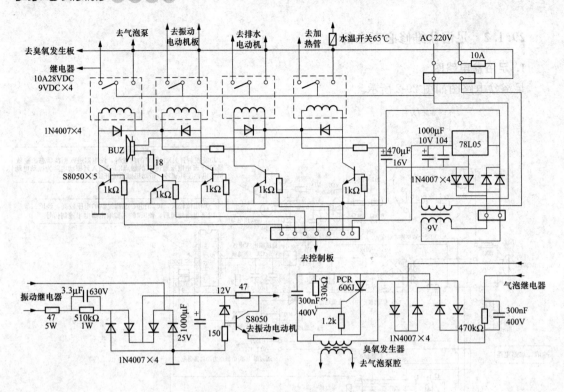

图 29-3　康立达牌 KN-02ABG 型足浴盆电路图（二）

3. 电子式足浴盆电路图

电子式足浴盆电路图如图 29-4 所示，其维修见表 29-1。

表 29-1　　　　　　　　　　　　　　电子式足浴盆的维修

故　障	故障原因	故　障　检　修
市电正常，整机不工作	熔断器熔断	查明熔断原因，如果存在短路故障，需要先消除后，再用同规格型号熔断器来更换
市电正常，整机不工作	控制电路损坏	检修控制电路
市电正常，整机不工作	稳压集成块损坏	更换同规格的集成块
市电正常，整机不工作	整流桥中的部分二极管损坏	更换损坏的二极管
不能加热，振动按摩气泡均正常	电加热管损坏，或接线柱处氧化松动	需要先排除氧化松动，如果无效，则需要更换电加热管
不能加热，振动按摩气泡均正常	晶闸管 VS1 损坏开路	需要更换同规格的晶闸管
不能加热，振动按摩气泡均正常	继电器 K1 损坏	可以用导线短接 K1-1 后加热恢复，则需要更换继电器
振动按摩无法进行，其他正常	电动机 M 损坏	可以用万用表测电动机的直流电阻，如果为无穷大，则可以直接更换同规格电动机

续表

故　　障	故障原因	故障检修
振动按摩无法进行，其他正常	变压器 T2 损坏	需要重绕或更换变压器
振动按摩无法进行，其他正常	整流二极管 VD4、VD5 损坏	需要更换损坏的二极管
振动按摩无法进行，其他正常	晶闸管 VS2 损坏开路	需要更换同型号规格晶闸管
控制电路故障	集成块 IC2 损坏	更换同型号的集成块
控制电路故障	晶体管 VT1 损坏	更换晶体管 VT1
控制电路故障	光电耦合器损坏	根据故障现象来检查相对应的光电耦合器

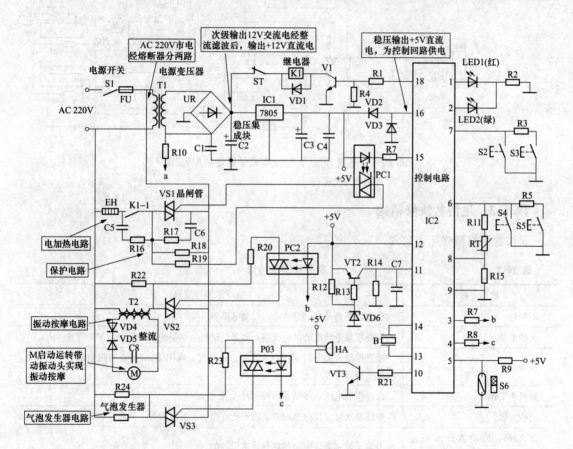

图 29-4　电子式足浴盆电路图

4. 兆福 ZF-TY 型分体式保健足浴电路图

兆福 ZF-TY 型分体式保健足浴电路图如图 29-5 所示。

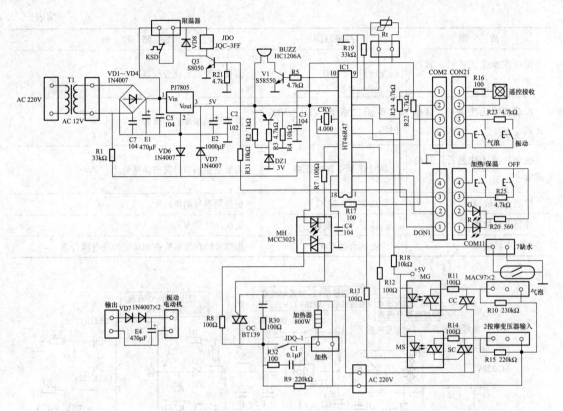

图 29-5　兆福 ZF-TY 型分体式保健足浴电路图

29.1.3　足浴盆快修精修

足浴盆快修精修见表 29-2。

表 29-2　　　　　　　　　　足浴盆快修精修

故　障	故障原因与维修
不加热	检查加热器及其供电线路、控制电路等
无冲浪功	检查水泵电动机的供电线路，水泵电动机、水泵的扇叶是否被异物缠住
没振动	检查控制开关 K1、电容 C4 容量是否不足、电阻 R1 或 R2 的阻值是否增大、电动机是否异常等
整机不工作	检查市电电压、熔断器、控制开关等
功能失效	可能是水泵、加热玻璃管、出水孔连接管、乳胶软管、转叶、轴等异常引起的
不加热，按动能开关不起作用	可能是控制集成电路损坏等异常引起的
加热键中的任一键，电源指示灯立即熄灭	可能是开关键、振动键、气泡键、电源电路、控制电路、加热管、水温探头检测、水温加热继电器、驱动电路等异常引起的
右侧脚位却无气泡	可能是气泵轮、胶管、气泵等异常引起的
按键的连线带损坏，无法操作	可以先用刀片细心将薄膜分割开，然后取一段软导线附在露出的镀银层上，上下搭接，然后用透明胶带粘上一层，达到维修好的目的

298

29.2 按 摩 器

29.2.1 按摩器

按摩器的种类如图 29-6 所示。

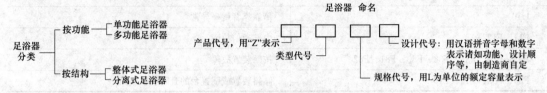

图 29-6 按摩器的种类

双鸟足底按摩器 EM-2707 的结构如图 29-7 所示。

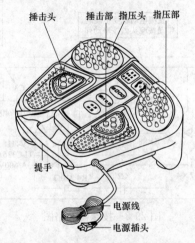

图 29-7 双鸟足底按摩器 EM-2707 的结构

注水式足部按摩器有关术语见表 29-3。

表 29-3   注水式足部按摩器有关术语

术　语	定　义
注水式足部按摩器	安装了以电能加热、驱动水循环和驱动按摩部件,对人体的足部进行温热水泡脚、温热水循环冲浪以及对足部各个部位进行按摩的按摩器具
足浴器容器	带有按摩功能的盛水的容器
足浴器底座	支承足浴器容器并安装电器的下部外壳体
防溅挡板	防止水外溅和防止散热的挡板
冲浪	由水泵产生的冲击水面形成的水浪
注水口	往足浴器容器中注水并能实现冲浪功能的入口
回流口	将足浴器容器中的水排出的出口
堵塞保护	为防止由于污秽物造成水路循环受阻而引起器件损坏所采取的措施
额定容量	由制造厂商对足浴器规定的水容量

29.2.2 按摩器必查必备

1. 松下一电动按摩椅故障代码

松下一电动按摩椅故障代码见表29-4。

表 29-4 松下一电动按摩椅故障代码

故障代码	故障含义
U10	倚靠靠背就坐异常
F11、F12	内部通信故障
F33、F36、F37、F38、F80、F81、F82	按摩装置故障
F34、F35、F15、F16	倾斜装置或腿置台的升降装置故障

2. 按摩器电气图

按摩器电气图如图29-8所示。

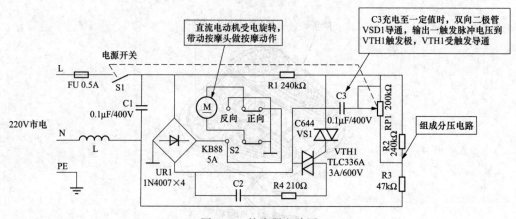

图 29-8 按摩器电路图

3. 千越牌 QY150A 型滚动按摩器电路图

千越牌 QY150A 型滚动按摩器电路图如图29-9所示。

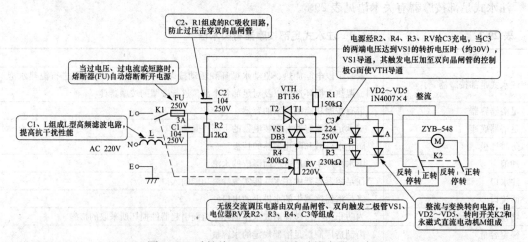

图 29-9 千越牌 QY150A 型滚动按摩器电路图

4. 百龄牌滚动式按摩器电路图

百龄牌滚动式按摩器电路图如图 29-10 所示。

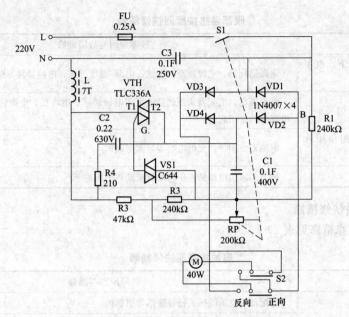

图 29-10 百龄牌滚动式按摩器电路图

29.2.3 按摩器快修精修

1. 电动按摩椅快修精修

电动按摩椅快修精修见表 29-5。

表 29-5 电动按摩椅快修精修

故　　障	故障原因与维修
电动机噪声	电动机启动时发出"嘎吱"声、按摩轮在工作时发出"咯吱"声、按摩轮上移或下移时发出"咔哒"声、可听到传动带正在转动的声音、当按摩轮在座椅面料上按擦时发出摩擦声音、当坐下时发出噪声、按摩轮向里及向外移动时发出奇怪的声音、接通电源开关时的待机状态声、空气按摩中的加压动作声音、腿置台发出"咔哒"声、座椅下的阀门发出工作噪声、在进行腿部伸展过程中释放气体时发出不稳定的声音等属于正常,如果声音特别大或者明显存在不合理,则需要检查维修
按摩轮中途停止	可能是使用中施加外力不适当时等原因引起的
在本机上坐下时,灯光没有亮起且没有发出声音	可能是电源插头脱落等原因引起的
尽管在自动程序中启动了按摩,但没有发生倾斜	有的机器有时不能利用靠背或腿置台的位置(角度)自动地倾斜。当按摩方式在靠背放平,脚置台上升的状态时自动躺椅模式不起作用,仅下半身按摩时自动躺椅模式不起作用
倾斜后不能自动复位	防止过度使用的定时器启动或者按下了按钮时,不能自动复位。有的电器要复位时,需要按两次按钮
不进行按摩动作	可能是电源插头脱落、电源开关处于关的位置或者损坏、没有按下自动程序选择按钮、上半身按摩选择按钮或下半身按摩开/关按钮、电源电路异常等情况

2. 眼部温热按摩器快修精修

眼部温热按摩器快修精修见表29-6。

表 29-6 　　　　　　　　　　　眼部温热按摩器快修精修

故　　障	故障原因与故障维修
电源/温度开关按下，也不运行	电源适配器、电源插座、电池、电源/温度开关、电路异常等引起的
充电指示灯不点亮/熄灭	已充满电、适配器未正确插入家用电源插座、电源线、电源线连接口、指示灯、电路等异常引起的
刚充过电，也只能使用几分钟	电池寿命用尽、充电电路等异常引起的
适配器异常地热	插入到家用电源插座中时出现松动等引起的

3. 肩颈按摩器快修精修

肩颈按摩器快修精修见表29-7。

表 29-7 　　　　　　　　　　　肩颈按摩器快修精修

故　　障	故障原因与维修
无法运行	适配器或电源线插头松开脱落等引起的
	动作开关按钮处于关的状态或者损坏等引起的
运行中途突然停止	适配器或电源线插头松开脱落等引起的
	设定时间已到等引起的
感觉不到温热	没有按下温热按钮、电路异常等引起的
	温热感会由于按摩动作、按摩部位、室温、衣服的不同而有变化
	冬天温度较低时，升温较慢，有可能难以感觉到温热等引起的

第 30 章

充　电　器

30.1　充电器的常见结构

电动自行车充电器的常见结构如图 30-1 所示。

图 30-1　电动自行车充电器结构

30.2　充电器必查必备

1. 通用型手机旅行充电器电路图

通用型手机旅行充电器电路图如图 30-2 所示。

2. 手机充电器电路图（一）

手机充电器电路图（一）如图 30-3 所示。

3. 手机充电器电路图（二）

手机充电器电路图（二）如图 30-4 所示。

4. 手机充电器电路图（三）

手机充电器电路图（三）如图 30-5 所示。

5. 爱玛电动车充电器电路图

爱玛电动车充电器电路图如图 30-6 所示。

6. 快乐 KLG 智能电动车充电器电路图

快乐 KLG 智能电动车充电器电路图如图 30-7 所示。

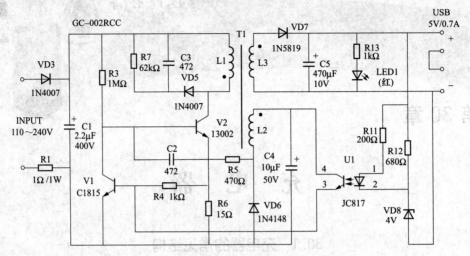

图 30-2 通用型手机旅行充电器电路图

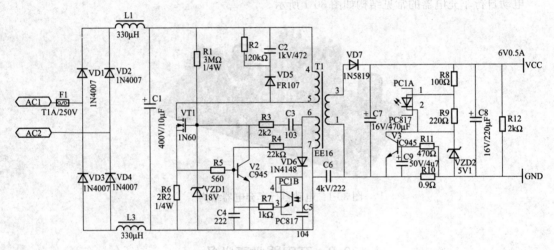

图 30-3 手机充电器电路图（一）

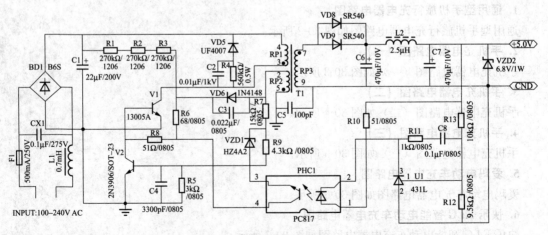

图 30-4 手机充电器电路图（二）

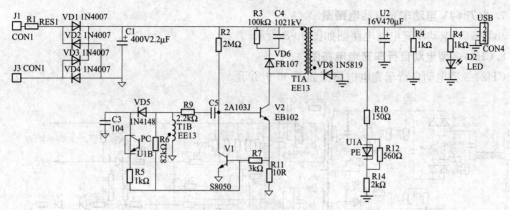

图 30-5 手机充电器电路图（三）

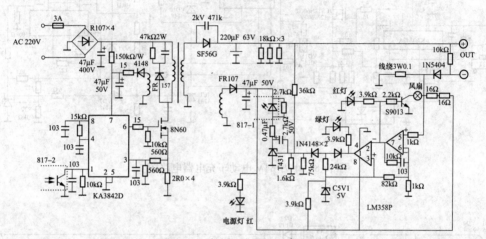

图 30-6 爱玛电动车充电器电路图

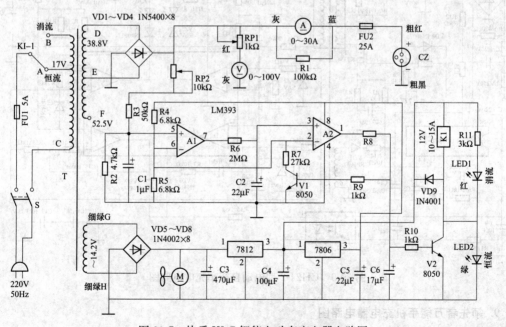

图 30-7 快乐 KLG 智能电动车充电器电路图

7. 小刀 64V 电动车充电器电路图

小刀 64V 电动车充电器电路图如图 30-8 所示。

8. CH24-2 型电动自行车充电电路图

CH24-2 型电动自行车充电电路图如图 30-9 所示。

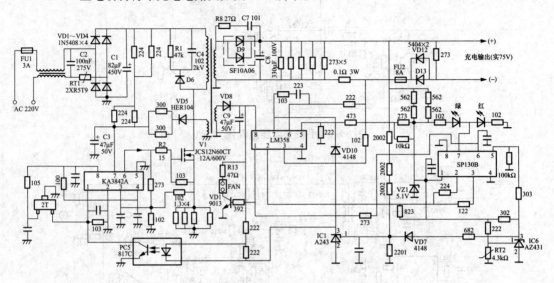

图 30-8　小刀 64V 电动车充电器电路图

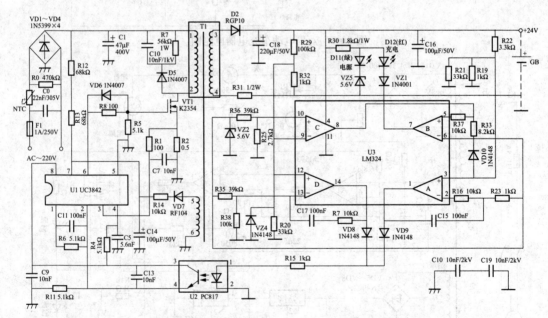

图 30-9　CH24-2 型电动自行车充电电路图

9. 领先者万能手机充电器电路图

领先者万能手机充电器电路图如图 30-10 所示。

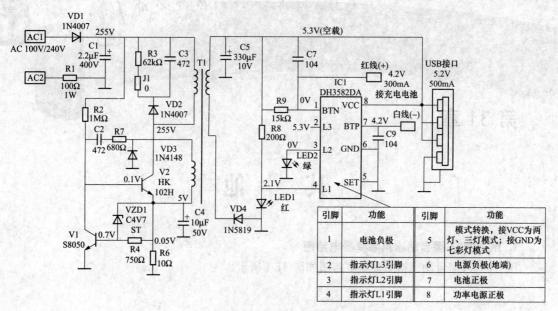

图 30-10 领先者万能手机充电器电路图

引脚	功能	引脚	功能
1	电池负极	5	模式转换，接VCC为两灯、三灯模式；接GND为七彩灯模式
2	指示灯L3引脚	6	电源负极（地端）
3	指示灯L2引脚	7	电池正极
4	指示灯L1引脚	8	功率电源正极

30.3　电动自行车充电器快修精修

电动自行车充电器快修精修见表 30-1。

表 30-1　　　　　　　　　　电动自行车充电器快修精修

故　障	故障原因与维修
通电后指示灯亮，但不能正常充电	可能是充电插头、充电线、充电输出回路、线路铜箔、元件焊点、变压器绕组引线等异常引起的
通电后有爆炸声且冒烟，不能正常使用	可能是滤波电容开裂引起，原因有开关电源振荡失控、取样电路异常、光耦元件不良、精密稳压器不良、电源芯片异常引起的
通电后红绿灯闪烁，但不能充电使用	可能需要检查电源芯片、阻容元件、铜箔焊点、启动电阻、滤波电容、反馈支路整流二极管、限流电阻、脉冲变压器绕组等
热风扇不转	可能需要检查控制风扇的晶体管、风扇本身、风叶、热敏电阻等
直流电压输出过高	可能需要检查稳压取样和稳压控制电路、取样电阻、误差取样放大器、光耦合器、电源控制芯片等
直流电压输出过低	可能需要检查稳压控制电路、输出电压端整流管、滤波电容、开关功率管、检测电阻、高频脉冲变压器、高压直流滤波电容、电源输出线接触情况、电网电压等
无直流电压输出或电压输出不稳定	可能需要检查熔丝、过电压保护电路、过电流保护电路、振荡电路、电源负载、高频整流滤波电路中整流二极管、滤波电容漏电、高频脉冲变压器、输出线断线、焊点等
无直流电压输出，但熔丝完好	可能需要检查变控芯片、限流电阻、开关功率管、电源输出线、焊点等
熔丝管熔断	可能需要检查电网电压的波动、电路板、整流二极管、开关功率管、电源滤波电容、开关功率管等
插电灯不亮，不能充电	可能需要检查保险管、整流桥二极管、滤波电容、大功率场效应电源管、激励电阻、电源块、相关电阻等
接通交流电源后指示灯不亮，无输出	可能需要检查熔断器、滤波电容、整流二极管、开关管、电源控制芯片、启动电阻和电容、微型散热风扇等

第 31 章

其 他

1. BC-9090A 型自动冰箱除臭器电路图

BC-9090A 型自动冰箱除臭器电路图如图 31-1 所示。

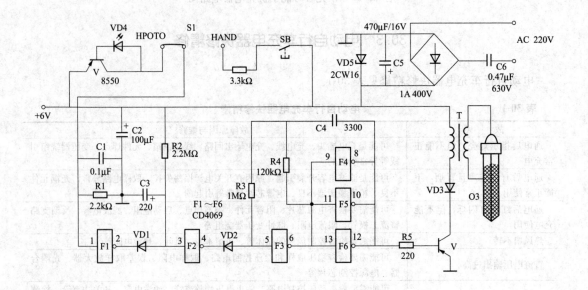

图 31-1　BC-9090A 型自动冰箱除臭器电路图

2. K333 型打鱼逆变器电路图

K333 型打鱼逆变器电路图如图 31-2 所示。

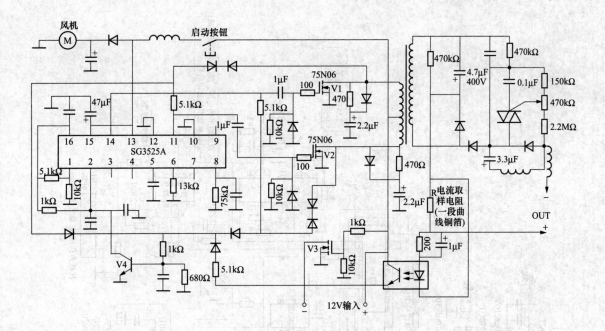

图 31-2 K333 型打鱼逆变器电路图

3. SO-1 型电子灭菌器电路图

SO-1 型电子灭菌器电路图如图 31-3 所示。

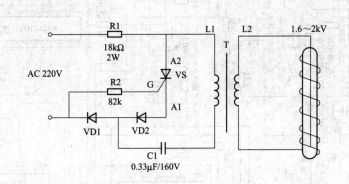

图 31-3 SO-1 型电子灭菌器电路图

4. 大阳雕电子秤电路图

大阳雕电子秤电路图如图 31-4 所示。

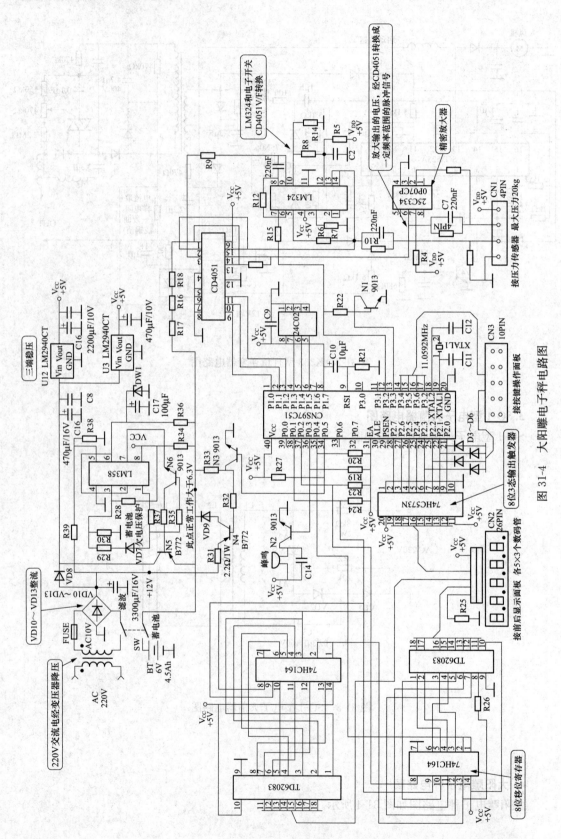

图 31-4 大阳雕电子秤电路图

310

5. 泡茶机电路图

泡茶机电路图如图31-5所示。

6. 高科曼 G312D 无线门铃电路图

高科曼 G312D 无线门铃电路图如图31-6所示。

7. PW-08 卫星接收机电源电路图

PW-08 卫星接收机电源电路图如图31-7所示。

8. Glomax 5066 卫星接收机电路图

Glomax 5066 卫星接收机电路图如图31-8所示。

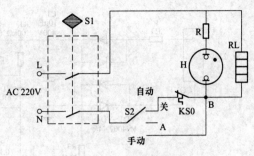

图 31-5 泡茶机电路图

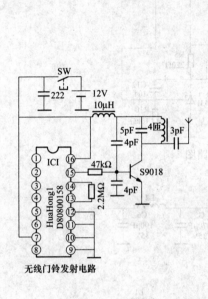

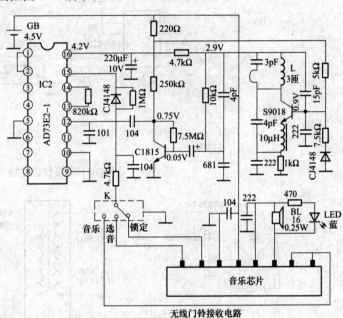

图 31-6 高科曼 G312D 无线门铃电路图

9. 亚视达 HIC-5288 卫星接收机电路图

亚视达 HIC-5288 卫星接收机电路图如图31-9所示。

10. 灵通 LT3500E 卫星接收机电路图

灵通 LT3500E 卫星接收机电路图如图31-10所示。

11. 上广电 S2051-CT 卫星接收机电源电路图

上广电 S2051-CT 卫星接收机电源电路图如图31-11所示。

12. 海森 AVT-818 卫星接收机电源电路图

海森 AVT-818 卫星接收机电源电路图如图31-12所示。

13. 新蕾 DM518S 卫星接收机电源电路图

新蕾 DM518S 卫星接收机电源电路图如图31-13所示。

14. 三星高清中星 6B 卫星接收机开关电源电路图

三星高清中星 6B 卫星接收机开关电源电路图如图31-14所示。

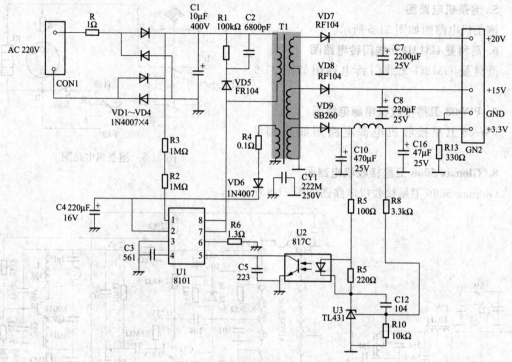

图 31-7　PW-08 卫星接收机电源电路图

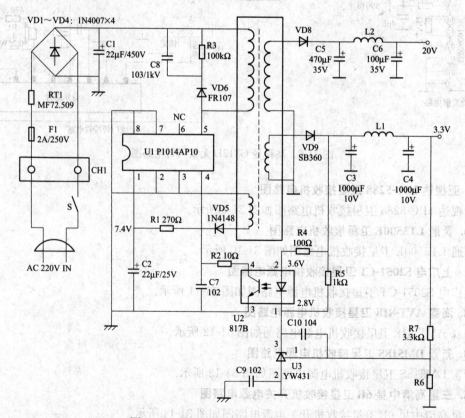

图 31-8　Glomax 5066 卫星接收机电路图

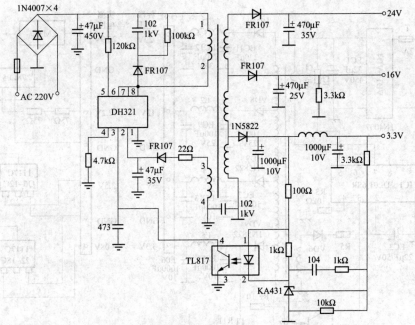

图 31-9 亚视达 HIC-5288 卫星接收机电路图

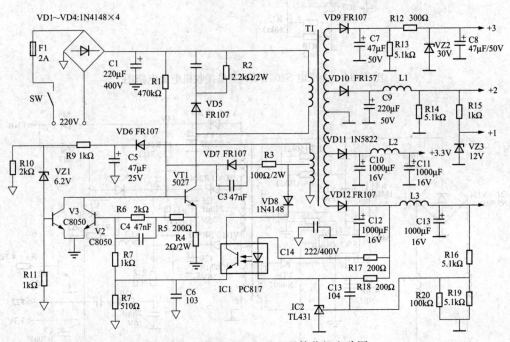

图 31-10 灵通 LT3500E 卫星接收机电路图

15. 华亚 Y335 中九卫星接收机电源电路图

华亚 Y335 中九卫星接收机电源电路图如图 31-15 所示。

16 本森电陶炉电路图

本森电陶炉电路图如图 31-16 所示。

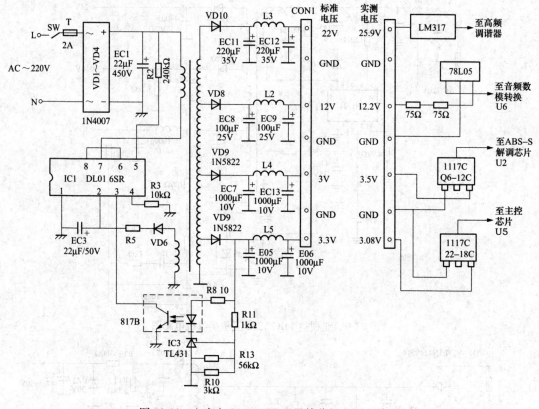

图 31-11　上广电 S2051-CT 卫星接收机电源电路图

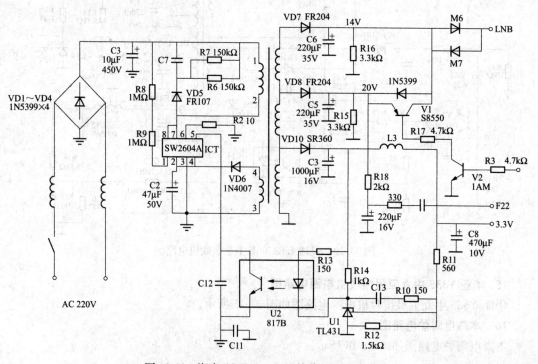

图 31-12　海森 AVT-818 卫星接收机电源电路图

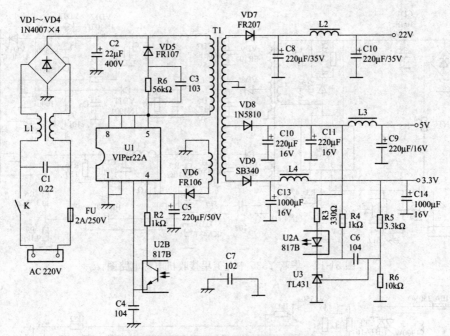

图 31-13 新蕾 DM518S 卫星接收机电源电路图

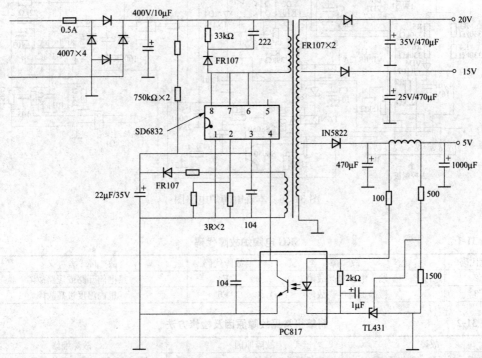

图 31-14 三星高清中星 6B 卫星接收机开关电源电路图

17. SKG 电陶炉故障代码

SKG 电陶炉故障代码见表 31-1。

18. 制氧机常见故障原因及检修方法

制氧机常见故障原因及检修方法见表 31-2。

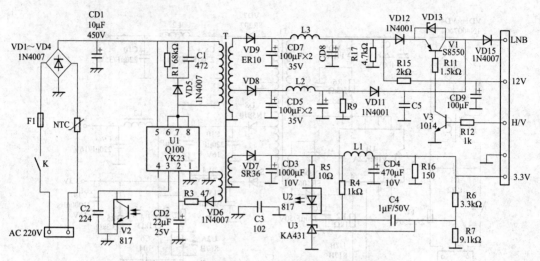

图 31-15　华亚 Y335 中九卫星接收机电源电路图

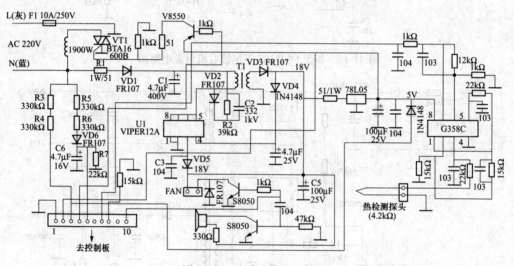

图 31-16　本森电陶炉电路图

表 31-1　　　　　　　　　　　　　SKG 电陶炉故障代码

故障代码	故障含义	故障代码	故障含义
E2	输入电压过高故障	E4	热电偶开路或短路故障
E3	微晶板温度高故障	E5	机内温度过高故障

表 31-2　　　　　　　　　　　　制氧机常见故障原因及检修方法

故障	故障原因	故障维修
电源指示灯不亮，整机无电	电源插头，熔丝断	检查 220V 电源，更换保熔丝
无高压放电声，无臭氧送出	高压过电流保护断	检查或更换熔丝、变压器
工作时有异味	电源变压器过流	检查或更换电源变压器
臭氧浓度减低	臭氧管老化	更换臭氧管
风机不转，消毒指示灯不亮	定时器接触不良	检修或更换定时器
有高压放电声，无臭氧送出	轴流风机故障	检修或更换风机

参 考 文 献

[1] 阳鸿钧等. 维修家电你也行 ［M］. 北京：机械工业出版社，2014.

[2] 阳鸿钧等. 图解小家电维修从入门到精通 ［M］. 北京：机械工业出版社，2014.

[3] 阳鸿钧等. 小家电维修看图动手全能修 ［M］. 北京：机械工业出版社，2015.